高等学校计算机专业规划教材

Linux环境高级程序设计

黄茹 主编

王小银 张丽丽 副主编

清华大学出版社
北京

内 容 简 介

本书介绍使用 C 语言结合 Linux API 进行系统级程序设计的方法，主要包括 Linux 基础知识、C 程序开发工具、文件及目录管理、进程管理、重定向与管道、信号、进程间通信、线程、线程间的同步机制、网络程序设计等 10 章，以及 10 个实验，全面而系统地介绍 Linux 操作系统各种机制的实现原理、经常使用的系统接口函数、系统接口和命令程序之间的关系以及命令程序的实现过程等。

本书结构清晰，适合于教学，为各类高等学校开设开源软件程序设计课程提供了一个切实可行的思路，同时也可作为培训教材在各类培训机构使用。书中各章节划分明确，各章突出不同的重点，有利于教师组织安排授课内容；同时提供设计精美、内容丰富的电子教案以及教学素材供授课教师使用，有效地减轻了授课教师备课的工作量和强度。

本书目标读者为具有一定 C 语言基础的读者，适合各类高等院校的计算机及相关专业学生、Linux 培训机构、Linux API 编程爱好者、Linux 程序开发人员及爱好者学习使用。

本书封面贴有清华大学出版社防伪标签，无标签者不得销售。
版权所有，侵权必究。举报: 010-62782989, beiqinquan@tup.tsinghua.edu.cn。

图书在版编目(CIP)数据

Linux 环境高级程序设计/黄茹主编. —北京: 清华大学出版社，2019 (2024.2重印)
（高等学校计算机专业规划教材）
ISBN 978-7-302-52025-2

Ⅰ. ①L… Ⅱ. ①黄… Ⅲ. ①Linux 操作系统－程序设计－高等学校－教材 Ⅳ. ①TP316.85

中国版本图书馆 CIP 数据核字(2019)第 005379 号

责任编辑: 龙启铭
封面设计: 何凤霞
责任校对: 李建庄
责任印制: 丛怀宇

出版发行: 清华大学出版社
网　　址: https://www.tup.com.cn, https://www.wqxuetang.com
地　　址: 北京清华大学学研大厦 A 座　　邮　编: 100084
社 总 机: 010-83470000　　邮　购: 010-62786544
投稿与读者服务: 010-62776969, c-service@tup.tsinghua.edu.cn
质量反馈: 010-62772015, zhiliang@tup.tsinghua.edu.cn
课件下载: https://www.tup.com.cn, 010-83470236

印 装 者: 三河市龙大印装有限公司
经　　销: 全国新华书店
开　　本: 185mm×260mm　　印　张: 21.25　　字　数: 491 千字
版　　次: 2019 年 3 月第 1 版　　印　次: 2024 年 2 月第 4 次印刷
定　　价: 59.00 元

产品编号: 079061-01

前言

出于安全、稳定等因素的考虑，开源软件受到了各行各业的青睐，其中以 Linux 操作系统最为突出。作为当前最为流行的操作系统之一——Linux 已发展得较为成熟，其良好的稳定性和优异的性能带给各类用户优越的体验。Linux 系统的使用范围越来越广，随之而来的是 Linux 环境下各类应用软件需求的暴增。学习 Linux 环境编程对提高 IT 从业者的竞争力和整个软件行业的发展无疑是相当有意义的。

本书以培养 Linux 系统程序分析能力为目标，以命令程序设计为驱动。在解决问题的过程中始终以培养分析问题的能力为基础，介绍有效使用 Linux 在线手册的方法，从而找到解决问题的突破口，进一步找到合适的系统调用接口，设计相关的命令程序，最终解决问题。

C 语言是广大程序设计人员都已掌握的一门程序设计语言，同时也是实现 Linux 系统所使用的程序设计语言。本书使用 C 语言结合 Linux API 进行程序设计，全书共分为 10 章，内容如下所述：

第 1 章 Linux 基础知识，介绍 Linux 操作系统的发展情况以及系统编程的概念，同时还介绍 Linux 系统中的一些常用工具及命令。

第 2 章 C 程序开发工具，介绍 Linux 环境下编写 C 语言程序所要用到的一些工具，包括 vim、gcc、gdb、makefile 等。

第 3 章文件及目录管理，介绍 POSIX 标准下文件的各类 I/O 操作以及与流文件的关系和相互转换。

第 4 章进程管理，介绍在 Linux 环境中程序和进程的关系、进程的基本属性、一个进程从生到死的全过程，最后介绍 Linux 系统中的一些特殊进程。

第 5 章重定向与管道，以实现重定向命令为引入点，重点介绍使用管道实现进程间通信的方法。

第 6 章信号，介绍信号的几种处理策略和信号在进程间通信中的使用方式。

第 7 章进程间通信，介绍使用共享内存、信号量和消息队列来实现进程间通信的方法，同时总结 Linux 环境下进程间通信的所有机制。

第 8 章线程，介绍线程的基本概念和基本操作。

第 9 章线程间的同步机制，介绍线程间的通信机制以及线程同步互斥的问题。

第10章网络程序设计，介绍套接字机制在不同主机的进程间如何实现通信以及在Linux环境下网络套接字编程的基本方法。

其中第5～7章以及第10章都是有关于进程间通信机制的内容。

为检查各章的学习情况，本书最后配备了相应的实验。

作为Linux环境程序设计的入门教材，本书语言简练、论述由浅入深，并辅以大量的示例程序和丰富的图表，使读者能够更好地理解各种抽象的概念和关系，帮助读者理解全书内容。本书面向各类高等院校的计算机相关专业学生以及对开源环境程序设计有兴趣的编程爱好者，要求读者有一定的C语言编程基础。书中除了讲解程序的设计实现之外，着重讲解解决问题的分析过程，力求使读者掌握问题的分析方法，逐步培养读者具有在Linux环境下独立设计和实现应用级甚至系统级程序的能力。

需要说明的一点是，由于系统调用从C语言语法的角度上来看与函数没有区别，因此在本书中不会引起歧义的地方并没有严格区分系统调用和库函数的表述。如果需要明确某一表述是系统调用还是库函数，可以使用man手册查找。man手册的第2章为系统调用，第3章为库函数。

本书主要由黄茹主编，王小银、张丽丽为副主编。其中黄茹编写了第1、4、5、6、7章；王小银编写了第8、9、10章；张丽丽编写了第2、3章；最后由黄茹负责对全书进行了统稿。此外，在本书的编写过程中，感谢陈莉君、舒新峰、刘霞林、王春梅对本书提出了宝贵的意见。

尽管本书经过了编者反复的修改，但由于编者水平和经验有限，时间仓促，书中难免存在错漏之处，殷切希望广大读者批评指正。

编　者
2019年1月

目 录

第 1 章 Linux 基础知识 /1

1.1　Linux 简介 ………………………………………………………… 1
　　1.1.1　Linux 系统的发展 ……………………………………………… 1
　　1.1.2　与 Linux 相关的一些知识 ……………………………………… 3
1.2　Linux 系统编程 …………………………………………………… 5
　　1.2.1　什么是系统编程 ………………………………………………… 5
　　1.2.2　系统编程的学习内容及方法 …………………………………… 6
　　1.2.3　一个例子 ………………………………………………………… 7
　　1.2.4　系统调用和库函数 ……………………………………………… 10
1.3　常用工具及命令 …………………………………………………… 10
　　1.3.1　命令格式 ………………………………………………………… 10
　　1.3.2　常用工具 ………………………………………………………… 11
　　1.3.3　常用命令 ………………………………………………………… 15
　　1.3.4　获取帮助 ………………………………………………………… 17
1.4　小结 ………………………………………………………………… 20
习题 ……………………………………………………………………… 20

第 2 章 C 程序开发工具 /22

2.1　编辑工具 …………………………………………………………… 22
　　2.1.1　编辑工具介绍 …………………………………………………… 22
　　2.1.2　vi 和 vim 程序编辑器 …………………………………………… 25
2.2　gcc 编译器 ………………………………………………………… 34
2.3　gdb 调试器 ………………………………………………………… 36
　　2.3.1　启动和退出 gdb ………………………………………………… 37
　　2.3.2　显示和查找程序源代码 ………………………………………… 38
　　2.3.3　执行程序和获取帮助 …………………………………………… 39
　　2.3.4　设置和管理断点 ………………………………………………… 40
　　2.3.5　查看和设置变量的值 …………………………………………… 45
　　2.3.6　控制程序的执行 ………………………………………………… 46
2.4　make 和 Makefile ………………………………………………… 48

    2.4.1 make 命令 ·· 48
    2.4.2 编写 Makefile 文件 ··· 50
 2.5 小结 ·· 54
 习题 ·· 55

第 3 章 文件及目录管理 /56

 3.1 文件和 I/O 操作分类 ·· 56
   3.1.1 文件概念 ·· 56
   3.1.2 文件操作分类 ·· 56
 3.2 Linux 文件系统概述 ··· 58
   3.2.1 文件结构 ·· 58
   3.2.2 文件系统模型 ·· 59
   3.2.3 目录、索引结点和文件描述符 ·· 60
   3.2.4 文件的分类 ·· 63
   3.2.5 文件访问权限控制 ·· 64
 3.3 文件的读写 ·· 68
   3.3.1 文件打开、创建和关闭 ·· 69
   3.3.2 文件的读写 ·· 72
   3.3.3 文件读写指针的移动 ·· 80
   3.3.4 标准 I/O 的文件流 ·· 82
 3.4 文件属性及相关系统调用 ·· 87
   3.4.1 获取文件属性 ·· 87
   3.4.2 修改文件的访问权限 ·· 91
   3.4.3 修改文件的用户属性 ·· 93
   3.4.4 获取用户的信息 ·· 94
   3.4.5 改变文件大小 ·· 95
   3.4.6 获取文件的时间属性 ·· 96
 3.5 目录操作 ·· 97
   3.5.1 打开目录 ·· 97
   3.5.2 读取目录项 ·· 98
   3.5.3 关闭目录 ·· 98
 3.6 实现自己的 ls 命令 ·· 100
 3.7 小结 ·· 105
 习题 ·· 106

第 4 章 进程管理 /107

 4.1 Linux 可执行程序的存储结构与进程结构 ·· 107

  4.1.1 Linux 可执行程序的存储结构 …… 107
  4.1.2 Linux 系统的进程结构 …… 109
  4.1.3 进程树 …… 110
 4.2 进程的环境和进程属性 …… 111
  4.2.1 进程的环境 …… 111
  4.2.2 进程的状态 …… 112
  4.2.3 进程的基本属性 …… 115
  4.2.4 进程的用户属性 …… 121
 4.3 进程管理 …… 124
  4.3.1 创建进程 …… 124
  4.3.2 在进程中运行新代码 …… 127
  4.3.3 vfork 函数 …… 131
  4.3.4 进程退出 …… 133
  4.3.5 wait 函数 …… 138
  4.3.6 Shell 的实现流程 …… 142
 4.4 Linux 中的特殊进程 …… 143
  4.4.1 孤儿进程 …… 143
  4.4.2 僵尸进程 …… 144
  4.4.3 守护进程 …… 145
  4.4.4 出错记录 …… 148
 4.5 小结 …… 150
习题 …… 150

第 5 章 重定向与管道 /151

 5.1 重定向和管道命令 …… 151
  5.1.1 重定向命令 …… 151
  5.1.2 管道命令 …… 152
 5.2 实现重定向 …… 153
  5.2.1 重定向的实施者 …… 153
  5.2.2 实现重定向的前提条件 …… 154
  5.2.3 dup 和 dup2 …… 154
  5.2.4 重定向的三种方法 …… 157
  5.2.5 ls -l>list.txt …… 159
 5.3 管道编程 …… 161
  5.3.1 匿名管道 …… 161
  5.3.2 命名管道 …… 165
  5.3.3 ls -l|grep root …… 168

5.3.4　popen 和 pclose ………………………………………… 170

5.4　小结 ………………………………………………………………… 173

习题 ……………………………………………………………………… 174

第 6 章　信号　/175

6.1　信号概述 ……………………………………………………………… 175
    6.1.1　什么是信号 ……………………………………………… 175
    6.1.2　信号的来源和处理过程 ………………………………… 177
    6.1.3　信号的处理方式 ………………………………………… 177

6.2　早期信号处理函数——signal ……………………………………… 178
    6.2.1　signal 函数实现信号的三种处理方式 ………………… 178
    6.2.2　signal 函数存在的问题 ………………………………… 182

6.3　信号处理函数——sigaction ………………………………………… 183
    6.3.1　sigaction 系统调用 ……………………………………… 183
    6.3.2　sigaction 函数参数的说明 ……………………………… 186

6.4　信号其他相关函数 …………………………………………………… 190
    6.4.1　kill 与 raise ……………………………………………… 190
    6.4.2　alarm 与 pause …………………………………………… 192
    6.4.3　实现 sleep 函数 …………………………………………… 193

6.5　小结 ………………………………………………………………… 194

习题 ……………………………………………………………………… 195

第 7 章　进程间通信　/196

7.1　选择进程间通信方式 ……………………………………………… 196
    7.1.1　文件实现进程间通信 …………………………………… 196
    7.1.2　命名管道实现进程间通信 ……………………………… 199

7.2　共享内存 ……………………………………………………………… 201
    7.2.1　什么是共享内存 ………………………………………… 201
    7.2.2　共享内存相关系统调用 ………………………………… 203
    7.2.3　共享内存实现进程间通信 ……………………………… 206
    7.2.4　三种通信方式的比较 …………………………………… 208

7.3　信号量 ………………………………………………………………… 209
    7.3.1　信号量及相关系统调用 ………………………………… 209
    7.3.2　使用信号量控制对共享内存的访问 …………………… 214
    7.3.3　信号量机制总结 ………………………………………… 221

7.4　System V IPC ………………………………………………………… 222
    7.4.1　Linux 中的进程通信机制 ……………………………… 222

7.4.2 System V IPC 概述 ………………………………… 223
7.4.3 IPC 的标识符和键 …………………………………… 224
7.5 消息队列 ……………………………………………………… 225
7.5.1 消息队列的概念 …………………………………… 225
7.5.2 消息队列相关系统调用 …………………………… 226
7.5.3 使用消息队列实现进程间通信 …………………… 229
7.6 小结 …………………………………………………………… 232
习题 ……………………………………………………………… 232

第 8 章　线程　　/233

8.1 线程概述 ……………………………………………………… 233
8.1.1 线程的定义 ………………………………………… 233
8.1.2 用户级线程和内核级线程 ………………………… 234
8.1.3 线程与进程的对比 ………………………………… 234
8.2 线程基本操作 ………………………………………………… 235
8.2.1 线程创建 …………………………………………… 235
8.2.2 线程退出/等待 …………………………………… 238
8.2.3 线程终止 …………………………………………… 244
8.2.4 线程挂起 …………………………………………… 247
8.2.5 线程的分离 ………………………………………… 249
8.2.6 线程的一次性初始化 ……………………………… 251
8.2.7 线程的私有数据 …………………………………… 253
8.3 线程属性 ……………………………………………………… 257
8.3.1 线程属性对象 ……………………………………… 258
8.3.2 设置/获取线程 detachstate 属性 ………………… 260
8.3.3 设置与获取线程栈相关属性 ……………………… 261
8.4 线程应用举例 ………………………………………………… 266
8.5 小结 …………………………………………………………… 273
习题 ……………………………………………………………… 273

第 9 章　线程间的同步机制　　/275

9.1 互斥锁 ………………………………………………………… 275
9.1.1 互斥锁基本原理 …………………………………… 275
9.1.2 互斥锁基本操作 …………………………………… 275
9.1.3 互斥锁应用实例 …………………………………… 278
9.2 条件变量 ……………………………………………………… 279
9.2.1 条件变量基本原理 ………………………………… 279

9.2.2 条件变量基本操作 279
9.2.3 条件变量应用实例 281
9.3 读写锁 284
9.3.1 读写锁基本原理 284
9.3.2 读写锁基本操作 284
9.3.3 读写锁应用实例 287
9.4 线程与信号 289
9.4.1 线程信号管理 290
9.4.2 线程信号应用实例 291
9.5 小结 295
习题 295

第 10 章 网络程序设计 /296

10.1 网络知识基础 296
10.1.1 TCP/IP 参考模型 296
10.1.2 Linux 中 TCP/IP 网络的层结构 296
10.1.3 TCP 协议 297
10.1.4 UDP 协议 298
10.2 套接字 299
10.2.1 套接字概述 299
10.2.2 套接字编程接口 300
10.2.3 套接字通信流程 303
10.3 套接字基础 307
10.3.1 套接字地址结构 307
10.3.2 字节顺序 309
10.3.3 字节处理函数 310
10.4 套接字编程 311
10.4.1 基于 TCP 协议的网络通信 311
10.4.2 基于 UDP 协议的网络通信 316
10.5 小结 319
习题 319

附录 实验 /321

实验 1 Linux 基础知识 321
实验 2 C 程序开发工具 321
实验 3 文件 I/O 操作 322
实验 4 进程管理及守护进程 323

实验 5　重定向和管道编程 …………………………………………………… 323
实验 6　信号安装及处理方式 ………………………………………………… 324
实验 7　System V IPC 进程通信 ……………………………………………… 325
实验 8　线程管理 ……………………………………………………………… 325
实验 9　线程间通信 …………………………………………………………… 326
实验 10　套接字编程 …………………………………………………………… 326

第 1 章
Linux 基础知识

　　Linux 是一套免费、开源、自由传播的类 UNIX 操作系统,它遵循 POSIX 标准和 GPL 原则,支持多用户、多任务,支持多线程和多 CPU。Linux 操作系统能够运行大部分 UNIX 工具软件、应用程序和网络协议,支持 32 位和 64 位硬件,是一个性能稳定的多用户网络操作系统。Linux 因其强大功能和开源特性使之成为最有前途的操作系统之一。本章将带领读者进入 Linux 世界。

1.1　Linux 简介

1.1.1　Linux 系统的发展

1. UNIX 操作系统

　　回顾 Linux 的诞生,不得不提到一个名为 MULTICS 的项目。20 世纪 60 年代时,在美国国防高级研究计划署 ARPA 的支持下,贝尔实验室、通用电器公司和麻省理工学院计划合作开发一个多用途、分时和多用户的操作系统,该项目名为 MULTICS,即 Multiplexed Information and Computing Service。人们希望该操作系统能够同时支持整个波士顿所有的分时用户。不过,由于这个项目太过复杂,整个目标过于庞大,加入了太多的特性,导致开发进展缓慢。于是到了 1969 年 2 月,贝尔实验室决定退出这个项目。

　　尽管 MULTICS 项目并未成功,但是它的出现引入了现代操作系统领域的许多概念雏形,对随后的操作系统特别是 UNIX 的成功有着巨大的影响。

　　在贝尔实验室还未退出 MULTICS 项目时,有一个名为 Ken Thompson 的工程师,他在工作之余编写了一个名为 *Space Travel* 的游戏以供娱乐,然而,这个游戏软件在 GE-635 机器上运行的情况不尽如人意,反应非常慢,直到 Ken Thompson 发现了一部被闲置的 PDP-7,他找来 Dennis Ritchie 着手将 *Space Travel* 的程序移植到这台 PDP-7 机器上。这就是 UNIX 操作系统雏形产生的过程。

　　到了 1973 年的时候,Ken Thompson 与 Dennis Ritchie 感到用汇编语言做移植太过于头痛,他们想用高级语言来完成第 3 版。一开始他们想尝试用 Fortran,可是失败了,随后他们使用当时的 BCPL 语言来开发第 3 版 UNIX。他们整合了 BCPL 形成 B 语言,可是 Dennis Ritchie 觉得 B 语言还是不能满足要求,于是就改良了 B 语言,这就是今天大名鼎鼎的 C 语言。于是,Ken Thompson 与 Dennis Ritchie 成功地用 C 语言重写了 UNIX 的第 3 版内核,使得 UNIX 操作系统的修改、移植相当便利,为 UNIX 日后的普及打下了坚实的基础。而 UNIX 也与 C 语言完美地结合成为一个统一体，至今为止，C 语言都是编写系统级程序的有力工具。

UNIX 至今仍然是操作系统中的一个重要代表，它运行时的安全性、可靠性以及强大的计算能力得到了广大用户的信赖。促使 UNIX 系统成功的因素有三点：第一，由于 UNIX 是用 C 语言编写，因此它是可移植的，它可以运行在笔记本电脑、PC、工作站甚至大型机器上；第二，系统源代码非常有效，系统容易适应特殊的需求；第三，它是良好的、通用的、多任务和分时的操作系统。

尽管 UNIX 已经不再是一个实验项目，但它仍然伴随着操作系统设计技术的进步而继续成长，人们仍然可以把它作为一个通用的操作系统用于研究和演练。不过，因为 UNIX 最终变成了一个商业操作系统，企业需要支付费用才能使用 UNIX，这限制了它的使用范围，特别是限制了普通用户的使用。Linux 的出现完全改变了这种局面。

2. Linux 起源与发展

Linux 的第一个版本诞生于 1991 年，它的作者 Linus Torvalds 当时是芬兰赫尔辛基大学计算机系的一名学生。Linus 在做一个调度系统作业时，突发灵感，决定将其改造成一个实用的操作系统。Linus 所设计的这个操作系统基于 Minix，Minix 是 Andrew Tannebaum 教授编写的一个用于教学的操作系统，是基于微内核架构的类 UNIX 操作系统，该教授为了方便给他的学生上课，购买了 UNIX 操作系统，并进行裁剪，公开了 Minix 的源代码。Linus 希望自己开发的这个操作系统变得比 Minix 更为实用和强壮，于是 Linus 决定把自己所设计的操作系统源代码也公布于众，并且欢迎任何人帮助修改和扩充自己的系统，这个系统就是今天久负盛名的 Linux。Linus 选择了备受推崇的 UNIX 系统接口标准（POSIX），由此 Linux 成为 UNIX 风格操作系统家族中的一员，而且代码是完全公开的一款操作系统。

Linux 的生命力来源于它的开源思想，自从 Linus 公开 Linux 源代码以来，世界各地的软件工程师和程序设计爱好者积极地对 Linux 系统进行修改和加强。1991 年 Linus 公开了 Linux 内核之后，其内核版本逐步从 1.0 提高到 2.2 版本、2.6 版本、3.0 版本、3.2 版本、4.7 版本、5.0 版本，并且拥有数百个 Linux 发行版本。同时 Linux 也被从初期的 x86 平台移植到了 PowerPC、ARM、SPARC、MIPS、68k 等几乎市面上能找到的所有体系结构上，尤其是建立在 Linux 之上的 Android 系统，显著地提高了 Linux 系统的实用性。Linux 目前广泛应用于服务器领域、桌面领域、移动嵌入式领域以及云计算大数据领域，并且依然保持着强劲的发展趋势。

3. GNU 和 Linux

Linux 能够诞生并发展到今天是无数人共同努力的结果。操作系统的系统内核本身仅仅是可用开发系统的一小部分。传统上，商业化的 UNIX 系统都包含提供系统服务和工具的应用程序。对 Linux 系统来说，这些额外的程序是由众多程序员编写并自由发布的。Linux 社区支持自由软件的概念，即软件本身不应受限，这些软件和派生工作都遵守 GUN 通用公共许可证（GPL）。GNU 是 GNU is Not UNIX 的递归缩写，它是自由软件基金会的一个项目，该项目的目标是开发一个自由的 UNIX 版本。GPL 允许软件作者拥有软件版权，并授予其他任何人以合法复制、发行和修改软件的权利。

下面是在 GPL 条款下发布的一些主要的 GNU 项目软件。
- GCC：GNU 编译器集，它包括 GNU C 编译器。
- G++：C++ 编译器，是 GCC 的一部分。
- GDB：源代码级的调试器。
- GNU make：UNIX make 命令的免费版本。
- Bison：与 UNIX yacc 兼容的语法分析程序生成器。
- bash：命令解释器(Shell)。
- GNU Emacs：文本编辑器及环境。

1.1.2 与 Linux 相关的一些知识

1. Linux 内核

操作系统(Operating System，OS)是管理和控制计算机硬件与软件资源的计算机程序，是直接运行在"裸机"上的最基本的系统软件，其他任何软件都必须在操作系统的支持下才能运行。操作系统从处理机状态的角度分为两部分，一部分是内核，另一部分是其他程序。

内核，是一个操作系统的核心，是基于硬件的第一层软件扩充，提供操作系统的最基本的功能，是操作系统工作的基础。它负责管理系统的进程、内存、设备驱动程序、文件和网络系统，决定着系统的性能和稳定性。现代操作系统设计中，为减少系统本身的开销，往往将一些与硬件紧密相关的(如中断处理程序、设备驱动程序等)、基本的、公共的、运行频率较高的模块(如时钟管理、进程调度等)以及关键性数据结构独立开来，使之常驻内存，并对它们进行保护，通常把这一部分称之为操作系统的内核。"内核"指的是一个提供硬件抽象层、磁盘及文件系统控制、多任务等功能的系统软件。

Linux 内核是该操作系统的核心程序文件，通过与其他程序文件的组合，Linux 又构成了许多版本。每种 Linux 版本都有其特点，例如嵌入式 Linux 版本内核很小，专门用于管理较小的电子设备，而用户常使用的 Linux 桌面版和 Linux 企业版，它们的内核很庞大，能够提供丰富的管理功能。Linux 内核的结构如图 1.1 所示。内核提供了进程调度、进程通信、虚拟文件系统、网络管理、内存管理、设备驱动以及系统调用。用户的应用程序通过系统调用或库函数实现对计算机资源的管理和使用。

Linux 内核继承了 UNIX 内核的大多数特点，并保留相同的 API(应用程序接口)来保证应用程序的可移植性。Linux 内核支持动态加载内核模块，支持对称多处理(SMP)机制，可抢占进程调度，提供具有设备类面向对象的设备模型，支持热拔插事件，支持用户空间的设备文件系统，忽略了一些被认为是设计拙劣的 UNIX 特性和过时标准。

2. Linux 内核态和用户态

在计算机系统中，通常运行着两类程序：系统程序和用户程序。为了保证系统程序不被应用程序有意或无意地破坏，Linux 操作系统将计算机系统设置为两种状态，即内核态和用户态；Linux 内核程序工作在内核态；内核之外的其他程序则工作在用户态。

内核态是操作系统内核程序运行的状态，拥有较高的特权级别，可以执行全部指令(包括特权指令)，可使用所有资源，并具有改变处理器状态的能力。用户态是用户程序运

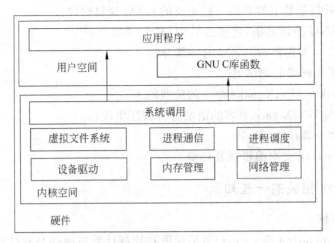

图 1.1　Linux 内核构架

行时的状态，只可以执行非特权指令，只能使用有限的资源，只能使用用户内存空间，而不能访问操作系统常驻的系统内存空间。

3. Linux 内核版本和发行版本

Linux 版本分为两类：内核版本和发行版本。内核版本是指 Linux 创始人 Linus 领导的开发小组所开发并发布的操作系统内核版本，如 4.8.2，通常在内核版本号后还会附加一个数字，如 4.8.2-19，最后的数字表示该版本的内核是第几次修订的。

内核版本号通常由 3 组数字组成：主版本号、次版本号、次次版本号。如内核版本 4.8.2，4 为主版本号，8 为次版本号，2 为次次版本号。当内核有重大改变时，主版本号会加 1；当内核只有小改动时，次版本号会加 1，比如增加了一些新特性，支持更多种类的硬件；当内核只有轻微的改动时，次次版本号会加 1。如果次版本号为偶数表示内核版本是稳定版，如果是奇数表示内核版本是测试版，可能不是很稳定，用户使用时应注意使用次版本号为偶数号的内核版本。

Linux 内核只是实现了操作系统最为关键的部分，只有在此基础上提供用户界面，增加一些具有实用性的应用软件，用户才能方便地使用它。一些公司或组织将 Linux 内核和常用的应用软件包装在一起，发行给用户使用，就构成了 Linux 的发行版本，很多 Linux 发行版本虽然内核一样，但添加的应用软件不同，就形成了不同的发行版本。一个典型的 Linux 发行版包括：Linux 内核，一些 GNU 程序库和工具，命令行 Shell，图形界面的 X Window 系统和相应的桌面环境，如 KDE 或 GNOME，并包含数千种从办公套件、编译器、文本编辑器到科学工具的应用软件。对于初学者，发行版本的概念更为重要一些，发行版本经过了严格的测试，提供了丰富的应用软件，这样初学者可以很方便地使用 Linux 并享受 Linux 带来的强大功能。

以下是一些常用的 Linux 发行版本。

（1）Ubuntu：Ubuntu 是一个以桌面应用为主的 Linux 操作系统，提供了一个健壮的、功能丰富的系统环境，适用个人用户使用或商业环境。Ubuntu 支持各种架构，包括 i386、AMD 以及 PowerPC 等。Ubuntu 默认采用 GNOME 桌面系统，同时也发行 KDE

桌面的 Kubuntu 版本、Xfce 桌面的 Xubuntu 版本。

（2）Red Hat Linux：Red Hat Linux 是最著名的 Linux 版本之一，Red Hat Linux 是 Red Hat 公司所发行的版本，并且为用户提供有偿的技术服务与升级服务。该版本适用于各种企业的服务器应用，支持大型数据库和应用系统，功能强大而且系统内性能稳定。

（3）CentOS：CentOS 是一个基于 Red Hat Linux 且提供开放源代码的企业级 Linux 发行版本，它提供了一个安全、低维护、稳定、高预测性和高重复性的 Linux 环境。CentOS 来自于 Red Hat Enterprise Linux，依照开放源代码规定释出的源代码所编译而成，因此具有同样的核心源代码，对有高度稳定性要求的服务器应用，可以用 CentOS 替代商业版的 Red Hat Enterprise Linux 使用。

（4）openSUSE：openSUSE 是一个一般用途的基于 Linux 内核的 GNU/Linux 操作系统，近年来广受欢迎，是德国著名的 Linux 发行版本，由 Novell 公司负责项目的维护。openSUSE 采用 KDE 4.3 作为其默认的桌面环境，同时也提供 GNOME 桌面版本。openSUSE 提供了自主开发的 YaST 软件包管理系统，受到用户的好评。它性能良好，同时提供的用户界面非常华丽，甚至超越了 Windows 7。openSUSE 适用于各种软件开发工作站，集成了多种常用的工具。

（5）Debian：Debian 是至今为止最遵循 GNU 规范的 Linux 系统，在全球有超过 1000 人的开发团队为 Debian 开发了超过 20000 个软件包，这 20000 个软件包覆盖了 11 种不同的处理器。世界上有超过 120 份 Linux 发行版本是以 Debian 为基础的，包括现在广泛使用的 Ubuntu。该版本适用于研究 Linux 系统，可以快速得到各种系统分析与测试工具。

1.2　Linux 系统编程

1.2.1　什么是系统编程

　　计算机软件可以分为应用软件和系统软件两大类。我们平时所使用的工具软件、游戏软件、管理软件等都属于应用软件。系统软件是负责管理计算机系统中各种独立的硬件，使得它们可以协调工作的程序，主要包括操作系统及其补丁、硬件驱动程序和一系列基本的工具，比如编译器、数据库管理、网络连接等方面的工具。系统编程就是编写系统软件级别的程序，简单地说，就是通过系统调用接口，使用操作系统提供的功能来设计程序。

　　在以单用户单任务方式使用计算机的时代，系统软件并不是必需的。在此方式下，任一时间段内计算机系统中都只有一个程序在运行，因此该程序可以按照自己的需要使用系统中的资源。随着计算机系统不断地发展，多用户多任务的计算机系统已成为当前计算机使用方式的主流，绝大部分时间系统中都会有多个程序在运行，众多的运行程序一定会争用计算机系统的各类资源，如果仍然允许用户程序随意使用系统资源，必然会造成混乱。因此，不能再由用户程序直接去连接相应的设备，需要由操作系统最基本的部分——内核统一来控制。而操作系统本身也是一个特殊的程序，也在内存中运行。这种情况下，设计出安全、稳定、高效的系统软件就显得格外重要,系统编程也因此应运而生。在编写系统软件时,我们将操作系统运行的内存空间称为系统空间或内核空间,普通程序运行的内存空间称为用户空间。如 1.1.2 节所述,根据计算机系统不同的运行状态,Linux 系统的运行状态分为内核态和用户态。

1.2.2 系统编程的学习内容及方法

系统编程更接近硬件,因此在进行系统编程时,设计开发人员必须对计算机系统的结构和工作方式、操作系统环境有较深的了解。设计开发人员需要熟知:内核提供哪些服务,如何使用它们;系统有哪些资源和设备;不同的资源和设备该如何操作。

为此,学习过程中需要逐步掌握以下内容:

(1) 了解内核所提供的各种类型的服务(系统调用)。

(2) 各种内核服务具体有什么特点,会用到哪些参数,会提供哪些数据(数据结构、函数参数、返回值)。

(3) 掌握内核服务的机制。

这些服务使开发人员编写的程序能够顺利地使用计算机系统的各类资源,这些资源包括:

- 处理器:安排一个程序何时开始执行、何时暂停、恢复执行、何时终止执行。
- I/O 设备:程序、终端、存储设备中所有的 I/O 数据都必须流经内核,以保证 I/O 数据的正确性、有效性和安全性。
- 进程管理:如何新建一个进程、终止进程、对进程进行调度;同时还需要管理与进程相关的内存、文件等系统资源。
- 内存:内核要在进程需要时为其分配内存,不需要时回收内存,并确保内存不被其他的进程非法访问。
- 设备:内核要负责程序和设备的合法连接,屏蔽不同设备使用时的差异,使得设备的操作方式简单而统一。
- 进程间通信:不同的进程之间需要通信,内核需要为其通信提供服务。
- 网络服务:网络通信可以看作是进程间通信的特殊形式,内核也需要为其提供服务。

在本书中,使用以下的方法来学习设计系统程序。

- 分析程序:首先分析现有的系统程序。作为开源软件,Linux 是一份非常优秀的学习资料,读者可以按照自己的喜好,挑选难度合适的代码进行学习。本书假定读者的身份是系统编程的初学者,主要以分析常见命令程序来讲解内核提供的各种服务及程序实现的原理。
- 学习系统调用及数据结构:通过阅读源代码或查阅 man 手册对命令的说明,学习命令程序中使用的数据结构和内核提供的系统调用。同时,加深对操作系统的认识。
- 编程实现:利用学习到的原理、操作系统提供的数据结构和系统调用,可以仿照命令程序编程实现自己的命令程序或者实现新功能的命令程序。

1.2.3 一个例子

本节通过一个示例来展示如何学习系统编程。ls 是 Linux 系统中被使用最多的命令之一,它的功能是显示当前目录下的所有文件名称。

首先使用 man 命令来看看会不会有一些有用的信息被我们遗漏了。在 Linux 系统的终端中输入以下命令:

```
man ls
```

执行该命令,屏幕显示的信息如图 1.2 所示(关于 ls 完整的信息当然比图中显示的内容要多,此处只截取了需要的内容)。

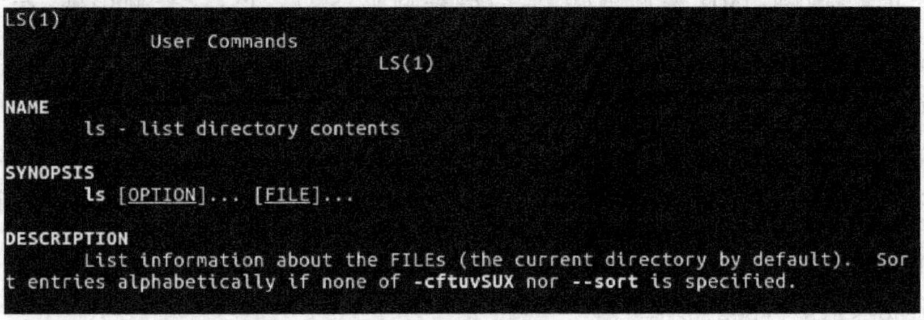

图 1.2 man ls 的结果

从 ls 命令的 DESCRIPTION 中,可以看到 ls 命令的功能是: 列出指定目录下文件的信息(默认为当前的目录),如果没有指明-cftuvSUX 或--sort 选项的话将会按字母顺序以文件名为排序对象来排列并显示这些文件的信息。

思考一下,这些文件的信息是从哪里来的?显然和 ls 后指定的目录是有关的,那么目录文件可以读吗?尝试用 cat 和 more 命令读当前目录,可以得到如下的结果。

```
root@ubuntu:~# cat .
cat: .: 是一个目录
root@ubuntu:~$more .
*** .: 目录 ***
```

可以看到 cat 和 more 命令无法操作目录文件,那么有哪些命令或者函数可以读出目录文件的内容呢? 可以试着使用 man 手册,输入以下命令:

```
man -k directory
```

这条命令表示在 man 手册中以 directory 为关键字进行查询,该命令执行后将会显示几十条与目录文件相关的命令或函数(平台不同,显示出的结果也不尽相同)。为了进一步缩小查找的范围,在查询的结果中加入 grep read 表示查找与读目录相关的命令、函数或系统调用,得到以下结果。

```
root@ubuntu:~# man -k directory|grep read
readdir (2)        - read directory entry
```

```
readdir (3)           - read a directory
readdir_r (3)         - read a directory
seekdir (3)           - set the position of the next readdir() call in the dir...
```

结果中显示，与读目录文件相关的结果有 readdir、readdir_r 和 seekdir，其中可能性最大的是 readdir 函数或系统调用，readdir 系统函数在 man 手册的第 2 章，readdir 调用在 man 手册的第 3 章。分别输入 man 2 readdir 和 man 3 readdir，将会看到这两个 readdir 函数参数不同。此处选择使用形式相对简单的系统调用 readdir(3)，其原型为：

```
#include<dirent.h>
struct dirent * readdir(DIR * dirp);
```

其中参数 dirp 类型为 DIR 类型指针，返回值类型为 struct dirent 类型指针，在 readdir 函数的描述中给出了 struct dirent 类型的定义。继续向下翻看，在 see also 中列出了众多与 readdir 相关的函数。参考 C 语言对文件的标准操作方式和操作文件时使用的函数，与读目录文件相关的其他操作，应该就是 opendir 和 closedir 了，并且读取目录文件的过程与读取普通文件类似。再来查看 opendir 和 closedir 函数的使用方法，它们的原型为：

```
#include<sys/types.h>
#include<dirent.h>
DIR * opendir(const char * name);
int closedir(DIR * dirp);
```

从描述中可以看到 opendir 函数打开目录文件，并将文件的读写指针置于目录文件的起始处。closedir 函数用来关闭打开的目录文件。

其中 opendir 函数以目录文件的文件名为参数，其返回值为指向目录文件的 DIR 类型指针，该指针正是 readdir 要使用的参数。目录文件就像一张表格一样，它由若干目录项组成，每一个目录项记录了一个文件的信息，具体记录的属性由结构体 dirent 来确定，其类型定义如下：

```
struct dirent {
    ino_t           d_ino;       /* inode number */
    off_t           d_off;       /* not an offset; see NOTES */
    unsigned short  d_reclen;    /* length of this record */
    unsigned char   d_type;      /* type of file; not supported by all
                                    filesystem types */
    char            d_name[256]; /* filename */
};
```

readdir 函数每执行一次，就读出一条文件的信息，同时文件读写指针移动到下一个文件信息的起始处。当 readdir 返回 NULL 时，表示已读至文件末尾。查看了三个函数的原型后，就可以确定实现 ls 命令的程序流程如图 1.3 所示，我们把这个命令程序称为简单 ls 命令。

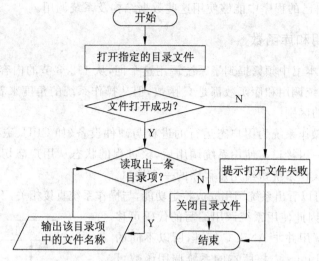

图 1.3　简单 ls 命令程序的流程图

按此流程可以编写出简单 ls 命令的程序：

[示例程序 1.1]
```c
#include<stdio.h>
#include<stdlib.h>
#include<dirent.h>
int main()
{
    DIR *dir;
    struct dirent *ptr;
    if((dir=opendir("."))==NULL)
    {
        perror("opendir");
        exit(EXIT_FAILURE);
    }
    while((ptr=readdir(dir))!=NULL)
    {
        printf("%s\t\t", ptr->d_name);
    }
    closedir(dir);
    return 0;
}
```

从这个例子中可以总结一下本书推荐学习系统编程的几个步骤：
(1) 首先学习系统命令，了解系统命令的功能；
(2) 根据 man 手册和已有的程序设计知识来分析命令的实现原理；
(3) 从 man 手册中学习相关的数据结构和系统调用的使用方法；
(4) 写出自己的命令程序；

(5) 最终在自己的程序中能够使用这些数据结构及系统调用。

1.2.4 系统调用和库函数

到目前为止，本书中频繁提到了系统调用这个词，从 1.2.3 节的内容可以看到：尽管从形式上来看，系统调用和库函数都是 C 函数，但从操作系统的角度来看，系统调用和库函数有着非常大的区别。

系统调用是操作系统为用户态运行的进程与硬件设备（如 CPU、磁盘、打印机等）进行交互所提供的一组接口。使用系统调用后，该进程的状态从用户态切换到内核态。系统调用可以说是操作系统留给用户程序的一个接口。

从这一定义可以看出系统调用完成特定功能，与操作系统直接相关，不同操作系统的系统调用可能不同，因此使用系统调用编写的代码可移植性不高。系统调用并非 ANSI C 标准，所以不同的操作系统或不同 Linux 内核版本的系统调用函数可能不同。在预编译命令中包含系统调用所在的函数库时需要在头文件前加上相对路径 sys/。

库函数通常用于完成一些常见的功能，要满足一定的标准（例如 ISO C）。库函数作为程序设计语言的一部分可以不加修改地应用于不同的平台，因此具有良好的可移植性。库函数的实现最终也要调用系统调用，但它封装了系统调用的部分操作。系统调用与库函数关系如图 1.4 所示。

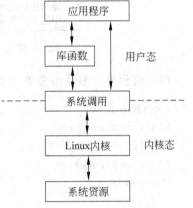

图 1.4　系统调用和库函数的关系

本书中在不影响程序编写的情况下，将系统调用和库函数均称为函数。如果读者需要确认使用的函数是系统调用还是库函数，可以使用 man 手册进行查询。

1.3　常用工具及命令

1.3.1　命令格式

打开 Linux 系统的 Shell，在 Shell 中可以使用命令来操作计算机系统。终端环境下的命令格式为：

指令名称[选项] [参数列表]

在同一行中，可以输入一条以上的指令，但各指令之间要使用分号间隔开，系统将会按次序执行命令序列。

指令在执行过程中可以使用指令选项，这样可以在执行动作之后产生不同的结果，选项通常以-开头，例如下面的命令；

```
ls  -l  /
```

这条命令表示显示根目录下文件的详细信息，包括文件权限、属主、大小等；不加选项-l时，表示显示根目录下所有文件的名称。

参数是指指令操作的对象，例如上面命令中的"/"，表示本次操作的对象是根目录。参数中可以使用通配符，各通配符的含义如下：

- *：代表文件名中任意长度的字符串。
- ?：代表文件名中的任一字符。
- []：代表文件名中任一属于[]中列出的字符集的字符。

例如，当前目录下有 12 个文件，名称分别为 file1、file2、file3、……、file10、file11、file12，此时可执行以下命令：

```
ls file*            列出所有以 file 开头的文件
ls file1?           列出文件 file10、file11、file12
ls file[3-9]        列出文件 file3~file9
```

1.3.2　常用工具

1.3.2.1　打包工具

1. tar

tar 是 Linux 下常用的打包、压缩和解压工具，使用格式为：

`tar [选项] 结果文件名/待打包文件名`

可使用以下几个选项：

- -c：创建文件。
- -z：是否用 gzip 压缩。
- -x：解压文件。
- -v：压缩或解压过程中显示进度。
- -f：给新文档命名，f 后直接跟新文件名，不再加其他参数。

除了以上的参数，还可以通过 man 手册查看其他参数的含义。将当前目录下的所有文件作为待压缩文件进行打包或压缩，命令如下：

- 打包：tar -cvf　mytar.tar　./*
- 压缩：tar -zcvf　mytar.tar.gz　./*
- 解包：tar -xvf　mytar.tar　-C　./my
- 解压：tar -zxvf　mytar.tar.gz　-C　./my

以上命令中的-C 选项表示将打包文件或压缩文件解压到指定的目录中。通常在压缩打包文件时，通过给文件添加后缀来区分文件的类型，一般文件名后加.tar 的表示该文件为打包文件，加.tar.gz 表示该文件是用 gzip 压缩的 tar 文件。

2. gzip

gzip 是 GNUzip 的缩写，它是 GNU 提供的一个文件压缩程序。其使用格式为：

`gzip [选项] 压缩(解压缩)的文件名`

该命令可使用的选项含义如下：
- -c：将输出写到标准输出上，并保留原有文件。
- -d：将压缩文件解压。
- -l：显示每个压缩文件的压缩部分的大小、未压缩部分的大小、压缩比、未压缩文件的名字。
- -r：递归式地查找指定目录并压缩其中的所有文件或解压缩。
- -t：测试，检查压缩文件是否完整。
- -v：对每一个压缩和解压的文件，显示文件名和压缩比。

gzip 只能压缩文件，不能压缩目录，如果要压缩目录，则需要使用-r 选项。

3．bzip2

bzip2 是一个基于 Burrows-Wheeler 变换的无损压缩软件，也是一个自由软件，广泛存在于 UNIX 和 Linux 的许多发行版本中。该软件由 Julian Seward 开发，Seward 在 1996 年 7 月第一次公开发布了 bzip2 0.15 版，在随后几年中这个压缩工具的稳定性得到改善并且日渐流行，Seward 在 2000 年发布了 1.0 版。

1.3.2.2 文本编辑工具

1．vi/vim

vi 是 visual editor 的简称，它是运行在 Linux 操作系统中的一个文本编辑器，可以执行输入、删除、查找、替换、块操作等众多文本操作，而且用户可以根据自己的需要对其进行定制。

vim 是从 vi 发展而来的一个文本编辑器，具有代码补全、编译及错误跳转等方便编程的功能，被程序员广泛使用，是类 UNIX 系统用户最喜欢的两大文本编辑器之一，另一个是 Emacs。vim 的相关内容和使用方法将在 2.1.2 节中进行介绍。

2．Emacs

Emacs 即 Editor MACroS（宏编辑器）的缩写，是一个强大的文本编辑器，在程序员和其他以技术工作为主的计算机用户中广受欢迎。Emacs 最初由 Richard Stallman 于 1975 年在 MIT 协同 Guy Steele 共同完成。自诞生以来，Emacs 演化出了众多分支，其中使用最广泛的两种分别是：1984 年由 Richard Stallman 发起并由他维护至今的 GNU Emacs，以及 1991 年发起的 XEmacs。XEmacs 是 GNU Emacs 的分支，至今仍保持着良好的兼容性。它们都使用了 Emacs Lisp 这种有着极强扩展性的编程语言，从而实现了包括编程、编译乃至网络浏览等功能的扩展。

3．gedit

gedit 是一套自由软件，它是一个 GNOME 桌面环境下兼容 UTF-8 的文本编辑器，支持包括 gb2312、gbk 在内的多种字符编码，使用 GTK＋编写而成，简单易用，有良好的语法高亮显示，对中文支持很好。除了是一个纯文本编辑器外，使用者还可以把它当成一个集成开发环境来使用。

1.3.2.3 网络工具

1．ping

ping 命令用来测试主机之间网络的连通性。使用格式为：

ping [参数] [主机名或网络地址]

ping 命令使用 ICMP 传输协议，会向指定的主机发出要求回应的信息，若远端主机的网络功能没有问题，就会回应该信息，因而得知该主机运作正常。ping 命令每秒发送一个数据包并且为每个接收到的响应打印一行输出。例如，在终端中输入"ping www.baidu.com"，得到以下的响应。

```
root@ubuntu:~#ping www.baidu.com
PING www.a.shifen.com (220.181.111.188) 56(84) bytes of data.
64 bytes from 220.181.111.188: icmp_seq=3 ttl=54 time=27.9 ms
64 bytes from 220.181.111.188: icmp_seq=4 ttl=54 time=38.9 ms
64 bytes from 220.181.111.188: icmp_seq=5 ttl=54 time=26.2 ms
64 bytes from 220.181.111.188: icmp_seq=6 ttl=54 time=27.6 ms
64 bytes from 220.181.111.188: icmp_seq=7 ttl=54 time=28.6 ms
^C
--- www.a.shifen.com ping statistics ---
7 packets transmitted, 7 received, 0%packet loss, time 6009ms
rtt min/avg/max/mdev = 26.217/29.171/38.918/4.068 ms
```

最后两行信息中，ping 命令会计算信号往返时间和丢包情况的统计信息，并且在完成之后显示一个简要总结。有些服务器为了防止通过 ping 被探测到，通过防火墙设置了禁止 ping 或者在内核参数中禁止 ping，这样就不能通过 ping 确定该主机是否还处于开启状态。

2. ifconfig

Linux 系统的 ifconfig 命令与 Windows 系统中的 ipconfig 命令类似，用来查看和配置网络设备，当网络环境发生改变时可通过此命令对网络进行相应的配置。

该命令使用格式如下：

ifconfig [网络设备] [参数]

例如：

```
root@ubuntu:~#ifconfig
enp0s3    Link encap:以太网硬件地址 08:00:27:93:47:60
          inet 地址:10.0.2.15  广播:10.0.2.255  掩码:255.255.255.0
          inet6 地址: fe80::1e0d:5666:cf53:6eed/64 Scope:Link
          UP BROADCAST RUNNING MULTICAST  MTU:1500  跃点数:1
接收数据包:38756 错误:0 丢弃:0 过载:0 帧数:0
发送数据包:6106  错误:0 丢弃:0 过载:0 载波:0
碰撞:0 发送队列长度:1000
接收字节:54579596 (54.5 MB) 发送字节:383666 (383.6 KB)

lo        Link encap:本地环回
          inet 地址:127.0.0.1  掩码:255.0.0.0
          inet6 地址: ::1/128 Scope:Host
```

```
              UP LOOPBACK RUNNING    MTU:65536    跃点数:1
接收数据包:102 错误:0 丢弃:0 过载:0 帧数:0
发送数据包:102 错误:0 丢弃:0 过载:0 载波:0
碰撞:0 发送队列长度:1000
接收字节:9515 (9.5 KB)    发送字节:9515 (9.5 KB)
root@ubuntu:~#ifconfig enp0s3 down
SIOCSIFFLAGS:不允许的操作
root@ubuntu:~#sudo ifconfig enp0s3 down
[sudo] root 的密码:
root@ubuntu:~#sudo ifconfig enp0s3 up
```

以上命令首先显示了当前系统的网卡信息,可以看到网卡名称为 enp0s3。第二条命令将该网卡关闭,要执行这一命令,命令使用者必须为超级用户,因此第一次执行不成功,第二次以 root 身份执行成功。最后一条命令将该网卡打开。用 ifconfig 命令配置的网卡信息,在网卡重启后或机器重启后不存在。要想将上述的配置信息永远地存在计算机里,那就要修改网卡的配置文件了。

3. wget

wget 是一个非常有用的 GNU 命令行工具,用于从互联网上下载文件。它对于 Linux 用户是必不可少的工具。wget 命令格式为:

```
wget [选项] [URL 地址]
```

例如:

```
wget http://www.centos.bz/download?id=1
```

wget 功能完善,支持断点下载功能,同时支持 FTP 和 HTTP 下载方式,支持代理服务器和设置起来方便简单,并且它运行于后台,可用于脚本和 cron 作业。

4. scp

scp 是 secure copy 的简写,是 Linux 系统下基于 ssh 登录进行安全的远程文件复制命令,可以在 Linux 服务器之间复制文件和目录。scp 命令使用格式为:

```
scp [参数] [原路径] [目标路径]
```

scp 命令和 cp 命令相似,不过 cp 命令不能跨主机拷贝,而且 scp 传输是加密的。当服务器硬盘变为只读(read only system)时,用 scp 可以帮用户把文件移出来。

1.3.2.4 系统性能工具

1. top

top 命令是 Linux 中常用的性能分析工具,能够实时显示系统中各个进程的资源占用状况,包括进程 ID、内存占用率、CPU 占用率等,类似于 Windows 的任务管理器,提供了实时地对系统处理器的状态监视。top 命令格式为:

```
top [选项]
```

top 将显示系统中 CPU 最"敏感"的任务列表。该命令可以按 CPU 使用、内存使用和执行时间对任务进行排序,并且该命令的很多特性都可以通过交互式命令或者在个人定制文件中进行设定。

2. iostat

iostat 是 I/O statistics 的缩写,这一工具将对系统的磁盘操作活动进行监视。使用格式为:

```
iostat[选项][时间][次数]
```

通过 iostat 可以方便地查看 CPU、网卡、TTY 设备、磁盘、CD-ROM 等设备的活动情况、负载信息。

3. sar

sar 是系统活动情况报告(System Activity Reporter)的简写,是目前 Linux 中最为全面的系统性能分析工具之一,可以从多方面对系统的活动进行报告,包括文件的读写情况、系统调用的使用情况、磁盘 I/O、CPU 效率、内存使用状况、进程活动及 IPC 有关的活动等。使用的格式为:

```
sar [选项] [-A] [-o 文件名] 采样间隔 [采样次数]
```

其中:-o 文件名表示将命令结果以二进制格式存放在指定的文件中;采样次数默认值为 1。

4. free

在 Linux 系统的监控工具中,free 是最经常使用的命令之一。free 命令显示系统使用和空闲的内存情况,包括物理内存、交互区内存(swap)和内核缓冲区内存。命令格式为:

```
free  [参数]
```

1.3.3 常用命令

Linux 系统的命令众多,由于兴趣点或研究内容不同,每个用户经常使用的命令也有所不同。为了便于顺利阅读本书后面的章节,表 1.1、表 1.2 和表 1.3 列出一些绝大部分用户都经常使用的命令,并对命令的功能进行简单的描述。如果需要了解命令的详细情况、使用方法及参数的选择,可以在 man 手册的第 1 章进行查询,例如想了解 adduser 命令的使用方法,可以在 Shell 中输入 man 1 adduser。

表 1.1 常用系统命令及其功能描述

命 令 名 称	功 能 描 述
login	在系统中建立一个新的会话
shutdown	暂停、关闭或重启系统
hostname	修改或查看主机名
uname	显示系统及版本信息

命令名称	功能描述
df	检查磁盘空间占用情况
who	显示当前系统所登录的用户以及所登录的控制台
adduser	在系统中添加一个新的用户或组
passwd	所有用户都可用此命令来修改账户密码,超级用户可以更改任一账户的密码
su	更改用户 ID 或成为超级用户
sudo	以其他用户的身份执行命令,默认为 root 用户

表 1.2　常用基本命令及其功能描述

命令名称	功能描述
exit	退出当前的 Shell
clear	清屏
ls	显示文件或目录及其属性
cd	进入指定的目录
pwd	显示当前工作目录的绝对路径名
mkdir	创建目录文件
rmdir	删除空的目录文件
touch	创建文件或修改文件的时间属性
cat	查看文件内容,类似命令还有 more、less、head、tail 等
rm	删除文件,rm -r dir 表示递归方式删除非空目录 dir
mv	移动文件或改动文件名称
rename	文件重命名,可以用于改变一批文件的名称
cp	复制文件
find	在一个目录结构中查找文件,类似命令有 locate
grep	显示包含模式串的这行内容
ln	建立链接文件,-s 选项表示建立符号连接
wc	统计指定文件的行数、单词数和字符数
cmp	逐位比较两个文件
diff	逐行比较两个文件
chmod	修改文件的访问权限
umask	设置创建文件时的权限掩码
mount	加载文件系统
umount	卸载文件系统

表 1.3　其他常用命令及其功能描述

命令名称	功能描述	命令名称	功能描述
ps	显示进程信息（命令执行时的快照）	mail	发送邮件
kill	向指定进程发送一个信号	date	显示或设置系统的日期和时间

1.3.4　获取帮助

Linux 系统功能强大，命令众多，大部分的应用程序都是以自由软件形式提交的，因此在使用过程中遇到的问题很多时候需要靠使用者自己解决。作为 Linux 系统编程的初学者，学会使用帮助是很重要的。在 Linux 系统中提供了 UNIX 在线系统手册、GNU 的超文本帮助系统、help 命令等帮助，在编写程序时，还可以通过获取错误代码来分析发生了什么问题。

1. 在线系统手册——man

man 手册是 UNIX 系统手册的电子版本，该手册中记录了类 UNIX 系统中大部分命令、函数、系统调用的说明，也包括类 UNIX 系统的其他说明。使用类 UNIX 系统时都可以参考该手册。在 man 手册中，根据不同的主题将内容划分为不同的章节，各章节内容如下：

- 第 1 章标准命令（Standard commands）。
- 第 2 章系统调用（System calls）。
- 第 3 章库函数（Library functions）。
- 第 4 章设备说明（Special devices）。
- 第 5 章文件格式（File formats）。
- 第 6 章游戏和娱乐（Games and toys）。
- 第 7 章杂项（Miscellaneous）。
- 第 8 章管理员命令（Administrative Commands）。
- 第 9 章其他 Linux 特定的，用来存放内核例行程序的文档。

使用 man 手册时，命令格式如下：

man[选项] [章节] 手册页

例如：

man 3 rename

表示在 man 手册的第 3 章中查找 rename 的手册页。

2. GUN 的超文本帮助系统——info

info 是 GNU 的超文本帮助系统，它可以在命令行模式下通过键入 info 打开，也可以在 Emacs 中键入 Esc-x info 打开。info 的使用格式为：

info[选项] [参数]

其中参数可以是需要获得帮助的主题，也可以是指令、函数以及配置文件；常用的选项有：

- -d：添加包含 info 格式帮助文档的目录。
- -f：指定要读取的 info 格式的帮助文档。
- -n：指定首先访问的 info 帮助文件的结点。
- -o：输出被选择的结点内容到指定文件中。

例如：

info info

3. 查阅内部命令——help

在 Linux 系统中，有一些命令使用 man 手册是无法查到的，这些命令属于系统内部命令（如 cd 命令），此时可以使用 help 命令列出系统各种的内部命令。

在 Shell 环境中输入 help 命令，系统将列出当前的所有内部命令如下：

```
GNU bash,版本 4.3.48(1)-release (i686-pc-linux-gnu)
这些 shell 命令是内部定义的。请输入 'help' 以获取一个列表。
输入 'help 名称' 以得到有关函数 '名称' 的更多信息。
使用 'info bash' 来获得关于 shell 的更多一般性信息。
使用 'man -k' 或 'info' 来获取不在列表中的命令的更多信息。

名称旁边的星号(*)表示该命令被禁用。
job_spec [&]                           history [-c] [-d 偏移量] [n] 或 history >
(( 表达式 ))                            if 命令; then 命令; [ elif 命令; then 命令; >
. 文件名 [参数]                         jobs [-lnprs] [任务声明 ...] 或 jobs -x 命>
:                                      kill [-s 信号声明 | -n 信号编号 | -信号声明] 进程号>
[ 参数 ... ]                            let 参数 [参数 ...]
[[ 表达式 ]]                            local [option] 名称[=值] ...
alias [-p] [名称[=值] ... ]             logout [n]
bg [任务声明 ...]                       mapfile [-n 计数] [-O 起始序号] [-s 计数] [->
bind [-lpsvPSVX] [-m keymap] [-f file>  popd [-n] [+ N | -N]
break [n]                              printf [-v var] 格式 [参数]
builtin [shell 内建 [参数 ...]]         pushd [-n] [+ N | -N | 目录]
caller [表达式]                         pwd [-LP]
case 词 in [模式 [| 模式]...) 命令 ;;]...es>
                                       read [-ers] [-a 数组] [-d 分隔符] [-i 缓冲区>
cd [-L|[-P [-e]] [-@]] [dir]           readarray [-n 计数] [-O 起始序号] [-s 计数] >
command [-pVv] 命令 [参数 ...]          readonly [-aAf] [名称[=值] ...] 或 reado>
compgen [-abcdefgjksuv] [-o 选项] [-A > return [n]
complete [-abcdefgjksuv] [-pr] [-DE >select NAME [in 词语 ...;] do 命令; don>
compopt [-o|+ o 选项] [-DE] [名称 ...]  set [--abefhkmnptuvxBCHP] [-o 选项名] [>
continue [n]                           shift [n]
coproc [名称] 命令 [重定向]             shopt [-pqsu] [-o] [选项名 ...]
declare [-aAfFgilnrtux] [-p] [name[=v>source 文件名 [参数]
dirs [-clpv] [+ N] [-N]                suspend [-f]
```

disown [-h] [-ar] [任务声明 ...]	test [表达式]
echo [-neE] [参数 ...]	time [-p] 管道
enable [-a] [-dnps] [-f 文件名] [名称 ...]>times	
eval [参数 ...]	trap [-lp] [[参数] 信号声明 ...]
exec [-cl] [-a 名称] [命令 [参数 ...]] [重定向>true	
exit [n]	type [-afptP] 名称 [名称 ...]
export [-fn] [名称[=值] ...] 或 export -p>typeset [-aAfFgilrtux] [-p] 名称[=值].>	
false	ulimit [-SHabcdefilmnpqrstuvxT] [lim>
fc [-e 编辑器名] [-lnr] [起始] [终结] 或 fc -s>	umask [-p] [-S] [模式]
fg [任务声明]	unalias [-a] 名称 [名称 ...]
for 名称 [in 词语 ...] ; do 命令; done	unset [-f] [-v] [-n] [name ...]
for ((表达式1; 表达式2; 表达式3)); do 命令; do>until 命令; do 命令; done	
function 名称 { 命令 ; } 或 name () { 命令 ;>	variables ——一些 shell 变量的名称和含义
getopts 选项字符串名称 [参数]	wait [-n] [id ...]
hash [-lr] [-p 路径名] [-dt] [名称 ...]	while 命令; do 命令; done
help [-dms] [模式 ...]	{ 命令 ; }

4．获取错误信息——errno

在 Linux 环境中编写的程序，调试或运行时如果遇到出错的情况，此时获取错误信息对于修改程序就格外重要。在系统编程中，会大量地使用系统调用和库函数，这些系统调用和库函数在调用后根据执行情况会返回执行成功与否的信息，通常返回 0 表示执行正确，−1 表示错误，并且把错误编号记录在 errno 中。

errno 是一个系统全局变量，它记录了调用库函数或系统调用后的错误代码，其错误代码的含义定义在/usr/include/asm-generic 目录下的 errno-base.h 和 errno.h 中（作者使用的环境为 Ubuntu，不同平台中的头文件位置不同）。

与此同时，系统还提供一个库函数 perror 来解读 errno 错误代码的含义，该函数声明于/usr/include/stdio.h 中，原型如表 1.4 所示。

表 1.4　perror 函数的接口规范说明

函数名称	perror
功能	显示当前 errno 所对应的错误信息
头文件	#include<stdio.h>
函数原型	extern void perror(const char *s);
参数	s 提示信息的标题
返回值	无

perror 函数根据当前 errno 的值获得与错误对应的描述字符串，将错误信息显示在标准错误设备上，并且在错误信息前加上参数 s 中的字符串作为错误信息的标题。这样一来，程序编写者可以将所使用的库函数或系统调用名作为 perror 函数的参数，出错时就可以明确，是哪个函数出了什么样的错误。

除了 perror 函数外，strerror 也可以单纯地将错误标号转为描述错误的字符串。该函数声明于/usr/include/string.h 中，原型如表 1.5 所示。

表 1.5 strerror 函数的接口规范说明

函数名称	strerror
功能	显示指定错误号对应的错误信息
头文件	#include<string.h>
函数原型	char * strerror(int errnum);
参数	errnum 错误号
返回值	错误号对应的描述：成功 Unknow error errnum：失败

perror 函数和 strerror 函数两者不同之处在于：

第一，perror 是隐式地使用全局变量 errno；strerror 并没有将参数局限为 errno，实际上可以将任何一个合理的整型数据作为 strerror 的参数。

第二，perror 除了显示错误的文本描述外，还可以由程序设计者指定一部分显示的信息；strerror 调用后只返回相关的错误文本信息。

1.4 小　　结

本章是对 Linux 基础知识的概述，包括了解 Linux 的发展，理解 Linux 的一些关键概念，Linux 内核、内核态和用户态、内核版本编号规则和常见发行版本。本章还介绍了Linux 系统编程的概念、学习内容和方法，并且通过 ls 的例子，体会学习系统编程的几个步骤。另外对系统编程中频繁出现的重要概念——系统调用和库函数，进行了对比介绍。最后介绍了 Linux 环境下常用的工具和命令。

习　　题

一、填空题

1. 要设置/test/a.txt 文件的属主具有读、写、执行权限，同组用户具有读、写权限，其他用户无权限，命令为_____。

2. 要删除/tmp 下所有 A 开头的文件可使用命令_____。

3. 要将/tmp/etc/text.txt 移动到/tmp 下并改名为 test.txt，可使用命令_____。

4. Linux 系统中/var 目录中一般存放的是_____文件。

5. 在 Linux 系统中，"."表示_____，".."表示_____。

6. 想要将/home/usera 的所有文件打包，可使用命令_____。

7. umount 命令可以用来_____。

8. 一些命令需要以超级用户的身份来执行,此时可以在要执行的命令前加命令_____。

二、简答题

1. 写出你所装系统的商业版本和内核版本,列出/目录下第一级目录及文件的名称和大致说明。

2. 请简述库函数和系统调用的区别。

3. Linux Shell 环境中查看文本文件内容可以使用哪些命令,这些命令有什么差异?

4. 使用 Linux 操作系统时,可以使用哪些方式获取帮助?

三、编程题

1. 用 strerror 函数实现 perror 函数的功能。

2. 请调试 1.2.3 节中的示例程序 1.1。

第 2 章 C 程序开发工具

Linux 支持多种高级语言，C 语言是 Linux 中最常用的系统编程语言之一，Linux 内核绝大部分代码也是用 C 语言编写的，Linux 平台上有相当多的应用程序也是用 C 语言开发的。一个程序的开发过程中，会涉及源代码的编辑、编译与调试过程。本章将会介绍 Linux 中广泛使用且支持 C 语言的编辑器工具 vim、编译工具 gcc 和 make、调试工具 gdb。通过对这些工具使用方法的详细介绍，读者可以掌握如何在 Linux 下进行 C 语言开发的过程以及使用这些工具的一些技巧。

2.1 编辑工具

2.1.1 编辑工具介绍

与 Windows 系统不同，在 Linux 系统中，服务和系统的设置都保存在文本文件中，要进行某个设置时，需要文本编辑器修改文本文件中的设置；当用户在 Linux 下编写 C 语言程序或 Shell(或 Perl)脚本时，也会需要使用文本编辑器。这些文本编辑器称为编辑工具。

目前可在 Linux 下使用的编辑工具种类非常多，下面介绍 Linux 中比较受欢迎的一些编辑工具。

1. vi 编辑器

vi 编辑器是许多 UNIX、Linux 系统默认安装的文本编辑器，几乎所有的发行版都预装了 vi 编辑器，它诞生于 20 世纪 70 年代，从诞生至今虽然已经接近半个世纪，然而其小巧的体积和强大的功能，使其到现在为止仍有许多忠实的用户，在一些小型系统上或一些特殊情况下，vi 编辑器可能是唯一能使用的文本编辑器。能够熟练使用 vi 编辑器已经成为 Linux 系统的一项基本技能。

2. vim 编辑器

vim 是 vi 编辑器的增强版，由 Bram Moolenaar 在 20 世纪 80 年代末开发出了第一个版本，除了能完全兼容 vi 编辑器之外，还添加了许多新的功能。它们都是多模式编辑器，不同的是 vim 是 vi 的升级版本，它不仅兼容 vi 的所有指令，而且还有一些新的特性在里面。比如 vim 支持多级撤销，在 vi 中，按 u 只能撤销上次命令，而在 vim 里可以无限制地撤销；具有更易用性，vi 只能运行于 Unix 和 Linux 中，而 vim 可以运行于 Unix、Linux、Windows、Mac 等多操作平台；支持语法加亮功能，vim 可以用不同的颜色来加亮程序代码：

因此相比 vi 来说，vim 更适合编程工作人员使用，而 vi 更适合文本编辑。

3. Emacs 编辑器

Emacs 是 Editor MACroS(编辑宏)的缩写，诞生于 1975 年(时间早于 vi 编辑器)，最初是由 Richard Stallman 与 Guy Steele 在 MIT(麻省理工学院人工智能实验室)共同编写的。随着 Emacs 的逐步完善，其已经成为开源操作系统 Linux 中唯一能与 vim 编辑器抗衡的文本编辑器。与 vim 相比，Emacs 一样十分强大，几乎可以完成所有可以想象到的任务。也正因为如此，在互联网上甚至引发了 vim 与 Emacs 之争。

安装了 Emacs 后，在 Shell 提示符下输入如下内容，其中 demo1 是要编辑的文件名：

root@ubuntu:~#emacs demo1

即可以打开如图 2.1 所示的 Emacs 编辑器编辑界面，在此界面中，可以将 Emacs 作为一个文本编辑器，输入文本信息。同样，Emacs 编辑器也支持很多编辑命令，表 2.1 列出了部分常用基本命令。

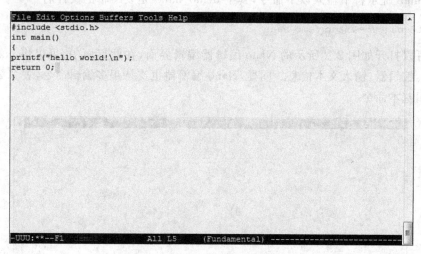

图 2.1　Emacs 编辑器编辑界面

表 2.1　Emacs 常用基本命令

命　　令	含　　义
C-h	进入在线辅助说明系统
C-x　C-s	存盘
C-x　C-c	跳出 Emacs
C-x　u	恢复前一次的动作(可重复使用)
C-g	跳出目前的命令
C-n　C-f　C-b　C-p	前进/后退　一字符/一行
M-v　C-s	查找字符串
C-d	删除一个字符

Emacs 特别适合编辑程序，包括任何类型的计算机语言程序。它提供了语法加亮、自动缩进等功能。一些扩展命令可以让用户很方便浏览代码，它们可以识别代码的语义，列出函数名、函数的参数和类型、变量名、类、宏、方法、define 和 include 文件。编辑程序时，Emacs 可提供补全函数名、参数等功能。

4. Nano 编辑器

在 Linux 系统中，除了 vi、vim、Emacs 等文本编辑器外，还存在一些很有特色的文本编辑器，Nano 就是其中一种。

Nano 是一个类 UNIX 系统中使用的文本编辑器。与其他文本编辑器相比，Nano 没有华丽的界面，也没有众多复杂的模式和快捷键。但 Nano 却拥有最简便的操作，编辑简单文本时，效率非常高，非常适合初学者使用。

Nano 于 1999 年首次发布，属于 GNU 工程的一部分，并使用 GPL 作为其许可证。关于 Nano 的更多内容，感兴趣的读者可查看其官方网址：https://www.nano-editor.org/。

在 Shell 提示符下输入以下命令，其中 demo_nano 是要编辑的文件名。

```
root@ubuntu:~# nano demo_nano
```

即可以打开如图 2.2 所示的 Nano 编辑器编辑界面，在此界面中，可以将 Nano 作为一个文本编辑器，输入文本信息。同样，Nano 编辑器也支持很多编辑命令，表 2.2 列出了部分常用基本命令。

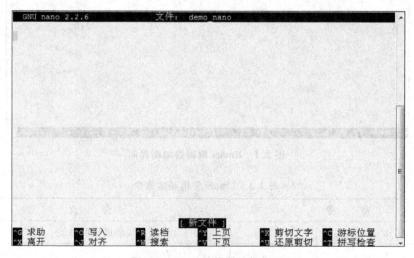

图 2.2 Nano 编辑器编辑界面

表 2.2 Nano 常用基本命令

命　令	含　义
Ctrl＋G 或 F1	打开编辑器帮助界面
Ctrl＋X	退出当前编辑界面，如果没存盘，提示存盘
Ctrl＋Y　Ctrl＋V	向上翻页、向下翻页
Ctrl＋P　Ctrl＋N	向上翻一行、向下翻一行

续表

命　令	含　义
Alt＋6	将当前光标所在行复制到缓冲区中
Ctrl＋K	将光标所在行剪切到缓冲区内
Ctrl＋U	将缓冲区中内容粘贴到光标所在位置
Ctrl＋W	Nano 会提示用户输入要查找的文本
Ctrl＋\	Nano 会提示用户输入要查找的文本和替换的文本

提示：快捷显示栏中的^表示键盘上的 Ctrl 键，例如^G 表示快捷键 Ctrl＋G。

5．Gedit 编辑器

使用 Gnome 桌面环境的 Linux 发行版中，通常都装有一个图形化的文本编辑器 Gedit。虽然 Gedit 编辑器被默认安装在系统中，但大多数人仅用到了其基本功能，Gedit 除了最简单的文本编辑外，还可以自动备份文本、用来进行各种语言编程等。

Gedit 文本编辑器的工作界面与 Windows 系统中文本编辑软件类似，使用很方便。与 Windows 系统中的文本编辑器记事本不同，Gedit 可以在窗口通过切换标签的方式同时编辑多个文本。

对于用户而言，Gedit 文本编辑器有许多好处。

- 兼容 UTF-8 等多种编码模式，能够很好地支持多种语言。
- 可以设置多种编程语言语法高亮。
- 支持打印和打印预览功能。
- 支持文本自动缩进功能。
- 支持显示行号。
- 支持拼写检查。

在 Gnome 桌面环境中，依次单击桌面左上角 Applications→Accessories→Text Editor，即可启动 Edit 文本编辑器，如图 2.3 所示。

关于 Gedit 文本编辑器的更多内容，感兴趣的读者可以查阅其官方网站了解：http://projects.gnome.org/gedit/。

2.1.2　vi 和 vim 程序编辑器

vi 是所有 Linux 系统都提供的一款编辑器，某些版本的 Linux 还提供了 vi 的增强版——vim，它与 vi 完全兼容，vi 和 vim 的存放路径为/usr/bin。vim 软件及有关信息可以从 www.vim.org 获得，本节详细讲解 vi/vim 的使用。vi 是一款比较古老的编辑器，是字符界面的编辑器。现代图形编辑器种类繁多，各种"所见即所得"的 IDE 使编程更方便，为什么我们还需要介绍 vi/vim 编辑器呢？因为 IDE 的便捷性是需要代价的，需要后台图形引擎的支持，如果系统中没有图形库，则无法使用 IDE；另一个原因是有太多 Linux 命令都是默认使用 vi 作为数据编辑的接口，所以建议读者学会使用 vi，否则很多命令根本无法操作。vi 虽然不易学习，但它有强大的功能和高度灵活性，与操作系统的兼容性最好，是目前 UNIX 类操作系统使用人数最多的文本编辑器。

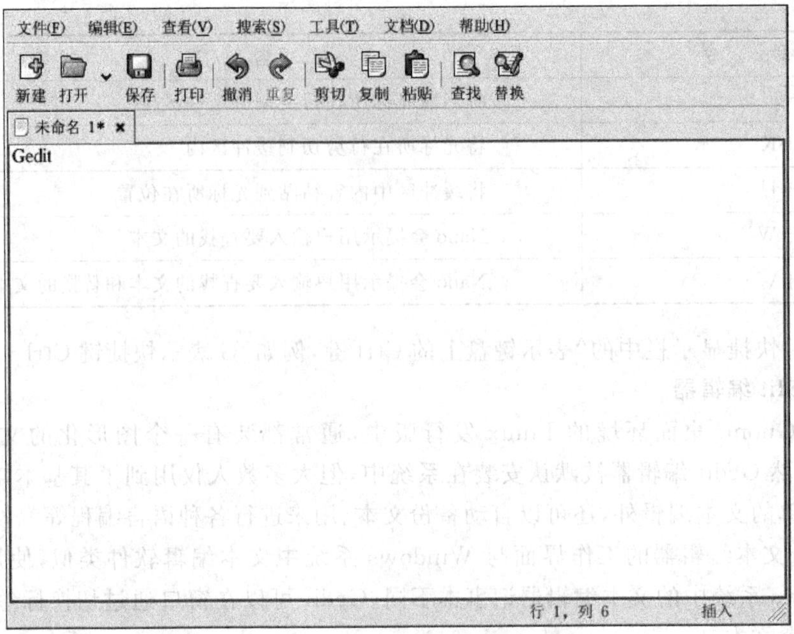

图 2.3　Gedit 编辑器编辑界面

　　Linux 各种版本都默认安装了 vi 的原始版本,目前大部分发行版都以 vim 替代 vi 的功能了。如果使用 vi 后,看到界面的右下角有显示目前光标所在的行列号码,这意味着 vi 已经被 vim 所替代了。为什么要用 vim 呢? 因为 vim 具有颜色显示的功能,并且还支持许多的程序语法,因此,当用 vim 编辑程序时(C 语言或 Shell script),vim 可以帮助用户直接进行程序除错(debug)的功能。

　　如果需要使用 vim,可以通过如下命令来实现 vim 的安装。

root@ubuntu:~#apt-get install vim

　　vim 是一款字符界面的编辑器,只能支持键盘操作,在终端中输入 vim［文件名］,启动 vim 程序,具体命令如下所示,其中 test.c 是要编辑的文件名:

root@ubuntu:~#vim test.c

　　进入 vim 初始界面,如图 2.4(a)和图 2.4(b)所示。

　　vim 是字符界面,在这个界面上为用户提供浏览、编辑文本,以及对文本进行存盘等功能,因此 vim 通过三种模式来分别提供这些功能,需要时用户可以切换到合适的模式,完成需要的功能。vim 的三种模式分别是一般模式、编辑模式与命令模式。这三种模式的作用分别如下。

　　(1) 一般模式:以 vim 打开一个文件就直接进入一般模式了(默认模式)。在这个模式中,读者可以使用上下左右按键来移动光标,可以删除字符或删除整行,也可以复制、粘贴文件数据。

　　(2) 编辑模式:在一般模式中可以进行删除、复制、粘贴等操作,但是却无法编辑文

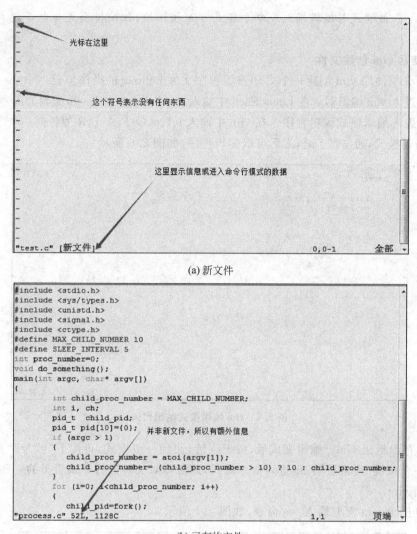

图 2.4 用 vim 打开一个文件

件内容。需要按下 i、I、o、O、a、A、r、R 等任何一个字母后才能进入编辑模式。通常在 Linux 中按下这些按键时，界面的左下方会出现 INSERT 或 REPLACE 的字样，此时才可以进行编辑，而如果要回到一般模式时，按 Esc 键即可退出编辑模式。

（3）命令模式：在一般模式中，输入":"、"/"、"?"三个中的任何一个按键，就可以将光标移动到最下面那一行。在这个模式当中，可以提供读者查找数据的操作，读取、保存、大量替换字符、离开 vim、显示行号等的操作也是在此模式中完成的。

vim 的三种模式之间的切换操作如图 2.5 所示。

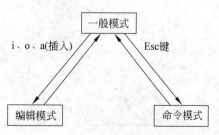

图 2.5 vim 的三种模式

注意：一般模式与编辑模式或命令模式可互相切换，但编辑模式与命令模式间不可相互切换。

1．使用 vim 创建文件

下面介绍使用 vim 创建一个 C 语言源程序文件 hello.c 的操作步骤。

（1）进入 vim 编辑器。在 Linux Shell 中输入 vim hello.c，进入 vim 编辑器的一般模式。

（2）进入编辑模式编辑程序。在 vim 中输入 i、I、o、O、a、A、r、R 等任何一个字母后才能进入编辑模式，通常按 i 键，之后可以编辑程序，如图 2.6 所示。

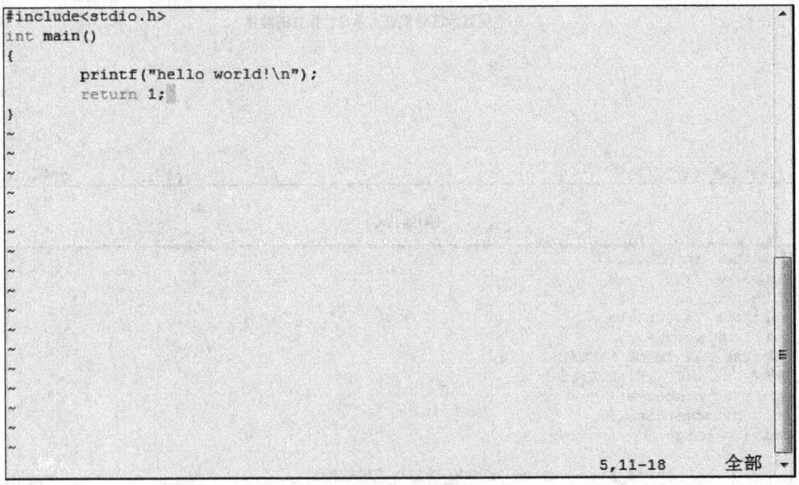

图 2.6　vim 编辑模式编辑代码

（3）存盘退出 vim。编辑完成后，按 Esc 键，回到一般模式，再按下":""/""?"三个中的任何一个按键，通常按":"键进入命令模式，此时可对文件进行非编辑类的一些操作，如存盘退出 vim。

存盘退出 vim 需要输入 wq 命令，如图 2.7 所示。

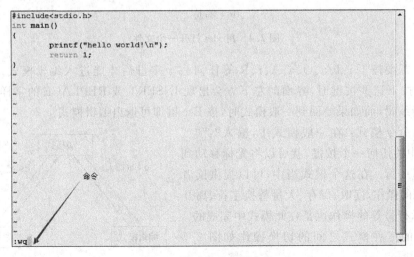

图 2.7　vim 命令模式存盘

2. vim 常用命令汇总

vim 常用命令如表 2.3 所示。

表 2.3　vim 常用命令

参　　数	含　　义
:w	保存当前文件
:w filename	保存当前文件（如果进入 vim 时没有指定要编辑的文件名，需要在保存文件时加上文件名 filename，如果进入 vim 时指定了文件名，那么该用法相当于"另存为"）
:q	退出当前正在编辑的文件
:q!	强制退出当前正在编辑的文件并放弃最近一次保存到现在的所有操作
:wq	保存文件并退出
u	撤销最近一次操作（按 Ctrl+R 组合键恢复撤销的操作）
i	在光标所在的位置前面插入字符
a	在光标所在的位置后面插入字符
o	在光标所在行的下一行插入新的一行
O	在光标所在行的上一行插入新的一行
x	剪切光标处所在的字符（x 前可先按一个数字，则剪切若干个字符）
dd	剪切光标处所在的一行（dd 前可先按一个数字，则剪切若干行）
yy	复制光标处所在的一行（yy 前可先按一个数字，则复制若干行）
d$	剪切从光标处（含）开始到该行行末的所有字符
d^	剪切从光标处（不含）开始到该行行首的所有字符
y$	复制从光标处（含）开始到该行行末的所有字符
y^	复制从光标处（不含）开始到该行行首的所有字符
p	将剪切板中的资料粘贴到光标所在处
r	修改光标所在的字符，r 之后跟要修正的字符（如果要把 iut 中的 u 改为 n，只需将光标停在 u 上，接着连续按 r 和 n 即可）
h	将光标向前移动一个字符
j	将光标向下移动一个字符
k	将光标向上移动一个字符
l(L 小写)	将光标向后移动一个字符
gg	跳到文本的最初一行
G	跳到文本的最末一行
Ctrl+U	向上（up）翻页
Ctrl+D	向下（down）翻页

续表

参 数	含 义
:%s/old/new	将文件中所有的 old 字符串替换成 new
/string	将光标处往下查找字符串 string，注意在输入完要查找的字符串 string 之后要按回车键。如果要找的字符串 string 有多个，可以按 n 将光标跳到下一个位置，按 N 将光标跳到上一个位置。
?string	跟上面的</string>是一样的，区别是它从光标处往上查找。

3. ctag

很多时候，需要在多个程序之间实现函数、宏定义、外部变量等的跳转查询，甚至有时需要到内核或库源代码里窥视它们的真面目，也需要有列出程序内部所使用的各个函数、变量、宏等信息的工具。这种工具类似 Windows 下的 SourceInsight。这些功能仅靠 vim 完成是比较困难的，以下介绍的两种工具可以实现上述功能，它们分别是 ctag 和 Taglist。

- ctag：负责建立标签，为实现文本间关键词实现跳转提供基础。
- Taglist：是一个 vim 插件，帮助罗列程序中所有出现关键词的地方。

下面先对 ctag 进行详细的介绍。

下载 ctag，使用命令如下：

```
root@ubuntu:~#apt-get install ctags
```

如果不是 root 权限的用户，请使用如下命令：

```
root@ubuntu:~#sudo apt-get install ctags
```

如果系统提示找不到软件包 ctags，可执行命令：

```
apt-get install exuberant-ctags
```

或

```
sudo apt-get install exuberant-ctags
```

下载完毕后即可用它来产生标签文件 tags 了、tags 文件是实现跳转功能的关键，比如读者在自己的程序里写了一个库函数 printf，只需把光标停在 printf 关键词上，再按下组合键（Ctrl+]）会跳转到库函数 printf 的源代码的地方，按下组合键（Ctrl+O）就可以跳回来。如果 printf 是库函数对一个系统调用的封装，就可以顺着 tags 提供的路径跳到内核去查看源代码是怎么写的，如果是两层以上的封装定义，也可以一次次跳转深入其中，了解内幕。

一开始，需要库函数的源代码和 Linux 内核的源代码，目的就是在需要时可以跳转到这些地方的某些文件当中查看相关的资料信息，有了 ctags 工具之后，就可以在源代码的顶层目录处执行下面这条命令：

```
ctags -R
```

例如，程序的库路径是~/ownloads/glibc-2.9，那么代码如下：

```
cd ~/ownloads/glibc-2.9
ctags  -R
```

命令中的选项-R 的意思是，递归地进入当前目录下的所有子目录，把在该目录下的所有文件的关键词（包括函数名、宏、文件名等关联到一起，并且写入一个 tags 文件）。当然，如果让程序中的函数可以跳转到内核，那么应该在内核代码的顶层目录下执行以上命令。

然后，在/etc/vim/vimrc 文件末尾，添加以下信息：

```
au BufEnter/home/vincent/* setlocal tags+ =/home/vincent/glibc-2.9/tags
```

注意，操作时要把上面相应路径换成自己计算机上的具体路径。其中/home/vincent/* 的意思是：在该路径下的所有文件（通配符 *）都可以通过 tags 文件实现跳转（包括子目录），而这个 tags 文件，就是由后面这个路径/home/vincent/glibc-2.9/tags 指定的。

如果需要把内核代码也添加进来，先在内核源代码顶层目录执行指令 ctags -R，然后在/etc/vim/vimrc 文件末尾再添加一句话即可，添加时要把 tags 所在的路径替换成内核源代码的路径。例如，添加以下信息（注意/home/vincent 要换成自己系统的主目录路径）：

```
au BufEnter/home/vincent/* setlocal tags+ =/home/vincent/Linux-2.6.31/tags
```

另外，还需要一个很重要的 vim 命令 ts，因为要跳转的关键词可能出现在库函数中，也可能出现在内核源码中，还可能同时都有对此关键字的定义，这时需要在 vim 命令模式下输入:ts 来罗列所有出现该声明关键字的地方（注意，需要先把光标停在想要跳转的关键字上），然后按相应的序号再进行跳转。罗列的次序与在 vimrc 中写 au 指令的顺序相关。

4. Taglist

Taglist 是 vim 的一个插件，可以方便地在终端侧边显示出当前程序所有的函数、宏等信息，支持鼠标双击跳转，对于规模比较大的代码而言，这是一个非常实用的功能。Taglist 使用非常简单，在网上下载一个配置文件，可以在链接 http://download.csdn.net/detail/vincent040/6529593 中下载。

下载后解压，会出现 doc 和 plugin 文件夹，把这两个文件夹复制到主目录下的隐藏文件夹 .vim 中（如果没有，可创建一个）。完成后，用 vim 打开程序源码，输入命令"Tlist"，就可以打开列表了。

5. vim 的保存文件、恢复文件与打开时的警告信息

目前主要的编辑软件都会有"恢复"功能，即当你的系统因为某些原因而导致类似死机的情况时，还可以通过某些特别的机制来让你将之前未保存的数据"救"回来。这就是所谓的"恢复"功能，vim 也有此功能，是通过"保存文件"来挽回数据的。

当在使用 vim 编辑时，vim 会在被编辑的文件目录下再创建一个名为 .filename.swp 的文件。例如曾创建过 hello.c 文件，编辑 hello.c 时，vim 会主动创建/tmp/vitest/.hello.c.swp 的暂存文件，对 hello.c 的操作就会被记录到 .hello.c.swp 当中。如果系统因为某些原因中断，导致编辑的文件还没有保存，这个时候 .hello.c.swp 就能发挥救援功能。

以下举例说明 .hello.c.swp 文件的作用。

当在 vim 的一般模式下按下 Ctrl+z 组合键时，vim 将会被放到后台去执行。

通过命令 ls -al 可以查看到，出现了 .hello.c.swp 文件。

```
root@ubuntu:~#ls -al
-rw-r--r--   1 root root    71 1月 11 12:17 hello.c
-rw-r--r--   1 root root  4096 1月 11 12:17 .hello.c.swp
```

接下来模拟将 vim 的工作不正常地中断，在 Shell 下输入如下命令，模拟中断 vim 工作。

```
root@ubuntu:~#kill -9 %1
```

当用户再次输入 vim hello.c 时，会出现如图 2.8 所示的界面，从界面中的第二行可以看出，Linux 发现了 .hello.c.swp 文件，因为该文件的存在，所以可以执行多种文件修复操作。

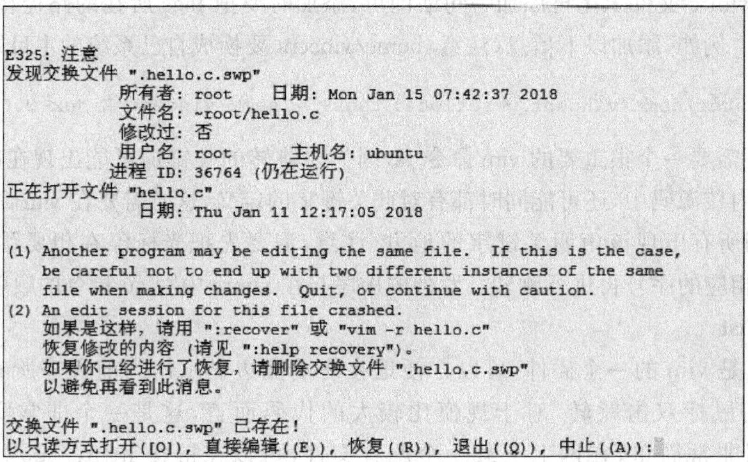

```
E325: 注意
发现交换文件 ".hello.c.swp"
         所有者: root      日期: Mon Jan 15 07:42:37 2018
         文件名: ~root/hello.c
         修改过: 否
         用户名: root      主机名: ubuntu
         进程 ID: 36764 (仍在运行)
正在打开文件 "hello.c"
         日期: Thu Jan 11 12:17:05 2018

(1) Another program may be editing the same file. If this is the case,
    be careful not to end up with two different instances of the same
    file when making changes.  Quit, or continue with caution.
(2) An edit session for this file crashed.
    如果是这样，请用 ":recover" 或 "vim -r hello.c"
    恢复修改的内容 (请见 ":help recovery").
    如果你已经进行了恢复，请删除交换文件 ".hello.c.swp"
    以避免再看到此消息.

交换文件 ".hello.c.swp" 已存在!
以只读方式打开([O]), 直接编辑((E)), 恢复((R)), 退出((Q)), 中止((A)):
```

图 2.8 vim 异常退出，再次进入时的警告信息界面

图 2.8 中最后一行是系统可提供的多种文件修复方式，具体解释如下：

- [O]pen Read-Only：打开此文件成为只读文件，可以用在你只是想要查阅该文件内容并不想要进行编辑行为时。一般来说，在上课时，如果你是登录到同学的计算机去看他的配置文件，结果发现其实同学他自己也在编辑时，可以使用这个模式。
- (E)dit anyway：还是用正常的方式打开你要编辑的那个文件，并不会载入暂存文件的内容。不过很容易出现两个用户互相改变对方的文件内容。
- (R)ecover：就是加载暂存文件的内容，用在你要救回之前未保存的工作。不过当你救回来并且保存离开 vim 后，还是要手动自行删除那个暂存文件，否则每次使用 vim 打开文件时都会出现图 2.8 的界面。
- (Q)uit：按下 q 就离开 vim，不会进行任何操作回到命令提示符。
- (A)bort：中止这个编辑行为，返回到命令提示符。

注意：如果不想在 vim hello.c 命令后，出现如图 2.8 所示的界面，需要用户自行删除掉 .hello.c.swp 文件。

6. vim 环境设置与记录：~/.vimrc，~/viminfo

如果在 vim 环境中查找一个文件内部某个字符串时，这个字符串会被反白，而下次再以 vim 编辑这个文件时，该字符串的反白情况仍然存在，甚至在编辑其他文件时，如果其他文件内也存在这个字符串，也会主动反白。另外，当重复编辑同一文件时，第二次进入该文件时，光标会出现在上次离开的位置。

这是因为 vim 会主动将曾经做过的行为记录下来，下次可以轻松作用。这个记录操作的文件是 ~/.viminfo。如果曾经使用过 vim，那主文件夹应该会存在这个文件，该文件是自动产生的，用户在 vim 中所做过的操作，在这个文件内都可查询到。

此外，每个 Linux 发行版本对 vim 的默认环境不太相同。比如，某些版本查找关键字时不会高亮反白，有些版本则会主动进行缩排行为（即按下 Enter 键编辑新的一行时，光标不会在行首，而是在与上一行的第一个非空格符处对齐）。这些其实都可以自行设置，即进行 vim 的环境设置。vim 的环境设置参数有很多，如果想知道目前的设置值，可以在一般模式时输入":set all"来查阅。设置选项很多，表 2.4 列出一些常用的设置值，供参考。

表 2.4　vim 环境设置常用参数

参　　数	含　　义
:set nu :set nonu	设置和取消行号
:set autoindent :set noautoindent	是否自动缩排，autoindent 是自动缩排
:set backup	是否自动保存备份文件，一般是 nobackup，如果设置 backup，那么当用户改动任何一个文件时，原文件就会被另存为一个文件名为 filename~ 的文件
:set ruler	显示或不显示右下角的一些状态栏说明
:set showmode	是否要显示 --INSERT-- 之类的字眼在左下角的状态栏
:set backspace=(012)	一般来说，如果按下 i 进入编辑模式后，可以利用退格键(backspace)来删除任意字符，但是，某些发行版本不允许如此。此时，可以通过 backspace 来设置。当 backspace 为 2 时，可以删除任意值；为 0 或 1 时，仅可删除刚才输入的字符，而无法删除原本就已经存在的字符
:set all	显示目前所有的环境参数设置值
:set	显示与系统默认值不同的设置参数，一般来说是用户自行变动过的设置参数
:syntax on :syntax off	表示是否依据程序相关语法显示不同颜色，如果编写程序，":syntax on"会主动帮用户除错，但是，如果仅是编写纯文本文件，要避免颜色对屏幕产生的干扰，则可以取消这个设置
:set bg=dark :set bg=light	可用以显示不同的颜色色调，默认是 light。如果经常发现批注的字体深蓝色看着不舒服，这里可以设置为 dark，会有不同的样式

如果每次在vim的命令模式下设置需要的环境,而当下次进入vim时还是需要重新设置环境,因此建议在配置文件中直接配置个人习惯的vim操作环境。整体vim的设置值一般是放置在/etc/vimrc这个文件中。不过,不建议用户修改它。用户可以修改~/.vimrc文件(默认不存在,需要创建),将环境设置值写入此文件,如图2.9所示。

```
"这个文件的双引号（"）是批注
:set hlsearch          "高亮度反白
:set backspace=2       "可随时用退格键删除
:set autoindent        "自动缩排
:set ruler             "可显示最后一行的状态
:set showmode          "左下角那一行的状态
:set nu                "在每一行的最前面显示行号
:set bg=dark           "显示不同的底色色调
:syntax on             "进行语法检验,颜色显示
```

图 2.9 vim 环境配置

这样每次启动vim都可以应用用户自己所定义的环境。

2.2 gcc 编译器

Linux下最常用的C编译器是gcc(GNU Complier Collection,http://gcc.gnu.org)。gcc是一个ANSI C兼容的编译器。编译器可以把使用高级语言编写的源代码构建成计算机能够直接执行的二进制代码。gcc不仅功能非常强大,结构也非常灵活。此外,它还可以编译由C++、Java、Fortran、Pascal和Ada等语言编写的程序。

gcc是Linux平台常用编译器之一。同时,在Linux平台下的嵌入式开发领域,gcc也是使用最多的一种编译器。gcc之所以被广泛使用,除了功能强大、简单灵活的特点外,还因为它能支持各种不同的硬件平台。同时,gcc还能运行在不同的操作系统上,如Linux、Solaris、Windows等。它既支持基于宿主的开发(为某平台编写的程序,就在该平台上编译),也支持交叉编译(在A平台上编译的程序供B平台使用)。

C++编译器(如g++,即GUN compiler for C++)也可以用于编译C程序,但事实上g++内部还是调用了gcc,只不过加上了一些命令行参数使得它能够识别C++源代码。在此主要介绍gcc编译器。

gcc命令可以启动C编译系统。当执行gcc命令时,它将完成预处理、编译、汇编和链接4个步骤并最终生成可执行代码。产生的可执行程序默认被保存为a.out文件。gcc命令可以接受多种文件类型并依据用户指定的命令行参数对它做出相应处理。这些文件类型包括静态链接库(扩展名为.a)、C语言源文件(.c)、C++源文件(.C、.cc或者.cpp)、汇编语言文件(.s)、预处理输出文件(.i)和目标代码(.o)。如果gcc无法根据一个文件的扩展名决定它的类型,它将假设这个文件是一个目标文件或库文件。gcc支持编译的扩展名及对应的语言关系见表2.5所示。

gcc命令使用格式如下:

```
root@ubuntu:~#gcc [options] filename-list
```

表 2.5 gcc 支持编译的扩展名

扩展名	对应的语言	扩展名	对应的语言
.c	C 原始程序	.ii	已经过预处理的 C++ 原始程序
.C	C++ 原始程序	.s	汇编语言原始程序
.cc	C++ 原始程序	.S	汇编语言原始程序
.cxx	C++ 原始程序	.h	预处理文件(头文件)
.m	Objective-C 原始程序	.o	目标文件
.i	已经过预处理的 C 原始程序	.a/.so	编译后的库文件

options 的选项有 100 多个,很多选项一般用不到,常用选项如下:

- -ansi:依据 ANSI 标准。
- -c:只编译,跳过链接步骤,编译成目标(.o)文件。通常用于不包含主程序的子程序文件。
- -g:创建用于 gdb(GNU DeBugger)的符号表和调试信息。要对源码进行调试,就必须在编译程序时加入这个选项。
- -l 库文件名:链接库文件。
- -m 类型:根据给定的 CPU 类型优化代码。
- -o 文件名:将生成的可执行程序保存到指定文件中,而不是默认的 a.out。
- -O[级别]:对程序进行优化编译、链接,根据指定的级别(0～3)进行优化;数字越大优化程度越高。如果指定级别为 0(默认),编译器将不做任何优化。优化后的可执行程序执行效率高,但编译和链接的速度会相对慢一些。
- -pg:产生供 GUN 剖析工具 gprof 使用的信息。
- -S:跳过汇编和链接阶段,并保留编译产生的汇编代码(.s 文件)。
- -E:生成经过预处理的源程序文件(.i 文件)。
- -v:产生尽可能多的输出信息。
- -w:忽略警告信息。
- -W:产生比默认模式更多的警告信息。
- -Idirname:将名为 dirname 的目录加入到程序头文件目录列表中,它是在预处理阶段使用的选项,I 意为 include。
- -Ldirname:将名为 dirname 的目录加入到程序的库文件搜索目录列表中,它是在链接过程中使用的参数。L 意为 Link。在默认情况下,gcc 在默认路径中(如 /usr/lib)寻找所需要的库文件,这个选项告诉编译器,首先到-L 指定的目录中去寻找,然后到系统默认的路径中寻找,如果函数库存放在多个目录下,就需要一次使用这个选项,给出相应的存放目录。
- -lname:指示编译器,在链接时,装载名为 libname.a 的函数库,该函数库位于系统预定义的目录或-L 选项指定的目录下。例如,-lm 表示链接名为 libm.a 的数学函数库。

在C语言程序中,头文件被大量使用。一般而言,C程序通常有头文件(header files)和定义文件(definition files),而定义文件用于保存程序的实现。C程序的头文件以".h"为后缀。

接下来介绍一个源程序的编译过程。

gcc编译程序时,编译过程可以分为4个阶段,分别是预处理、编译、汇编和链接。Linux程序员可以根据自己的需要让gcc在编译的任何阶段结束,以便检查或使用编译器在该阶段的输出信息,或者对最后生成的二进制文件进行控制,以便通过加入不同数量和种类的调试代码来为今后的调试做好准备。与其他常用的编译器一样,gcc也提供了灵活而强大的代码优化功能,利用它可以生成执行效率较高的代码。

(1) 预处理(Preprocessing)也称为预编译,主要功能是对各种预处理命令进行处理,如头文件的包含(include)、宏定义的扩展(define)以及条件编译(ifdef…endif)等。该阶段会生成一个中间文件".i",但实际工作中一般不用专门生成这个这种文件,若必须要生成这种文件,可用gcc的参数-E指定gcc只在预处理结束后才停止编译过程,例如下面的代码所示:

```
root@ubuntu:~#gcc hello.c -o hello.i -E
```

(2) 编译(Compilation & Assembly):在编译阶段,输入的是中间文件".i",gcc首先要检查代码的规范性、是否有语法错误等,以确定代码实际要做的工作。在检查无误后,gcc把代码翻译成汇编语言,生成汇编语言文件".s"。用gcc的参数-S指定gcc只进行编译产生汇编代码,例如下面的代码所示:

```
root@ubuntu:~#gcc hello.i -o hello.s -S
```

(3) 汇编(Assembling):汇编阶段是把编译阶段生成的".s"文件转换成目标文件,把汇编代码转化为".o"文件的二进制代码。用gcc的-c指定gcc只在汇编结束后停止链接过程。例如下面的代码所示:

```
root@ubuntu:~#gcc hello.s -o hello.o -c
```

(4) 链接:此阶段将输入的二进制文件(.o文件)与其他机器代码文件和库文件链接成一个可执行的二进制文件。例如下面的代码所示:

```
root@ubuntu:~#gcc hello.o -o hello
```

依次执行上面的4条代码,最终将会生成可执行文件hello。也可以将这个过程简化为一条命令来统一实现,即:

```
root@ubuntu:~#gcc hello.c -o hello
```

2.3 gdb调试器

在Linux应用程序中,最常用的调试器是gdb。gdb采用GPL授权条款,是GUN的计划之一,所以任何人都可以免费得到和使用它。在安装Linux操作系统时,如果选择安装 gdb，gdb 就会被自动安装。gdb 与其他调试器一样，可以在程序中设置断点、查看变量值、一步一步跟踪程序的执行过程，程序运行时会在断点处暂时停止运行，进入挂起状态，因此程序人员可以查看程序当前暂停时的状态，如变量、栈等的值。利用调试器的这些功能可以方便地找出程序中存在的非语法错误。

2.3.1 启动和退出 gdb

gdb 调试的对象是可执行文件，而不是程序的源代码。如果要使一个可执行文件可以被 gdb 调试，那么在使用编译器 gcc 编译程序时需要加入 -g 选项。-g 选项告诉 gcc 在编译程序时加入调试信息。这样 gdb 才可以调试这个被编译的程序。

gdb 调试程序的命令格式为：

gdb 程序文件名

所调试的程序在使用 gcc 进行编译时，必须要添加 -g 选项，建立 gdb 的调试信息。以下是进行 gdb 调试的过程。

首先编写一个用于调试的测试程序 test.c。该程序中包含一个名为 get_sum 的函数，它用来求整数 1 到 n 的和，代码如示例程序 2.1 所示。

```
[示例程序 2.1 test.c]
#include<stdio.h>

int get_sum(int n)
{
    int sum=0,i;
    for(i=0;i<n;i++)
        sum+=i;
    return sum;
}

int main()
{
    int i=100,result;
    result=get_sum(i);
    printf("1+2+…+%d=%d\n",i,result);
    return 0;
}
```

编译并运行该程序：

```
root@ubuntu:~# gcc -g test.c -o test
root@ubuntu:~# ./test
1+2+…+100=4950
```

从程序的运行情况可以看到，输出结果为 4950，而正确的输出应为 5050。程序虽然没有语法错误，但显然存在逻辑错误，需要使用 gdb 查找错误。在 Shell 环境下输入 gdb test 之后,将会显示以下信息:

```
root@ubuntu:~/zll/2/2.3.2#gdb test
GNU gdb (Ubuntu 7.7.1-0ubuntu5~14.04.2) 7.7.1
Copyright (C) 2014 Free Software Foundation, Inc.
License GPLv3+: GNU GPL version 3 or later <http://gnu.org/licenses/gpl.html>
This is free software: you are free to change and redistribute it.
There is NO WARRANTY, to the extent permitted by law. Type "show copying"
and "show warranty" for details.
This GDB was configured as "x86_64-linux-gnu".
Type "show configuration" for configuration details.
For bug reporting instructions, please see:
<http://www.gnu.org/software/gdb/bugs/>.
Find the GDB manual and other documentation resources online at:
<http://www.gnu.org/software/gdb/documentation/>.
For help, type "help".
Type "apropos word" to search for commands related to "word"...
Reading symbols from test...done.
(gdb)
```

启动 gdb 后,首先显示了一段版权说明,然后是 gdb 的提示符:(gdb)。可以在(gdb)之后输入调试命令。

注意:如果要使 gdb 启动时不输出版权说明,可以在执行时加上-q 选项,如:gdb -q test。也可以在 Linux 提示符下,直接输入 gdb,然后使用 file 命令装入要调试的程序。例如:

```
root@ubuntu:~#gdb -q test
Reading symbols from test...done.
(gdb)
```

需要结束调试时,可以使用 quit 命令返回到 Linux 提示符状态下。

```
(gdb) quit
root@ubuntu:~#
```

2.3.2 显示和查找程序源代码

在调试程序时,一般要查看程序的源代码。list 命令用于列出程序的源代码,它的使用格式如下所示:

- list:显示 10 行代码,若再次运行该命令则显示接下来的 10 行代码。
- list 5,10:显示第 5~10 行的代码。
- list test.c:5,10:显示源文件 test.c 中的第 5~10 行的代码,在调试含有多个源文件的程序时使用。
- list get_sum:显示 get_sum 函数周围的代码。

- list test.c:get_sum：显示源文件 test.c 中 get_sum 函数周围的代码，在调试含有多个源文件的程序时使用。

下面是关于"list 5,10"和"list get_sum"命令的运行展示。

```
(gdb) list 5,10
    int sum=0,i;
    for(i=0;i<n;i++)
    {
        sum+=i;
        return sum;
    }
(gdb) list get_sum
    #include<stdio.h>

    int get_sum(int n)
    {
        int sum=0,i;
        for(i=0;i<n;i++)
        sum+=i;
        return sum;
    }
```

注意：如果在调试过程中要运行 Linux 命令，可以在 gdb 提示符后以如下格式输入 Shell 命令。

```
(gdb) Shell ls
```

- search 和 forward 这两个命令都是用来从当前行向后查找第一个匹配的字符串，格式如下：

    search 字符串
    forward 字符串

- reverse-search 命令用来从当前行向前查找第一个匹配的字符串，格式如下：

    reverse-search 字符串

下面分别是 search 和 reverse-search 命令的使用示例和运行结果展示。

```
(gdb) search get_sum
    result=get_sum(i);
(gdb) reverse-search main
    int main()
```

2.3.3 执行程序和获取帮助

使用 gdb -q test 或 file test 只是装入程序，程序并没有运行。如果要使程序开始运行，在 gdb 提示符下输入 run 命令即可。

```
(gdb) run
Starting program: /root/zll/2/2.3.2/test
1+2+…+100=4950
[Inferior 1 (process 58203) exited normally]
(gdb)
```

注意：如果想要详细了解 gdb 某个命令的使用方法，可以使用 help 命令。

例如：

```
(gdb) help list
(gdb) help all
```

前一个命令列出 list 命令的帮助信息，后一个命令列出所有 gdb 命令的帮助信息。

2.3.4 设置和管理断点

在调试程序时，往往需要程序在运行到某行、某个函数或某个条件发生时暂停下来，然后查看此时程序的状态，如各个变量的值、某个表达式的值等。为此，可以设置断点。断点使程序运行到某个位置时暂停下来，以便检查和分析程序，断点是程序下一步将要执行的语句。断点在调试程序时非常有用，因此学习设置和管理断点是非常必要的。

1. 以行号设置断点

在 gdb 环境中调试程序时，可以使用 break 命令为程序设置断点。最常用的方式是为某行设置断点。例如：

```
(gdb) break 5
Breakpoint 1 at 0x400534: file test.c, line 5.
```

其中第一行代码表示将断点设置在程序的第 5 行，第二行显示了 gdb 在设置断点后的反馈信息：test.c 文件的第 5 行设置了该程序的第一个断点，位于该程序代码中逻辑地址为 0x400534 的位置。随后运行 run 命令执行 test 程序：

```
(gdb) run
Starting program: /root/zll/2/2.3.2/test

Breakpoint 1, get_sum (n=100) at test.c:5
5           int sum=0,i;
(gdb)
```

可以看到，程序在执行了第 4 行的指令后就暂停了，第 5 行的代码并没有执行，而是被 gdb 的断点中断了。此时，可以使用 print 命令来查看各个变量和表达式的值，以了解程序当前的状况。也可以根据实际情况，让程序一步一步地执行或直接运行到程序结束。

2. 以函数名设置断点

在 break 命令后列出函数名，即可将断点设置在函数开始处。例如：

```
(gdb) break get_sum
Breakpoint 1 at 0x400534: file test.c, line 5.
```

```
(gdb) run
Starting program: /root/zll/2/2.3.2/test

Breakpoint 1, get_sum (n=100) at test.c:5
5           int sum=0,i;
```

3. 以条件表达式设置断点

break 还可以用来设置这样的断点：在程序运行过程中，当某个条件满足时，程序在指定的位置暂停执行，命令格式为：

break 行号或函数名 if 条件

下面是对"break 行号或函数名 if 条件"命令的示例展示。为了方便读者理解，对源代码进行了编号。

```
(gdb) list 1,17
1       #include<stdio.h>
2
3       int get_sum(int n)
4       {
5           int sum=0,i;
6           for(i=0;i<n;i++)
7               sum+=i;
8           return sum;
9       }
10
11      int main()
12      {
13          int i=100,result;
14          result=get_sum(i);
15          printf("1+2+…+%d=%d\n",i,result);
16          return 0;
17      }
(gdb) break 7 if i==99
Breakpoint 1 at 0x400544: file test.c, line 7.
(gdb) run
Starting program: /root/zll/2/2.3.2/test

Breakpoint 1, get_sum (n=100) at test.c:7
7               sum+=i;
```

从代码中可以看到，当 i=99 时，程序将会在第 7 行代码的位置中断。

除此之外，还可以使用 watch 命令暂停程序的执行过程：

watch 条件表达式

使用 watch 命令时，在程序运行过程中，当条件表达式的值发生改变时程序就会暂停下来。以下是一个使用 watch 命令结合 break 命令调试程序的示例。

```
root@ubuntu:~# gdb -q test
Reading symbols from test...done.
(gdb) watch i==99
No symbol "i" in current context.
(gdb) break 6
Breakpoint 1 at 0x40053b: file test.c, line 6.
(gdb) run
Starting program: /root/zll/2/2.3.2/test

Breakpoint 1, get_sum (n=100) at test.c:6
6               for(i=0;i<n;i++)
(gdb) watch i==99
Hardware watchpoint 2: i==99
(gdb) clear 6
已删除的断点 1
(gdb) continue
Continuing.
Hardware watchpoint 2: i==99

Old value=0
New value=1
0x000000000040054e in get_sum (n=100) at test.c:6
6               for(i=0;i<n;i++)
(gdb) print i
$1 = 99
(gdb) print sum
$2 = 4851
(gdb)
```

gdb 运行后，以命令 watch i==99 设置条件断点，因为此时 test 程序尚未运行，还没有关于变量 i 的定义，所以 gdb 提示在当前程序上下文中没有符号 i。为了解决这个问题，必须先运行程序，变量 i 才有定义。所以，首先在第 6 行设置断点，然后使用 run 命令运行程序，程序暂停在第 6 行，此时有了关于变量 i 的定义。这时就可以使用 watch i==99 设置断点了。而第 6 行断点已经没有作用了，可以使用 clear 6 命令删除该断点。

continue 命令将会使程序继续运行，直到执行完 i++ 这条语句，i 值变为 99 时，使之前 watch 命令的条件——表达式 i==99 的值为 1（即执行 i++ 前旧值等于 0，执行 i++ 后新值等于 1），说明 watch 命令的条件成立，程序在这里中断。随后使用 print i 和 print sum 命令显示此时变量 i 和 sum 的值。

继续调试 test 程序。

```
(gdb) next
7               sum+=i;
```

```
(gdb) print i
$1 = 99
(gdb) print sum
$2 = 4851
(gdb) next
6           for(i=0;i<n;i++)
(gdb) print i
$3 = 99
(gdb) print sum
$4 = 4950
(gdb) next
Hardware watchpoint 2: i==99

Old value =1
New value =0
0x000000000040054e in get_sum (n=100) at test.c:6
6           for(i=0;i<n;i++)
(gdb) print i
$5 = 100
(gdb) print sum
$6 = 4950
(gdb) next
8           return sum;
(gdb) print i
$7 = 100
(gdb) print sum
$8 = 4950
(gdb)
```

next 命令用于继续执行下一条语句。本次的 next 命令将会判断循环控制条件 i<n 是否成立,此时 i 为 99,n 为 100,循环条件成立,因此 gdb 环境中显示"7 sum+=i;",表明下一条要执行的语句为 sum+=i。之后再输入 next,此时 sum+=i 执行完,下一条要执行的语句是第 6 行的 i++。显示 i 和 sum 的值,可以看到分别为 99 和 4950。

继续输入 next 命令,显示此时 i 和 sum 的值,分别为 100 和 4950。第四次输入 next 命令,此时程序刚刚执行完判断语句 i<n,原本应该执行 sum+=i 语句,但 gdb 却提示程序下一条要执行的语句是第 8 行的 return sum,这意味着 i=100 时,i<n 不成立,退出了 for 循环,100 并未计入 sum 求和。

因此可以确定循环控制条件 i<n 是有问题的,需要将 i<n 改为 i<=n。

对于简单的程序,如果仔细检查源程序,就可以发现程序的逻辑错误,但对于复杂的程序,就必须使用像 gdb 这样的调试器工具,一步一步地跟踪程序的运行而发现程序的逻辑错误。

还有一个与 watch 类似的命令:awatch。它也可用来给表达式设置断点,在表达式的值发生改变或表达式的值被读取的时候,程序暂停执行。

4. 查看当前设置的中断点

使用 info breakpoints 命令可以查看当前所有的中断点。例如:

```
(gdb) break 5
Breakpoint 1 at 0x400534: file test.c, line 5.
(gdb) break 15 if result==5050
Breakpoint 2 at 0x400577: file test.c, line 15.
(gdb) info breakpoints
Num     Type         Disp Enb Address            What
1       breakpoint   keep y   0x0000000000400534 in get_sum at test.c:5
2       breakpoint   keep y   0x0000000000400577 in main at test.c:15
        stop only if result==5050
```

Num 列表示断点的编号;Type 列指明列表中项目的类型,本次罗列出来的项目类型为 breakpoint,即断点类型;Disp 列指示中断点在生效一次后是否就失去作用,如果是则为 dis,不是则为 keep;Enb 列表明当前中断点是否有效,y 表示有效,n 表示无效;Address 列表示中断点在程序中的逻辑地址;What 列指明中断发生在哪个函数的第几行;"stop only if result==5050"表明这是一个条件中断。

5. 中断失效或有效

使用 disable 命令可以使某个断点失效,失效后断点依然存在,但不起作用,程序运行到该断点时不会停下来而是继续运行。使用 enable 命令可以使某个失效的断点重新生效。如:

```
(gdb) info breakpoints
Num     Type         Disp Enb Address            What
1       breakpoint   keep y   0x0000000000400534 in get_sum at test.c:5
2       breakpoint   keep y   0x0000000000400577 in main at test.c:15
        stop only if result==5050
(gdb) disable 1
(gdb) info breakpoints
Num     Type         Disp Enb Address            What
1       breakpoint   keep n   0x0000000000400534 in get_sum at test.c:5
2       breakpoint   keep y   0x0000000000400577 in main at test.c:15
        stop only if result==5050
(gdb) enable 1
(gdb) info breakpoints
Num     Type         Disp Enb Address            What
1       breakpoint   keep y   0x0000000000400534 in get_sum at test.c:5
2       breakpoint   keep y   0x0000000000400577 in main at test.c:15
        stop only if result==5050
```

"disable 1"命令之后,通过"info breakpoints"发现第一个中断 Enb 为 n 表明失效,之后,"enable 1"命令后,通过"info breakpoints"发现第一个中断 Enb 为 y 表明有效。

6. 删除断点

disable 只是让某个断点暂时失效，断点依然存在于程序中。如果要彻底删除某个断点，可以使用 clear 或 delete 命令。命令格式如下所示。

```
clear                //删除程序中所有的断点
clear 行号           //删除此行的断点
clear 函数名         //删除该函数的断点
delete 断点编号      //删除指定编号的断点,如果一次要删除多个断点,各个断点编号以空格隔开
```

2.3.5 查看和设置变量的值

当程序执行到中断暂停执行时，往往要查看变量或表达式的值，借此了解程序的执行状态，进而发现问题所在。接下来介绍的 print 命令、whatis 命令和 set 命令可以帮助了解变量的状态。

1. print 命令

print 命令一般用来打印变量或表达式的值，也可以打印内存中从某个变量开始的一段内存区域的内容，还可以用来对某个变量进行赋值。其使用格式为：

```
print 变量或表达式;              //打印变量或表达式当前的值
print 变量=值;                  //对变量进行赋值
print 表达式@要打印的值的个数n   //打印以表达式值开始的n个数
```

以下代码是使用 print 命令查看变量和表达式值以及为变量赋值的一个示例。

```
(gdb) break 7
(gdb) run
Starting program: /root/zll/2/2.3.2/test

Breakpoint 1, get_sum (n=100) at test.c:7
7           sum+=i;
(gdb) print i<n
$5=1
(gdb) print i
$6=0
(gdb) print sum
$7=0
(gdb) print i=300
$8=300
(gdb) print i
$9=300
(gdb) continue
Continuing.
1+2+…+100=300
[Inferior 1 (process 58863) exited normally]
(gdb)
```

以上代码在 test.c 程序的第 7 行设置断点后,使用 run 命令开始运行程序。在执行完第 6 行的语句后,程序暂停下来。随后用 print 命令显示表达式 i<n 的值为 1,i 和 sum 值均为 0。紧接着使用 print i=300 命令给变量 i 赋值为 300,并使用 continue 语句让程序继续执行。程序在输出 1+2+…+100=300 后结束。

为什么 1+2+…+100=300 而不是等于 4095 呢?因为在调试过程中,i 被赋为 300,导致语句 sum+=i 只执行了一次,sum 被加为 300,随后循环控制条件 i<n 不成立,因此退出 for 循环,求和结束,返回 sum 的值为 300。

2. whatis 命令

whatis 命令用来显示某个变量或表达式值的数据类型,格式如下:

```
whatis 变量或表达式
(gdb) whatis i
type=int
(gdb) whatis i+1.5
type=double
(gdb)
```

可以看到,程序运行后,变量 i 的数据类型是 int,而 i+1.5 的数据类型是 double。

3. set 命令

set 命令可以用来给变量赋值,使用格式是:

```
set variable 变量=值
```

将上面示例中的 print i=300 改为 set i=300 效果相同。

除了这个用法外,set 命令还有一些其他用法,比如可以针对远程调试进行设置,可以用来设置 gdb 一行的字符数等。

2.3.6 控制程序的执行

调试过程中,根据当前程序运行的情况,需要使程序继续运行至下一断点处暂停、停止调试或者让程序以单步执行的方式运行,以下几个命令可以控制程序的执行方式。

1. continue 命令

让程序继续运行,直到遇到下一个断点或程序运行完毕。该命令的格式为:

```
continue
```

2. kill 命令

该命令用于结束当前程序的调试,在 gdb 提示符下输入 kill,gdb 会询问是否退出当前程序的调试,输入 y 结束调试,输入 n 继续调试程序。

3. next 和 step 命令

next 和 step 命令可以控制程序每次单步执行一句源语言代码,即单步运行方式。next 命令的使用方法在前面已经演示过了,step 命令使用方式与 next 命令类似。两者的区别是:如果遇到函数调用,next 会把该函数调用当作一条语句来执行,再次输入 next 会执行函数调用后的语句;而 step 则会跟踪进入被调函数,转入该函数按照后续命令指定的方式执行,直到调用结束继续执行该函数调用语句之后的代码。

以下是使用 step 命令控制程序执行方式的一个示例。

```
(gdb) break 13
Breakpoint 1 at 0x400563: file test.c, line 13.
(gdb) run
Starting program: /root/zll/2/2.3.2/test

Breakpoint 1, main () at test.c:13
13          int i=100,result;
(gdb) step
14          result=get_sum(i);
(gdb) step
get_sum (n=100) at test.c:5
5           int sum=0,i;
(gdb) step
6           for(i=0;i<n;i++)
(gdb)
```

本例在 test.c 程序的第 13 行设置了断点。运行 run 命令后执行第一条 step 命令,程序将会执行第 13 行的代码,并提示下一个要执行的是第 14 行的语句 result=get_sum(i)。再次执行 step 命令,提示即将执行第 5 行的"int sum=0,i",在此可以看出第二次执行 step 命令时,程序运行发生了跳转,进入了 get_sum 函数。

4. nexti 和 stepi 命令

nexti 和 stepi 命令用来单步执行一条机器指令,而不是单步执行一句源语言代码。通常一句源语言代码是由多条机器指令组成的。

例如,对于 test.c 的第 6 行语句:

```
for(i=0;i<n;i++)
```

如果是单步执行一条机器指令,则这行语句要输入多个 nexti 和 stepi 才能执行完,i=0 和 i<n 会分开执行。而对于单步执行一句源语言代码来说,只需输入一个 next 或 step 就可以执行完。

nexti 与 next 类似,不会跟踪进入被调函数内部去执行。而 setpi 与 step 类似,将会跟踪进入被调函数内部执行。

以下是使用 stepi 调试程序的一个示例。

```
(gdb) break 6
Breakpoint 1 at 0x40053b: file test.c, line 6.
(gdb) run
Starting program: /root/zll/2/2.3.2/test

Breakpoint 1, get_sum (n=100) at test.c:6
6           for(i=0;i<n;i++)
```

```
(gdb) stepi
0x0000000000400542          6          for(i=0;i<n;i++)
(gdb) stepi
0x000000000040054e          6          for(i=0;i<n;i++)
(gdb) stepi
0x0000000000400551          6          for(i=0;i<n;i++)
(gdb) stepi
0x0000000000400554          6          for(i=0;i<n;i++)
(gdb) stepi
7               sum+=i;
(gdb)
```

在使用 run 命令运行程序后,程序在执行完第 5 行后暂停,并提示下一条要执行的是第 6 行语句。执行 stepi 命令后,gdb 开始执行第 6 行的语句,随后提示下一条要执行的还是第 6 行语句。连续执行了 5 次 stepi 命令,语句 for(i=0;i<n;i++)才执行完,最后,gdb 提示下一条要执行的语句是 sum+=i。

2.4 make 和 Makefile

当一个项目组所开发的项目包含上百上千甚至更多文件时,文件间的依赖关系会变得很复杂,如果仅使用 GCC 工具来进行项目编译,编译工作会变得复杂和耗时,特别仅当修改了项目中的一个源文件时,即使最有耐心的程序员也不想重新编译所有的源文件。make 工具可以解决这些问题,它会根据 Makefile 文件中定义的规则自动执行编译工作,用户只需执行一条简单的 make 命令,同时 make 还会在必要时仅重新编译所有受改动影响的源文件,从而减少了项目重新编译的工作量。

2.4.1 make 命令

在 C 语言开发的大型软件中都包含很多源文件和头文件,这些文件间通常彼此依赖,且关系复杂。如果用户修改了其中一个文件,则必须重新编译所有依赖它的文件。

例如,当程序由多个源文件组成时,若这些文件都引用了同一个头文件,那么修改了这个头文件,就必须重新编译每个源文件。

编译过程分为编译、汇编、链接等阶段。其中,编译阶段仅检查语法错误,链接阶段则主要完成函数链接和全局变量的链接。因此,那些没有改动的源代码是不需要重新编译的,只是把它们重新链接就可以了。怎样才能只编译那些更新过的源代码文件呢?此时可以使用 GUN 的 make 工程管理器。

make 工程管理器是一个"自动编译管理器",这里的"自动"是指它能够根据文件的时间戳自动发现更新过的文件而减少编译的工作量。同时,它通过读入 Makefile 文件的内容来执行编译工作,只需用户在最初时设置一些简单的编译语句即可,显著地提高了工作效率。

make 工具提供灵活的机制来建立大型的软件项,make 工具依赖一个特殊的、名字为

makefile 或 Makefile 的文件,这个文件描述了系统中各个模块之间的依赖关系。当工程中的某些文件发生改变时,make 将会根据 Makefile 文件中描述的关系确定一个需要重新编译的文件的最小集合。如果一个工程包括几十个甚至更多的源文件或可执行文件,这时 make 工具特别有用。

1. make 的基本工作原理

为了说明 make 的基本工作原理,本节假设有一个包含 4 个源文件的工程,这 4 个源文件分别为 1.c、2.c、3.c 和 4.c,它们最终链接并生成可执行文件 demo,如图 2.10 所示。

在开发的过程中,程序设计者对 2.c 源文件进行了修改,那么为了在最终的 demo 可执行文件中体现出来,必须重新编译生成 2.o,然后重新编译链接并生成新的 demo 文件。在此过程中,其他未经修改的文件以及它们的目标文件都不需要改动,如图 2.11 所示。

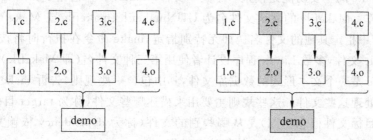

图 2.10 由 4 个源文件产生的 demo　　图 2.11 修改 2.c 后的 demo

通过图 2.11 可以很清楚地分辨出哪些文件需要重新编译或链接。如果将所有文件重新编译一次也是可以的,但是如果一个工程由上千万个源文件组成,例如 Linux 源码,就必须精心地挑选出需要重新编译的文件,否则重新编译所有源文件将会浪费大量时间,是不现实的。

使用 make 工具后,它根据每个源文件的时间戳进行判断。每个源文件都会记录其最近修改的时间,即时间戳。make 对比源文件及其所生成的目标文件的时间戳,判断它们的新旧关系,从而决定是否需要编译。例如,程序设计者刚刚修改了源文件 2.c,那么它的时间戳将会被更新为当前最新的系统时间,make 会发现这个时间戳比之前生成的目标文件 2.o 要新,因此在需要使用 2.o 时就会自动重新编译生成 2.o,这又会导致 2.o 的时间戳比 demo 新,于是 demo 也会被自动重新编译,这种递推关系会在每一层目标-依赖之间传递,如图 2.12 所示。

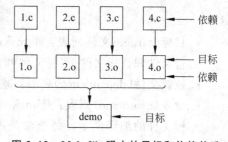

图 2.12 Makefile 眼中的目标和依赖关系

在以上示例中,demo 是最终的目标,它依赖于 4 个可重定位文件,而对于每一个可重定位文件而言,它们本身也都是目标,依赖于对应的.c 源文件。在 make 的过程中,每个文件都存在于类似的一层层的目标-依赖关系中,通过对比目标文件和依赖文件的时间戳来决定下一步动作,这就是 make 最基本的工作原理。

2. make 命令格式

make [选项] [make 工程文件]

常用选项：

- -d：显示调试信息。
- -f：文件此选项告诉 make 使用指定文件为依赖关系文件，而不是默认的 Makefile 或 makefile，如果指定的文件名是"-"，那么 make 将从标准输入读入依赖关系。
- -n：不执行 Makefile 中的命令，只是显示输出这些命令。
- -s：执行但不显示任何信息。

3. make 规则

GUN make 的主要功能是读入一个文本文件 Makefile，并根据 Makefile 的内容执行一系列的工作。Makefile 的默认文件名为 GUNmakefile、makefile 或 Makefile，也可以在 make 命令行中指定其他的文件名。如无特别指定，make 命令在执行时将按顺序查找默认的 Makefile 文件，多数 Linux 程序设计者使用第三种文件名（即 Makefile）。

Makefile 是一个文本形式的数据库文件，其中包含一些规则，告诉 make 处理哪些文件以及如何处理这些文件。这些规则主要用来描述哪些文件（称为 target 目标文件，与编译时产生的目标文件概念不同）是从哪些别的文件（称为 dependency 依赖文件）中产生的，以及用什么命令（command）来执行这个过程。

依靠这些信息，make 会对磁盘上的文件进行检查，如果目标文件在生成或被改动时的时间（文件时间戳）至少比它的一个依赖文件还旧的话，make 就执行相应的命令更新目标文件。目标文件不一定是最后的可执行文件，它可以是任何一个中间文件并可以作为其他目标文件的依赖文件。

一个 Makefile 文件主要含有一系列的 make 规则，每条 make 规则包含以下内容：

目标文件列表：依赖文件列表
<TAB>命令列表

其中：

- 目标（target）文件列表：即 make 最终需要创建的文件，中间用空格隔开，如可执行文件和目标文件；目标文件列表也可以是要执行的动作，如"clean"。
- 依赖文件（dependency）列表：通常是编译目标文件所需要的其他文件。
- 命令（command）列表：是 make 执行的动作，通常是把指定的相关文件编译成目标文件的编译命令。每个命令占一行，且每个命令行的起始字符必须为 TAB 字符（制表符）。

除非特别指定，make 的工作目录就是当前目录。target 是需要创建的二进制文件或目标文件。dependency 是在创建 target 时需要用到的一个或多个文件的列表。命令序列是创建 target 文件所需要执行的步骤，比如编译命令。

2.4.2 编写 Makefile 文件

下面通过示例程序 2.2 来了解 Makefile 文件的编写。此处仍然使用图 2.10 所示的工程 demo 来讲述 Makefile 文件的基本编写方法，以及 make 工具如何按 Makefile 文件内容执行任务的过程。

工程 demo 除了包含原有的 1.c、2.c、3.c 和 4.c 等 4 个源文件，现在增加 a.h、b.h 和 c.h 等 3 个头文件，通过编译链接后形成可执行文件 demo。3 个头文件 a.h、b.h、c.h 内容为空，可以使用 touch 命令来创建它们。

操作步骤如下：

步骤 1　程序分析，分割文件。

demo 工程包含的 4 个源文件和 3 个头文件内容信息如下：

[示例程序 2.2]

```c
//1.c源文件内容
#include<stdlib.h>
#include "a.h"

extern void function_one();
extern void function_two();
extern void function_three();

int main()
{
    function_one();
    function_two();
    function_three();
    exit(EXIT_SUCCESS);
}

//2.c源文件内容
#include "a.h"
#include "b.h"

void function_one(){
}

//3.c源文件内容
#include "b.h"
#include "c.h"

void function_two(){
}

//4.c源文件内容
#include "c.h"
#include "a.h"
```

```
void function_three(){
}
```

步骤 2 编辑 Makefile 文件。

Makefile 是文本形式的数据库文件,因此可以使用 vim 工具进行编辑。在 Makefile 中,可使用续行号"\"将一个单独的命令行延续成几行,但要注意在续行号"\"后面不能跟任何字符(包括空格键)。

root@ubuntu:#vim Makefile

Makefile 内容如下(为了方便读者理解,在 Makefile 文件内容前增加了行号,实际编写 Makefile 文件内容不加行号):

```
1    demo:1.o 2.o 3.o 4.o
2    制表符   gcc 1.o 2.o 3.o 4.o -o demo
3
4    1.o:1.c a.h
5        gcc 1.c -o 1.o -c
6    2.o:2.c a.h b.h
7        gcc 2.c -o 2.o -c
8    3.o:3.c b.h c.h
9        gcc 3.c -o 3.o -c
10   4.o:4.c c.h a.h
11       gcc 4.c -o 4.o -c
12   clean:
13       rm -f *.o
```

这个 Makefile 文件总共有 13 行,6 套规则,分别是 1 与 2,4 与 5,6 与 7,8 与 9,10 与 11,12 与 13。其中第一行的 demo 是第一个目标,冒号后面是这个目标的依赖关系列表(4 个 .o 可重定位文件)。第 2 行行首是一个制表符,注意不要使用空格,制表符告诉 make 后面紧跟着的是一句 Shell 命令。

下面第 4~11 行,也都是目标-依赖关系对及其相关的 Shell 命令,这里需要注意的是,Makefile 文件共有 6 个目标,但是第一个规则的目标(demo)称为终极目标,终极目标指的是当前执行 make 时默认生成的那个文件,如果第一个规则有多个目标,则只有第一个才是终极目标。

下面第 12 行和第 13 行,也都是目标-依赖关系对及相关的 Shell 命令,其中 clean 是一个常用的专用目标,无依赖关系,相关的 Shell 命令是删除当前目录所有的 .o 文件。

步骤 3 用 make 命令编译程序。

编写好 Makefile 文件后,用 make 命令进行编译。命令格式为:

root@ubuntu:#**make target**

target 是 Makefile 文件中定义的目标之一,一定要确保在 Makefile 文件中对 target 进行了定义,否则 make 命令会报错。如果省略 target,make 命令将生成 Makefile 文件中定义的第一个目标，对于本例，单独的一个 make 命令等价于：

`root@ubuntu:#`**`make demo`**

用户也可以使用"make -f Makefile 文件名"运行 make 命令，指定 Makefile 文件需要在 make 后面加参数-f。如：

`root@ubuntu:#`**`make -f Makefile`**

执行 make 命令后的结果如下：

```
gcc 1.c -o 1.o -c
gcc 2.c -o 2.o -c
gcc 3.c -o 3.o -c
gcc 4.c -o 4.o -c
gcc 1.o 2.o 3.o 4.o -o demo
```

从 make 命令运行的结果看来，make 命令根据 Makefile 文件规则的描述首先编译的是 1.c，接着分别编译 2.c、3.c 和 4.c，最后根据第一个规则的文件依赖关系生成 demo 文件。

具体 make 命令的工作流程如下：

- make 在当前目录下查找名为"Makefile 文件""GNUmakefile 文件""makefile 文件"或"Makefile 文件夹""GNUmakefile 文件夹""makefile 文件夹"的文件。
- 如果找到，make 会找到文件中的第一个目标文件（target）。在上面示例中，它会找到 demo 这个文件，并把这个文件作为最终的目标文件（target），所有后面的目标的更新都会影响到 demo 的更新；如果 demo 文件不存在，或 demo 所依赖的.o 文件的修改时间要比 demo 新，它就会执行后面所定义的命令来生成 demo 文件。
- 如果 demo 所依赖的.o 文件存在，make 会在当前文件中顺序找到.o 文件的依赖性，如果找到，则会根据规则生成.o 文件。比如 demo 第一个的依赖文件是 1.o，找到 1.o 的规则，是第二套规则，1.o 文件依赖 1.c 和 a.h，根据第二套规则对应的命令"gcc 1.c -o 1.o -c"来生成 1.o 文件。
- 接下来，make 以同样的方法，对 demo 的依赖文件 2.o、3.o 和 4.o 做类似的检查，当 make 执行完所有这些嵌套规则后，make 将处理最顶层的 demo 规则。执行"gcc 1.o 2.o 3.o 4.o -o demo"命令将 1.o、2.o、3.o 和 4.o 连接成目标文件 demo。

本例中，一开始所有的.o 文件都是不存在的，因此会执行第 5 行、第 7 行、第 9 行、第 11 行，分别生产 1.o、2.o、3.o 和 4.o，之后，将会执行第 2 行生成最终目标文件 demo。随后如果对任何一个源文件进行了修改（如 2.c），执行 make 时将会发现其对应的.o 文件 (2.o) 比依赖文件 2.c 旧，因此会自动重新编译（第 7 行），然后根据一样的原理，终极目标文件 demo 也被重新编译。

使用"make clean"命令，可以删除当前目录中所有的.o 文件。命令及结果如下：

`root@ubuntu:# make clean`

```
rm -f *.o
```

也可以使用"make 2.o",创建目标体(target)2.o 文件。命令及结果如下:

```
root@ubuntu:# make 2.o
gcc 2.c -o 2.o -c
```

步骤 4 查看 demo 文件是否成功生成。

使用 ls 命令查看当前目录下的文件,发现 demo 可执行文件已经成功生成。

```
root@ubuntu:# ls
1.c  1.o  2.c  2.o  3.c  3.o  4.c  4.o  a.h  b.h  c.h  demo  Makefile
```

从终端显示效果看,demo 目标文件已生成。

步骤 5 修改文件,运行 make。

修改 b.h,重新运行 make 命令,如下:

```
root@ubuntu:# touch b.h
root@ubuntu:# make -f Makefile
gcc 2.c -o 2.o -c
gcc 3.c -o 3.o -c
gcc 1.o 2.o 3.o 4.o -o demo
```

make 命令读取 Makefile 文件,确定重建 demo 所需的最小命令集合,并以正确的顺序执行它们。因 b.h 修改了,因此 make 发现依赖 b.h 的 2.o 和 3.o 的时间戳比 b.h 的时间戳旧,运行"gcc 2.c -o 2.o -c"和"gcc 3.c -o 3.o -c"命令重编译生成 2.o 和 3.o,因 2.o 和 3.o 相对 demo 文件时间戳新,因此运行 gcc 1.o 2.o 3.o 4.o -o demo 重新编译 demo。

删除目标文件 2.o,重新运行 make 命令如下:

```
root@ubuntu:# rm 2.o
root@ubuntu:# make -f Makefile
gcc 2.c -o 2.o -c
gcc 1.o 2.o 3.o 4.o -o demo
```

首先删除了 2.o,之后运行 make 命令,发现 demo 的依赖文件 2.o 不存在。因此,寻找 2.o 目标对应的规则,运行命令"gcc 2.c -o 2.o -c",编译生成 2.o。之后运行命令"gcc 1.o 2.o 3.o 4.o -o demo"重编译生成 demo 文件。

2.5 小 结

本章是对 Linux 下 C 语言开发工具的介绍,根据程序开发的过程,首先介绍了 Linux 下的一些常用的源代码编辑器,作为读者选择合适自己的编辑器参考,其中重点对广泛使用的 vim 编辑器,及它的具体使用方法和一些使用技巧进行了介绍。接下来,介绍了知名的 gcc 编译器及使用方法;程序编写过程的错误诊断需要调试器的支持,本章对使用广泛且安装方便的 gdb 调试器进行了介绍。最后对于大型项目的开发,如何进行有效而且方便的编译,介绍了 make 工具的使用方法及 Makefile 文件的基本编写规则。通过本章的学习,读者可以掌握一套完整的 C 语言开发工具的使用方法。

习 题

一、填空题

1. 在 Linux 环境下不使用集成的 IDE 时,编辑 C 源程序文件可使用＿＿＿＿,编译该文件可使用＿＿＿＿,调试可使用＿＿＿＿。

2. 需要使用 gdb 调试程序前,使用 gcc 编译程序需要加入＿＿＿＿选项。

3. gdb 环境中,运行程序使用＿＿＿＿命令,单步执行程序使用＿＿＿＿命令,查看变量类型使用＿＿＿＿命令,退出 gdb 环境使用＿＿＿＿命令。

4. Makefile 文件中 make 规则的格式为＿＿＿＿,在使用 make 自动编译项目时,判断某个文件是否需要重新编译的标准是＿＿＿＿。

二、简答题

1. vim 编辑器有哪几种工作模式?

2. 在 vim 编辑器中,改动文件的一些内容,但退出时不想保存所修改的部分,如何进行操作?

三、编程题

1. 编写一求 n 阶乘的 C 语言文件,使用 gcc 工具编译该源程序并运行。

2. 对第 1 题中求 n 阶乘文件设置断点,使用 gdb 工具观察该程序的递归调用过程,并观察 n 的值。

3. 编写几个测试程序及相应的 Makefile 文件,然后使用 make 命令进行编译。

第 3 章 文件及目录管理

Linux 系统中一切皆文件,不仅程序和数据是以文件的形式保存的,目录和各种设备也都被当作文件来使用。本章主要介绍 POSIX 标准的系统 I/O 操作,而对于标准 I/O 操作不是本章介绍的重点,读者如果具备 C 语言基础并且理解了本章介绍的系统 I/O 接口操作,那么理解标准 I/O 接口操作的使用方法将不会感到困难。系统 I/O 接口提供了不带缓冲区的 I/O 操作,而标准 I/O 接口提供了带缓冲区的 I/O 操作,两者在使用缓冲区方面有比较大的区别,因此本章对不带缓冲区和带缓冲区的文件操作原理进行介绍,同时描述了不带缓冲区的文件描述符和带缓冲区的流概念。本章加入了一些关于 Linux 文件系统的相关知识介绍,使读者可以对 Linux 系统下的 I/O 接口有更深入的理解。同时,在介绍相关 I/O 接口时,对涉及的一些 Linux 内核数据结构和 Linux 操作系统文件管理方法也将进行介绍。

3.1 文件和 I/O 操作分类

3.1.1 文件概念

在大多数应用中,文件是一个核心成分。除了实时应用和一些特殊的应用外,应用程序的输入都是通过文件来实现的。实际上所有应用程序的输出都保存在文件中,这便于信息的长期存储及用户或应用程序将来的访问。

文件可以认为是具有标识符的一组相关联信息项的有序集合,一般体现为磁盘上的文件。对于文件的管理,从 Linux 内核的角度来看,处理文件的部分是文件系统,Linux 内核通过文件系统对文件存储器空间进行组织和分配,负责文件的存储并对存入的文件进行保护和检索。具体地说,它负责为用户建立文件,存入、读出、修改、转储文件、控制文件的存取,当用户不再使用时撤销文件等。从用户的角度来看,文件的管理是通过 Linux 操作系统提供的一系列接口完成的,比如系统 I/O、标准 I/O、字符命令和图形接口来完成文件的管理。

3.1.2 文件操作分类

根据应用程序对文件的访问方式,即是否使用缓冲区,对文件的访问可分为不带缓冲区的文件操作和带缓冲区的文件操作。这里所说的缓冲区有别于操作系统内核中的磁盘缓冲,磁盘缓冲是为提高磁盘访问速度而专门开辟的内存空间。

- 不带缓冲区的文件操作。属于低级文件操作,需要用户在自己的程序中为每个文件设置缓冲区,如图 3.1 所示,对文件进行读写操作时,数据从磁盘输入到用户程序的数据区之前或数据从用户程序的数据区输出到磁盘之前,都不会经过系统管理的输入或输出缓冲区进行缓冲。遵循 POSIX 标准的系统 I/O 使用的就是不带缓冲区的文件操作,系统 I/O 接口也称为 I/O 系统调用,如 open、read、write 和 lseek 等。
- 带缓冲区的文件操作。属于高级文件操作,系统将在用户空间中自动为正在使用的文件开辟内存缓冲区,如图 3.2 所示,数据在从文件读到程序数据区和从程序数据区输出到文件的过程中,将会经过一个系统管理的输入或输出缓冲区进行缓冲。遵循 ANSI 标准的 I/O 操作使用的就是带缓冲区的文件操作,标准 I/O 接口也称为 I/O 库函数,如 fopen、fread、fwrite、flush 和 fseek 等。

图 3.1　不带缓冲区的文件操作图　　　图 3.2　带缓冲区的文件操作

在第 1 章中已经了解到系统调用和库函数的本质区别,调用系统调用会陷入 Linux 内核,而调用库函数不会直接陷入 Linux 内核。如果采用非缓冲区的文件访问方式,每次在对文件进行任何一次读或写操作时,分别使用读文件的系统调用 read 来处理读操作,或使用写文件的系统调用 write 来处理写操作。如果用户程序需要访问磁盘空间中的某个文件,read 或 write 是以一个数据单元为单位进行读或写操作,因此,一个文件的读或写操作可能需要多次调用 read 或 write 系统调用完成。一个文件长度可能被划分成多个数据单元,每访问一个数据单元都要执行一次系统调用,执行系统调用会有一次用户态到内核态的切换,系统调用完成后还会有内核态到用户态的转换,这两次态式的转换将涉及 CPU 状态的切换、用户态进程和系统进程的上下文切换,这将消耗一定的 CPU 时间。对磁盘读或写操作是一个机械运动,相对 CPU 处理速度来讲,是一个缓慢的过程,频繁的磁盘访问对程序执行效率会造成较大的影响。从而可以得到一个结论,通过多次调用 read 或 write 系统调用完成大文件数据的读或写,从效率角度来讲比较低效。

ANSI 标准 I/O 库函数建立在底层系统调用之上,在对文件函数库的实现中使用了低级文件 I/O 系统调用。ANSI 标准 C 库中的文件处理函数为了减少使用系统调用的次数以及提高效率,根据应用程序的不同,采用缓冲区机制,这样,对磁盘文件进行读或写操作时,可以一次性地从文件中读取大量的数据到缓冲区中。以后对这部分数据的访问就不需要再使用系统调用了,因为数据可以直接从输入文件缓冲区或输出文件缓冲区中获得,即整个读或写操作只需要少量的 CPU 状态的切换和磁盘的读写机械访问次数。在对磁盘写文件进行操作时,可以先将内容存储在文件缓冲区中,将文件缓冲区充满后,或者确实需要更新的时候再调用系统调用,将该文件一次性写入到磁盘。

ANSI 标准 C 库函数为了实现这一特性,采用了流的概念,因为数据的输入和输出就像流动的水一样。在流的实现中,缓冲区是最重要的单元。根据使用需求的不同,可以选择使用全缓冲区、行缓冲区和无缓冲区等 3 种缓冲区处理方式来处理文件的读写操作。

3.2 Linux 文件系统概述

3.2.1 文件结构

文件结构是文件存放在磁盘等存储设备上的组织方法,主要体现在对文件和目录的组织上。Linux 操作系统使用标准的目录结构,它提供了一个方便有效地管理文件的途径。在安装 Linux 的时候,安装程序就会为用户创建文件系统和完整而固定的目录组成形式,并指定了每个目录的作用和其中的文件系统,如图 3.3 所示。

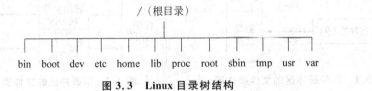

图 3.3 Linux 目录树结构

文件主要包含两方面的内容:一是文件本身所包含的数据;另一个是文件的属性,也称为元数据,一般包括文件访问权限、所有者、文件大小和创建日期等信息。

目录也是一种文件,称为目录文件,它的内容是该目录的目录项。目录项是该目录下各个文件和目录的相关信息。当创建一个新目录时,系统将自动创建两个目录项"."和"..","."代表当前目录,".."代表当前目录的父目录,在 Shell 下输入 ls -a 命令可以将其显示在终端上。对于根目录,两者是相同的。

在 Shell 环境下输入 cd / 可以切换到根目录,再输入 ls 命令可以查看到根目录下的目录情况,常见的 Linux 系统发行版本都包含有如下几个目录。

- /bin:用于存放普通用户可执行的命令,系统中的任何用户都可以执行该目录中的命令,如 ls、cp、mkdir 等命令。
- /boot:Linux 内核及启动系统时所需要的文件,为保证启动文件更加安全可靠,通常把该目录存放在独立的分区上。
- /dev:设备文件的存储目录,如磁盘、光盘等。
- /etc:用于存放系统的配置文件,比如用户账号及密码存放在配置文件/etc/password 和/etc/shadow 中。
- /home:普通用户的主目录,每个用户在该目录下都有一个与用户同名的目录。
- /lib:用于存放各种库文件。
- /proc:该目录是一个虚拟文件系统,只有在系统运行时才存在。通过访问该目录下的文件,可以获取系统状态信息并且修改某些系统的配置信息。可以使用 cat、strings 命令来查看这些信息,如在 Shell 下输入 cat/proc/meminfo 命令可以获取系统内存的使用情况,输入 man proc 命令获取关于 proc 的详细信息。

- /root：超级用户 root 的主目录。
- /sbin：存放的是用于管理系统的命令。
- /tmp：存放的是临时文件。
- /usr：用于存放系统应用程序及相关文件，如说明文档、帮助文件等。
- /var：用于存放系统中经常变化的文件，如日志文件、用户邮件等。

3.2.2 文件系统模型

文件的本质就是长期存储在物理磁盘上的数据，操作系统通过文件系统功能可以方便地对磁盘上的文件进行管理。Linux 的文件系统模型如图 3.4 所示。

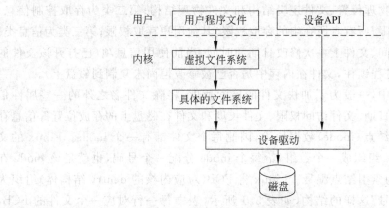

图 3.4 文件系统模型

对物理磁盘的访问都是通过设备驱动程序进行的，而对设备驱动的访问则有两种途径：一种是通过设备驱动本身提供的接口；另一种是通过虚拟文件系统（Virtual File System，VFS）提供给上层应用程序的接口。第一种方式能够让用户进程绕过文件系统直接读写磁盘上的内容，这给操作系统带来了不稳定性，因此大部分操作系统 Linux 都是使用虚拟文件系统来访问设备驱动的。只有在特殊情况下才允许用户进程通过设备驱动接口直接访问物理磁盘。

VFS 是虚拟的、不存在的，它与前面提到的 proc 文件系统一样，都只存在于内存而不存在于磁盘中，即只有在系统运行后才存在。VFS 提供一种机制，它将各种不同的文件系统整合在一起，并提供统一的应用程序接口（API）供上层的应用程序使用。VFS 的使用体现了 Linux 的最大特点之一：支持多种不同的文件系统。Linux 不仅支持 EXT2、EXT3，也支持 Windows 系统的文件系统。

从硬盘的构造可知，访问物理磁盘的最小单位是位于某个盘面上某个磁道的一个扇区，即使用户只需访问 1 个字节的数据，实际读写时都需要先将该字节所在的扇区读入到内存，然后再选择指定的数据进行访问。因此，文件系统是由一系列的块（block）构成的，每个块的大小因文件系统不同而不同，但文件系统一旦安装之后，其块的大小就固定了。通常一个块的大小是 1~n 个扇区的大小。

3.2.3 目录、索引结点和文件描述符

1. 目录和索引结点

为了能对一个文件进行正确的存取,必须为文件设置用于描述和控制文件的数据结构,称为文件控制块(File Control Block,FCB),文件管理程序(内核)可借助文件控制块中的信息对文件施以各种操作。

每个文件都有一个 FCB 用于描述文件的各种属性信息,FCB 的有序集称为文件目录。一个 FCB 也称为一个目录项,为实现对文件目录的管理,通常将文件目录以文件的形式保存在外存上,这个文件就称为目录文件。FCB 一般包含三类信息:第一类为基本信息,如文件名、文件物理位置、文件逻辑结构和文件物理结构;第二类为存取控制信息,如文件所有者存取权限、所有者所在组的存取权限、其他用户存取权限;第三类为信息类,如文件建立日期和时间、文件上一次修改日期和时间、当前使用信息项(已打开该文件的进程数,是否被其他进程锁住,文件在内存中是否已被修改但尚未复制到磁盘上)。

在现代操作系统中,一般为了加快文件的检索速度,将除文件名之外的一些属性信息,如文件创建/修改日期、文件访问权限、文件长度和文件在磁盘上的存放位置等信息存储在一个特殊的索引结点(inode)数据块中,因此每个文件都有一个 inode。Linux 的文件系统把所有的 inode 组织成一个数组,给每个 inode 分配一个号码,也就是该 inode 在数组中的索引号,称为索引结点编号。Linux 将 FCB(对应内核的 dentry 结构体)组织为"文件名,索引结点编号"这样的结构,如表 3.1 所示,表中每一行对应一个文件的 FCB,通过索引结点编号,内核可以找到文件对应的索引结点 inode,通过 inode 可以了解文件的诸多属性,包括文件数据在外设的物理位置。Linux 中一切皆文件,每个文件或目录都对应一个索引结点,因此对应上层目录和本层目录".."和"."也有对应的索引结点编号。

表 3.1 Linux 的文件目录

文 件 名	索引结点编号
.	2
bin	3407873

文件系统就是靠这个索引结点编号来识别文件的,在 Shell 环境中,可以使用 ls / -ail 来查看文件的索引结点编号,如下:

```
root@ubuntu:~# ls / -ail
      2 drwxr-xr-x 23 root root 4096 3月  24 16:07 .
      2 drwxr-xr-x 23 root root 4096 3月  24 16:07 ..
3407873 drwxr-xr-x  2 root root 4096 10月 28 2015 bin
   2028 lrwxrwxrwx  1 root root33 10月 28 2015 initrd.img ->boot/initrd.img-3.19.0-
31-generic
```

从以上运行结果可以看出,bin 是一个目录,而 initrd.img 是一个文件,它们在目录文件中都有一个与其对应的目录项(dentry),有唯一的 inode 索引结点。bin 对应的索引结

点编号是 3407873,而 initrd.img 对应的索引结点编号是 2028。当前目录"."和上一层目录".."索引结点编号都为 2,说明当前目录是根目录。

2. 文件描述符

说到文件描述符,不得不提 task_struct 结构体。操作系统中,一个处于运行状态的程序,称为进程,为了描述和控制进程的运行,内核定义了一个称为进程控制块 PCB(Process Control Block)的数据结构,PCB 中记录了内核所需的、用于描述进程当前情况以及控制进程运行的全部信息,在 Linux 中,这个数据结构为 task_struct。

文件描述符是一个非负整数,对于内核而言,所有打开的文件都通过文件描述符引用。当用户程序需要访问文件时,内核通过 open、create 等系统调用向用户程序返回一个文件描述符,随后在用户程序中所有对该文件的访问都使用该文件描述符。

那么,文件描述符究竟是什么呢? 在内核中打开的文件是用 file 结构体来表示的,每一个结构体都会有一个指针指向它们,这些指针被统一存放在一个称为 fd_array 的数组中,而这个数组被存放在一个称为 files_struct 的结构体中,该结构体是进程控制块 task_struct 的重要组成部分。它们的关系如图 3.5 所示。

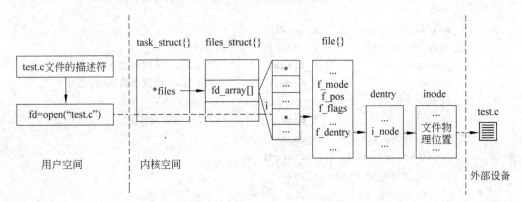

图 3.5 文件描述符含义

在图 3.5 中,task_struct 结构体中记录了内核所需的、用于描述进程当前情况以及控制进程运行的全部信息,当然其中也包含了进程在运行中所打开文件的信息,这些信息被一个 files 指针统一管理。files 所指向的结构体 files_struct 中的数组 fd_array 是一个指针数组,用户进程每一次调用 open 函数都会使得内核实例化一个 file 结构体,并将一个指向该结构体的指针依次存放在 fd_array 数组中,该指针所占据的数组下标将被作为"文件描述符"返回给用户进程,因此文件描述符是从 0 开始的非负整数值。

结构体 file 是内核管理文件操作的重要的数据之一,里面存放对该文件的访问模式、文件位置偏移量、打开模式、目录项 dentry 等信息。在操作文件之前,open 系统调用参数中指定的打开模式 mode 和文件状态标志 flags 被记录在该结构体中,在操作文件过程中,文件相关的控制数据也一并在此管理。

通过 file 结构体读者会发现其成员 f_dentry 指向了该文件对应的唯一的目录项,即前面介绍的 FCB,dentry 结构体中存放了表示文件 inode 结点编号的成员 i_inode,根据 i_inode 文件系统可以在磁盘上找到该文件对应的 inode 结点,通过 inode 结点中文件物理位置可以访问到文件在磁盘上的位置,这样文件系统就可以找到需要操作的文件。

下面是 file 结构体的类型定义:

```
//from /usr/src/linux-headers-3.19.0-25/include/linux/fs.h
struct file {
        union {
                struct llist_node       fu_llist;
                struct rcu_head         fu_rcuhead;
        } f_u;
        struct path             f_path;         //包含 dentry 和 mnt 两个成员,用于确定文件路径
        struct inode            *f_inode;       //cached value
        const struct file_operations    *f_op;          //文件操作函数集

        /*
         * Protects f_ep_links, f_flags.
         * Must not be taken from IRQ context.
         */
        spinlock_t              f_lock;
        atomic_long_t           f_count;
        unsigned int            f_flags;        //由 open 函数参数 flags 指定
        fmode_t                 f_mode;         //由 open 函数参数 mode 指定
        struct mutex            f_pos_lock;
        loff_t                  f_pos;          //文件位置偏移量
        struct fown_struct      f_owner;
        const struct cred       *f_cred;
        struct file_ra_state    f_ra;

        u64                     f_version;
#ifdef CONFIG_SECURITY
        void                    *f_security;
#endif
        /* needed for tty driver, and maybe others */
        void                    *private_data;

#ifdef CONFIG_EPOLL
        /* Used by fs/eventpoll.c to link all the hooks to this file */
        struct list_head        f_ep_links;
        struct list_head        f_tfile_llink;
#endif /* #ifdef CONFIG_EPOLL */
        struct address_space    *f_mapping;
} __attribute__((aligned(4)));  /* lest something weird decides that 2 is OK */
```

上述代码中用粗体标注出来的 f_op、f_flags、f_mode 和 f_pos 是其中重要的成员。f_op 包含了该文件实际读/写的操作算法,这些算法由文件所在的设备驱动程序提供,设

备类型不同,驱动程序也不尽相同,这些差异性都被封装在 f_op 里面,应用程序看到是 f_op 提供的统一接口,比如 lseek、read、write、open、mmap 等。

f_flags 和 f_mode 的值通过用户调用 open 函数时的 flags 和 mode 参数传递过来,这样就规定了对文件访问的选项和新建时的初始权限,用户对文件使用的需求通过 open 记录到内核文件 fs.h 中。

f_pos 指的是当前对文件操作的位置,文件的起始位置为 0。打开文件时,f_pos 的值通常为 0,也就是从距离文件开始偏移量为 0 的字节开始读写,读写了 n 个字节后,内核自动将 f_pos 的值加 n,使得下次读取该文件时从第 n+1 个字节开始。若文件以追加方式打开,则 f_pos 指向文件尾。这个值在应用层可以通过 lseek 或 fseek 函数来调整。

文件描述符的取值范围在 0~NR_OPEN 之间,Linux 系统中 NR_OPEN 默认设置为 255,也就是说每个进程最多只能打开 256 个文件。

当一个程序开始运行时,编号为 0、1、2 的三个文件描述符就已经默认打开了,因此用户使用的文件描述符最小从 3 开始。文件描述符 0 代表标准输入文件,一般就是键盘;文件描述符 1 代表标准输出文件,一般指显示器;文件描述符 2 代表标准错误输出,一般也指显示器。事实上,在代码中经常使用 STDIN_FILENO、STDOUT_FILENO 和 STDERR_FILENO 来代替 0、1 和 2。

3.2.4 文件的分类

Linux 中包含以下几种文件类型。

(1) 普通文件(regular file):这是常见的文件类型,这种文件包含了某种形式的数据,至于这种数据是文本还是二进制数据,对内核而言并无区别。对普通文件内容的解释由处理该文件的应用程序完成。

(2) 目录文件(directory file):目录文件就是目录,目录也有访问权限,目录文件的内容就是该目录下的文件和子目录的信息,对一个目录文件具有读许可权的任一进程都可以读该目录的内容,但只有内核可以写目录文件。

(3) 字符特殊文件(character special file):用于表示系统字符类型的设备,比如键盘、鼠标等,这些硬件对操作系统来说只是一个文件。

(4) 块特殊文件(block special file):用于表示系统中块类型的设备,如硬盘、光驱等。对这些设备上的数据的访问通常以块的方式进行,即一次至少读写一块。

(5) FIFO:这种类型文件用于进程间的通信,也称为命名管道。

(6) 套接字(socket):主要用于网络通信,套接字也可以用于一台主机上的进程之间的通信。

(7) 符号链接(symbolic link):指向另一个文件,是另一个文件的引用。

在 Shell 下可通过输入 ls -l＜文件名＞来查看文件的类型,在程序中查看文件的类型则需要使用 stat/fstat/lstat 函数族,在 3.4.1 节将会介绍。例如,在某个目录下执行 ls -l 的结果如下:

```
root@ubuntu:~#ls -l
-rw-r--r-- 1 root root   71 1月  11 11:43 test.c
```

```
drwxr-xr-x 3 root root 4096  3月  20  08:34 zll
```

结果中,第一行的第一项表示"文件的类型和访问权限",第一个字母"-"表示 test.c 是一个普通文件。第二行的第一个字母"d"取自 directory 的首字母,表示 zll 是一个目录。

执行下面的命令 ls -l/,结果如下:

```
root@ubuntu:~#ls -l /
lrwxrwxrwx 1 root root 33 10月 28 2015 initrd.img -> boot/initrd.img-3.19.0-31
-generic
```

结果中,第一项的第一个字母"l"表示 initrd.img 文件是一个链接文件,它是 boot/initrd.img-3.19.0-31-generic 文件的引用。

执行下面的命令 ls /dev/sda -l,结果如下:

```
root@ubuntu:/#ls /dev/sda -l
brw-rw---- 1 root disk 8, 0  4月  5  2017 /dev/sda
```

第一项的第一个字母"b"取自 block 的首字母,表示/dev/sda 文件是一个块特殊文件。

在 ls -l<文件名>命令结果显示中,文件类型用最左边一栏第一字母表示,是文件类型的缩写,汇总说明如下:

- -(regular):普通文件。
- d(directory):目录文件。
- c(character):字符设备文件。
- b(block):块设备文件。
- p(pipe):管道文件(命名管道)
- s(socket):套接字文件。
- l(link):链接文件(软链接即符号链接)。

3.2.5 文件访问权限控制

3.2.5.1 访问权限控制

Linux 是一个多用户、多任务的操作系统,因此可能常常会有多个用户同时使用一台主机工作。为了保证多用户对同一主机文件系统的安全访问,Linux 对用户访问文件进行了访问控制。比如,文件的创建者不希望其他用户修改自己的文件,管理员不希望普通用户有运行系统中某些命令的权利。在 Linux 中,当前用户有可能是文件的所有者、与文件所有者同在一组或是其他用户,根据这三种不同的身份,系统分别对文件的读、写、执行权限进行控制,从而保证多用户对同一主机上文件访问的安全性。

在 Shell 环境中,可以通过 ls -l <filename>命令来查看某一个文件的属性,例如以下输出是在某个目录下执行 ls -l 命令的结果:

```
-rw-r--r--   1 root root     71  1月 11 11:43 test.c
```

```
drwxr-xr-x    3 root root   4096   3月 20 08:34 zll
```

输出结果中,从左至右依次是:文件类型+访问权限、连接数、文件所有者、拥有该文件的用户所属的组、文件大小、文件的创建时间、文件名。

第一项"文件类型+访问权限"共由 10 位构成,第一位表示文件类型。剩下 9 位表示文件的访问权限。按照每 3 位为一组分为 3 组,从左到右:第一组表示文件所有者对该文件的操作权限;第二组表示与文件所有者同组(group)的用户对该文件的操作权限;第三组表示其他用户对该文件的操作权限。通常每组会出现 3 种字母,r 表示具有读权限,w 表示具有写权限,x 表示具有执行权限。

以 test.c 文件为例:第一组为 rw-,表示 test.c 的所有者具有对该文件的读写权限、无可执行权限;第二组 r--,表示 test.c 文件所有者所在的组对该文件具有读权限、无写、无执行的权限;第三组为 r--,表示其他用户对该文件具有读权限、无写、无执行的权限。

对文件访问权限的修改在 Shell 环境中可通过 chmod 命令来实现,如:

```
root@ubuntu:~# chmod 666 test.c
root@ubuntu:~# ls -l
-rw-rw-rw- 1 root root       71  1月 11 11:43 test.c
```

chmod 命令中的数字 6 是通过计算所得,对于可读、可写、可执行 3 种权限,分别对应了一个值,读权限为 4,写权限为 2,执行权限为 1,即 r=4、w=2、x=1,4+2=6,表示拥有读写权限但不具有可执行权限。666 表示 test.c 文件的访问权限修改为:所有者、所属组和其他用户具有读、写、不可执行的 3 种权限,更详细的用法请参考 man 手册。

通过之后的 ls -l 命令可以看到,test.c 的所有者、所属组和其他用户都拥有对 test.c 的读、写、不可执行 3 种权限。

在进行程序设计时,可以通过 chmod/fchmod 函数对文件访问权限进行修改,可参考 3.4.2 节。

3.2.5.2 访问权限在系统中的表示

1. st_mode 结构

文件类型与访问权限被定义在一个名为 st_mode 的内核数据结构中,st_mode 实质上是一个无符号 16 位短整型数,文件类型和权限被编码在这个数中,如图 3.6 所示。

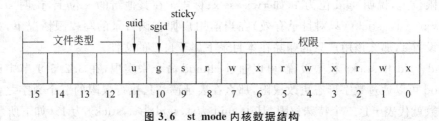

图 3.6 st_mode 内核数据结构

其中低 9 位即 st_mode[0:8]——对应代表了文件的各种用户权限,分为 3 组,对应 3 种用户,它们是文件所有者、同组用户和其他用户,r 为读权限,w 为写权限,x 为执行权限。

其中高 4 位即 st_mode[12:15]用作文件类型,最多可以标识 16 种类型,目前已经使用了其中 7 个。

接下来的 3 位 st_mode[9:11]即是文件的特殊属性,1 代表具有某种属性,0 代表没有,这 3 位分别是 suid 位,sgid 位和 sticky 位。

st_mode[10]和 st_mode[11]分别用来设置文件的 suid(只对普通文件有效)和 sgid(只对目录有效)。如果 suid 被设置为 1,则任何用户在执行该文件时均会获得该文件所有者的临时授权,即其有效 UID 将等于文件所有者的 UID。如果 sgid 被设置为 1,则任何在该目录下执行的程序均会获得该目录所属组成员的临时授权,即其有效 GID 将等于该目录所属组成员的 GID。

suid 和 sgid 位能让普通用户以 root 用户的角色运行只有 root 账号才能运行的程序或命令,另外,这种机制对于某些只能由 root 用户启动,但启动后需要回到普通用户权限的程序很有帮助。

例如,普通用户运行 passwd 命令可以更改个人的账号密码,用户账号密码存放在 /etc/passwd 文件中,因此修改用户密码实际上最终更改的是 /etc/passwd 文件。通过 ls -l /etc/passwd 命令可以查看 /etc/passwd 文件的属性。如下所示:

```
root@ubuntu:etc#ls -l /etc/passwd
-rw-r--r-- 1 root root 1920  4月  5  2017 /etc/passwd
```

运行结果显示,只有具有 root 权限的用户才能更改 /ect/passwd 文件的内容。

那么普通用户是如何通过 passwd 命令修改个人的账号密码呢?通过 ls -l /usr/bin/passwd 命令可以查看到 passwd 命令程序的文件属性,如下所示:

```
root@ubuntu:~#ls -l /usr/bin/passwd
-rwsr-xr-x 1 root root 47032  7月  16  2015 /usr/bin/passwd
```

标志 s 出现在文件所有者执行权限位上,说明文件 /usr/bin/passwd 文件的 suid 位为 1,意味着执行 passwd 命令的用户暂时具有该程序所有者(root)的权限,因此普通用户可以执行 passwd 命令修改个人账号密码。

标志 s 出现在文件所有者的执行权限位上,说明 suid 位 1;标志 s 出现在用户组的执行权限位上,说明 sgid 位为 1,如-rwx--s--x;标志 t 在其他组的 x 位上,说明 sticky 置 1,如-rwxr----t。sticky(只对目录有效)在当前用户拥有该目录的写权限情况下,如果这一位被设置 1,那么该用户只能删除在本目录下属于自己的文件。

suid、sgid 和 sticky 权限设置,可以通过 chmod 命令来实现,在 3.2.5.1 节中已经了解 chmod 可以通过数字形态更改权限,那么在表示读、写、执行权限的三个数字之前所加的那个数就代表了这三个特殊权限,其中 suid 为 4,sgid 为 2,sticky 为 1。如下所示:

```
root@ubuntu:~#chmod 7666 test.c
root@ubuntu:~#ls -l test.c
-rwSrwSrwT 1 root root 71  1月 11 11:43 test.c
-rwSrwSrwT 表示 test.c 文件权限 suid、sgid、sticky 位置 1
```

2. 掩码技术

通过按位与操作,掩码可以将二进制数中不需要的位置0,需要的位的值不发生改变。图3.7是为八进制数042664的st_mode值按位与八进制掩码170000的计算过程,可以看到,结果中保留了042664高4位的值,将低12位值置为0。

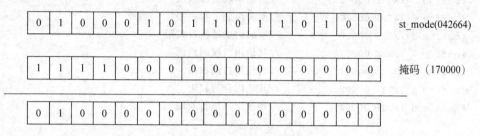

图 3.7 掩码技术运算示例

通过图3.7可以看出,042664与170000经过位与运算后,得到八进制040000,说明st_mode值对应的文件是一个目录文件。

3. st_mode中一些宏定义

为了对文件的st_mode值操作方便,Linux系统在/usr/include/sys/stat.h文件中定义了一些宏,这些宏中包括了文件类型和权限掩码的定义和应用。

下面是关于文件类型和特殊位的宏定义:

```
#define S_IFMT   00170000      //文件类型掩码
#define S_IFSOCK 0140000       //文件类型:套接字
#define S_IFLNK  0120000       //文件类型:链接
#define S_IFREG  0100000       //文件类型:普通文件
#define S_IFBLK  0060000       //文件类型:块设备
#define S_IFDIR  0040000       //文件类型:目录
#define S_IFCHR  0020000       //文件类型:字符设备
#define S_IFIFO  0010000       //文件类型:管道
#define S_ISUID  0004000       //文件的suid
#define S_ISGID  0002000       //文件的sgid
#define S_ISVTX  0001000       //文件的粘贴位
```

下面是判断文件权限的宏定义:

```
#define S_ISLNK(m)   (((m) & S_IFMT) == S_IFLNK)   //判断是否为链接文件
#define S_ISREG(m)   (((m) & S_IFMT) == S_IFREG)   //判断是否为普通文件
#define S_ISDIR(m)   (((m) & S_IFMT) == S_IFDIR)   //判断是否为目录文件
#define S_ISCHR(m)   (((m) & S_IFMT) == S_IFCHR)   //判断是否为字符设备文件
#define S_ISBLK(m)   (((m) & S_IFMT) == S_IFBLK)   //判断是否为块设备文件
#define S_ISFIFO(m)  (((m) & S_IFMT) == S_IFIFO)   //判断是否为管道文件
#define S_ISSOCK(m)  (((m) & S_IFMT) == S_IFSOCK)  //判断是否为套接字文件
```

下面是文件权限的宏定义:

```
#define S_IRWXU 00700          //所有者权限掩码
```

```
#define S_IRUSR 00400        //所有者读权限
#define S_IWUSR 00200        //所有者写权限
#define S_IXUSR 00100        //所有者执行权限
#define S_IRWXG 00070        //所属组成员权限掩码
#define S_IRGRP 00040        //所属组成员读权限
#define S_IWGRP 00020        //所属组成员写权限
#define S_IXGRP 00010        //所属组成员执行权限
#define S_IRWXO 00007        //其他用户权限掩码
#define S_IROTH 00004        //其他用户读权限
#define S_IWOTH 00002        //其他用户写权限
#define S_IXOTH 00001        //其他用户执行权限
```

3.3 文件的读写

在 Linux 操作系统中,提供了对文件 I/O 操作的两类接口,分别是 I/O 系统调用接口和标准 I/O 库函数接口,它们的关系如图 3.8 所示。直接 I/O 系统调用,遵守 POSIX 标准,是 Linux 操作系统自身提供的系统调用函数,如 open、read、write 和 close 等函数,这些函数的使用方法可以在 Shell 下输入"man 2 ＜函数名＞"命令获取。直接进行 I/O 系统调用的可移植性差,只能在遵循 POSIX 标准的类 UNIX 环境中直接使用。标准 I/O 库函数是由 ANSI 标准提供的标准 I/O 库函数,如 fopen、fread、fwrite 和 fclose 等函数,这些函数的使用方法可以在 Shell 下输入"man 3 ＜函数名＞"命令获取,这些库函数是对直接 I/O 系统调用的封装,其在访问文件时根据需要设置了不同类型的缓冲区,从而减少直接 I/O 系统调用的次数,提高访问效率。但这需要系统下有相应的库支持,另外,对于特殊操作只能使用直接 I/O 操作。

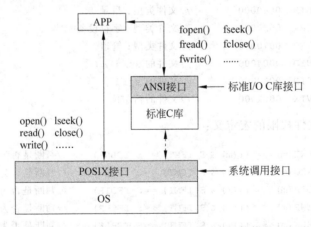

图 3.8 I/O 系统调用和标准 I/O 库函数关系

无论是直接 I/O 系统调用(POSIX 接口,系统 I/O)还是标准 I/O 库函数(ANSI 接口,标准 I/O),都是为应用程序服务的 I/O 接口,只是工作在不同的层次,用户可以根据实际需要调用相应的接口完成应用的需求。

3.3.1 文件打开、创建和关闭

1. open 系统调用

对某一个文件进行操作之前,首先必须"打开"它,系统调用 open 用来打开或创建一个文件,并返回一个文件描述符,其他的函数可以通过文件描述符指定文件进行读取与写入操作。在 Shell 下输入"man 2 open"可以获取该函数的原型。open 系统调用接口规范说明如表 3.2 所示。

表 3.2 open 函数的接口规范说明

函数名称	open
函数功能	打开或创建文件
头文件	#include <sys/types.h> #include <sys/stat.h> #include <fcntl.h>
函数原型	int open(const char * pathname, int flags); int open(const char * pathname, int flags, mode_t mode);
参数	pathname:要打开或创建的含路径的文件名 flags:文件状态标志,表示打开文件的方式 mode:如果文件被新建,指定其权限为 mode(八进制表示法)
返回值	大于或等于 0 的整数:成功(即文件描述符) -1:失败

说明:

对 open 函数而言,仅当创建新文件时才使用 mode 参数。

flags 参数可以用来说明 open 函数的多个选择,参数值可分为两类,一类是主标志,一类是副标志。用下列一个或多个标志常量进行"或"运算构成 flags 参数(这些常量在头文件<fcntl.h>中定义)。下面对这两类标志常量做详细的介绍。

(1) 主标志如下:

- O_RDONLY:以只读方式打开文件。
- O_WRONLY:以只写方式打开文件。
- O_RDWR:以可读可写方式打开文件。

主标志是互斥的,使用其中一种则不能再使用另外一种。除了主标志以外,还有副标志可与它们配合使用,副标志可同时使用多个,使用时在主标志和副标志之间加入按位与(|)运算符。

(2) 副标志如下:

- O_CREAT:如果文件不存在,则创建该文件,只有在此时,才需要用到第三个参数 mode,以说明新文件的存取权限。
- O_EXCL:如果 O_CREAT 也被设置,此指令会去检查文件是否存在。文件若不存在则创建该文件,若文件已存在将导致打开文件出错。
- O_TRUNC:若文件存在并且以写的方式打开时,此标志将文件长度清为 0,即源文件中保存的数据丢失,但文件属性不变。
- O_APPEND：所写入的数据以追加的方式加入到文件后面。
- O_NOCTTY：如果文件为终端,那么终端不可以作为调用 open()系统调用的那个进程的控制终端。
- O_CLOEXEC：把 FD_CLOEXEC 常量设置为文件描述符标志。
- O_DIRECTORY：如果 pathname 引用的不是目录,则出错。
- O_NOFLLOW：如果 pathname 引用的是一个符号链接,则出错。
- O_NONBLOCK：如果 pathname 引用的是一个 FIFO、一个块特殊文件或一个字符特殊文件,则此选项为文件的本次打开操作和后续的 I/O 操作设置非阻塞方式。

新建文件操作可以在 open 函数中加入 O_CREAT 副标志实现,创建新文件时还可以通过参数 mode 设置文件的权限。参数 mode 含义与 3.2.5 节中的 st_mode 相同。

系统调用 open 可以用来打开普通文件、块设备文件、字符设备文件、链接文件和管道文件,但只能用来创建普通文件,创建特殊文件需要使用特定的函数。

成功调用 open 后会返回一个文件描述符,若有错误发生则返回－1,并把错误代码赋给 errno。详细的错误代码说明可以参考 man 手册。

2. creat 系统调用

创建文件还可以通过系统调用 creat 来完成。creat 的接口规范说明如表 3.3 所示。

表 3.3　creat 函数的接口规范说明

函数名称	creat
函数功能	打开或创建文件
头文件	#include <sys/types.h> #include <sys/stat.h> #include <fcntl.h>
函数原型	int creat(const char * pathname, mode_t mode);
参数	pathname：要打开或创建的含路径的文件名 mode：设置新文件的权限
返回值	大于或等于 0 的整数：成功(即文件描述符) －1：失败

说明：

creat 只能以只写的方式打开创建的文件,creat 无法创建设备文件,设备文件的创建要使用 mknod 函数。

creat 函数的第一个参数 pathname 是要打开或创建的文件名,如果 pathname 指向的文件不存在,则创建一个新文件;如果 pathname 指向的文件存在,则原文件将被新文件覆盖。

第二个参数 mode 与 open 函数含义相同。creat 相当于这样使用 open：

　　int open(const char * pathname, (O_CREAE|O_WRONLY|O_TRUNC));

成功调用 creat 后会返回一个文件描述符,若有错误发生则会返回－1,并把错误代码赋给 errno。

3. close 系统调用

系统调用 close 用来关闭一个已经打开的文件。在对文件操作完成之后,不再使用时,需要通过 close 函数关闭已经打开的文件并释放相应的资源,防止内核为继续维护它而付出不必要的代价。close 系统调用接口规范说明如表 3.4 所示。

表 3.4 close 函数的接口规范说明

函数名称	close
函数功能	打开或创建文件
头文件	#include <unistd.h>
函数原型	int close(int fd);
参数	fd:即将要关闭的文件描述符
返回值	0:成功 -1:失败

在示例程序 3.1 中,示范了如何使用 open、creat、close 函数。

[示例程序 3.1 open_creat.c]

```c
#include<sys/stat.h>
#include<fcntl.h>
#include<unistd.h>
#include<errno.h>
#include<string.h>

int main()
{
    int fd;
    if((fd=open("test3_1.c",O_CREAT|O_EXCL,S_IRUSR|S_IWUSR))==-1)
    {
        //if((fd=creat("test3_1.c",S_IRWXU))==-1{
        perror("open() error.");
        //printf("open:%s with errno:%d\n",strerror(error),errno);
        exit(1);
    }
    else
    {
        printf("create file success\n");
    }
    close(fd);
    return 0;
}
```

示例程序 3.1 使用 open 系统调用在当前目录下创建一个名为 test3_1.c 的文件,且新文件的存取权限为所有者可读可写,随后关闭该文件。执行结果如下:

```
root@ubuntu:~#./open_creat
fd: 3
create file success
root@ubuntu:~#ls -l open_creat.c
-rw-r--r--1 root root 388  3月 27 15:47 open_creat.c
```

从运行结果中可以看到,第一次执行该程序成功地创建了文件 test3_1.c,且该文件的访问权限也符合预期,使用 open 函数打开文件 test3_1.c 返回的文件描述符是 3,那么再次执行该程序结果又会是怎样呢? 再次运行程序,结果如下:

```
root@ubuntu:~#./open_creat
open() error.: File exists
```

这是因为在调用 open 时,同时设置了 O_CREAT 和 O_EXCL 标志,则当文件存在时,open 调用失败,系统将错误代码设置成 EEXIST,表示文件已经存在。

把"perror("open() error.");"这一行代码注释掉,取消下一行的注释,重新编译并运行程序,可以得到如下结果:

```
root@ubuntu:~#  ./open_creat
open:File exists with errno:17
```

如果要从错误代码获取相应的错误描述,可以使用这种办法,使用时注意包含头文件 errno.h。

将程序中调用 open 函数的代码注释掉,取消调用 creat 函数的注释,第二次执行该程序就不会报错了,因为对于 creat 而言,将会覆盖已存在的文件。

注意:重复关闭一个已经关闭了的文件或尚未打开的文件是安全的。

3.3.2 文件的读写

1. read 系统调用

read 系统调用用来从打开的文件中读取数据,其接口规范说明如表 3.5 所示。

表 3.5 read 函数的接口规范说明

函数名称	read
函数功能	从指定文件中读取数据
头文件	#include <unistd.h>
函数原型	ssize_t read(int fd, void * buf, size_t count);
参数	fd:从文件 fd 读数据 buf:指向存放读到的数据的缓冲区 count:从文件 fd 中读取的字节数
返回值	实际读到的字节数:成功(实际读到的字节数小于或等于 count) 失败:-1

说明：

read 函数从文件描述符 fd 所指向的文件中读取 count 个字节的数据到 buf 所指向的缓冲区中。若参数 count 为 0 时，则 read 函数不会读取数据，只返回 0。返回值表示实际读取到的字节数，如果返回为 0，表示已到达文件尾或是无可读取的数据，此外文件读写指针会随读取到的字节移动。如果 read 函数顺利返回实际读到的字节数，最好能将返回值与 count 作比较，若返回的字节数比要求读取的字节数少，则有可能读到了文件末尾或者 read 函数被信号中断了读取过程，或是其他原因。

当有错误发生时返回 -1，错误代码存入 errno 变量中，详细错误代码说明请参考 man 手册。

2. write 系统调用

write 系统调用用来将数据写入已打开的文件中，其接口规范说明如表 3.6 所示。

表 3.6 write 函数的接口规范说明

函数名称	write
函数功能	将数据写入指定的文件
头文件	#include <unistd.h>
函数原型	ssize_t write(int fd, void * buf, size_t count);
参数	fd：将数据写入文件 fd 中 buf：指向要写入 fd 的数据所在的缓冲区 count：写入的字节数
返回值	实际写入的字节数：成功 -1：失败

说明：

write 函数将 buf 所指向的缓冲区中的 count 个字节数据写入到由文件描述符 fd 所指示的文件中。当然，文件读写指针也会随之移动。如果调用成功，write 函数会返回写入的字节数。当有错误发生时则返回 -1，错误代码存入 errno 中。详细的错误代码说明请参考 man 手册。

注意：

- read 函数和 write 函数实际读/写字节数要通过返回值来判断，参数 count 只是一个"愿望值"。
- 读/写操作都会对内核中表示文件偏移位置的 f_pos 起作用，文件的位置偏移量都会加上实际读写的字节数，不断地往后偏移。

3. fcntl 系统调用

fcntl 系统调用可以用来对已打开的文件描述符进行各种控制操作以改变已打开文件的各种属性，例如，可以重新设置文件的读、写、追加、非阻塞等标志。fcntl 系统调用接口规范说明如表 3.7 所示。

说明：

fcntl 的功能依据 cmd 值的不同而不同，cmd 具体有以下几种功能。

(1) F_DUPFD：表示复制由 fd 指向的文件描述符。调用成功返回新的文件描述符，失败返回-1，错误代码存入 errno 中。

表 3.7 fcntl 函数的接口规范说明

函数名称	fcntl
函数功能	文件控制
头文件	#include <unistd.h> #include <fcntl.h>

函数原型	int fcntl(int fd, int cmd);
	int fcntl(int fd, int cmd, long arg);
	int fcntl(int fd, int cmd, struct flock * lock);

参数	fd：要控制的文件的描述符 cmd：控制命令字 变参：根据不同的命令字而不同
返回值	根据不同的 cmd，返回值不同：成功 -1：失败

(2) F_DUPFD_CLOEXEC：作用和 F_DUPFD 一样，但新复制的描述符的 FD_CLOEXEC 状态会被设置为 1。

(3) F_GETFD：fcntl 用来获取文件描述符的 close-on-exec 标志。调用成功返回标志值，若此标志值的最后一位是 0，则该标志没有设置，即意味着在执行 exec 相关函数后文件描述符仍保持打开；否则在执行 exec 相关函数时将关闭该文件描述符；调用失败返回-1。

(4) F_SETFD：fcntl 用来将文件描述符的 close-on-exec 标志设置为第三个参数 arg 的最后一位。成功返回 0，失败返回-1。

(5) F_GETFL：fcntl 用来获得文件打开的方式，即获取文件状态标志 flags。成功返回标志值，失败返回-1。标志值的含义同 open 系统调用一致。

(6) F_SETFL：fcntl 用来将文件打开的方式 flags 设置为第三个参数 arg 指定的方式。在 Linux 系统只能选择将 flags 设置为 O_APPEND、O_NONBLOCK 或 O_ASYNC，它们的含义同 open 系统调用一致。

下面通过示例语句来说明 fcntl 的基本用法。

```
flags=fcntl(fd,F_GETFL,0);          //获取文件的 flags
fcntl(fd,F_SETFL, flags);           //设置文件的 flags

//将文件设置为非阻塞状态
flags=fcntl(fd,F_GETFL,0);
flags|=O_NONBLOCK;
fcntl(fd,F_SETFL,flags);

//将文件设置为阻塞状态
flags=fcntl(fd,F_GETFL,0);
```

```c
flags&=~O_NONBLOCK;
fcntl(fd,F_SETFL,flags);
```

示例程序 3.2 使用 fcntl 函数设置和获取文件打开方式、文件状态标志 flags。

[示例程序 3.2 fcntl_demo.c]
```c
#include<stdio.h>
#include<unistd.h>
#include<fcntl.h>
#include<sys/types.h>
#include<sys/stat.h>

void my_err(const char * err_string,int line)
{
    fprintf(stderr,"line: %d",line);
    perror(err_string);
    exit(1);
}

int main()
{
    int ret;
    int access_mode;
    int fd;

    if((fd=open("hello.c",O_CREAT|O_TRUNC|O_RDWR,S_IRWXU))==-1)
    {
        my_err("open",__LINE__);
    }
    if((ret=fcntl(fd,F_SETFL,O_APPEND))<0)
    {
        my_err("fcntl",__LINE__);
    }
    if((ret=fcntl(fd,F_GETFL,0))<0)
    {
        my_err("fcntl",__LINE__);
    }
    access_mode=ret&O_ACCMODE;

    if(access_mode==O_RDONLY)
    {
        printf("hello.c access mode: read only");
    }
    if(access_mode==O_WRONLY)
    {
```

```
            printf("hello.c access mode: write only");
        }
        if(access_mode==O_RDWR)
        {
            printf("hello.c access mode: read+write");
        }
        if(ret & O_APPEND)
        {
            printf(",append");
        }
        if(ret & O_NONBLOCK)
        {
            printf(",nonblock");
        }
        printf("\n");
        return 0;
}
```

编译该程序并运行,得到结果如下:

```
root@ubuntu:~#./fcntl_demo
hello.c access mode: read+write,append
```

使用 fcntl 函数还可以给文件上锁。由于 Linux 是多用户操作系统,存在多个用户共同使用和操作同一个文件的需求,这时需要给这个共享文件上锁,以避免共享的资源产生竞争,导致数据读写错误。

在 Linux 系统中,给文件上锁可以使用记录锁。记录锁可分为建议性锁和强制性锁,flock 系统调用可以给文件加建议性锁,fcntl 系统调用可以给文件加强制性锁。

当一个文件被加上强制性锁后,内核将阻止多于 1 个以上的进程对共享文件进行读写操作,从而保证多个用户对共享文件操作的互斥性。

当 fcntl 系统调用用于管理文件记录锁的操作时,第三个参数指向一个 struct flock *lock 的结构,flock 结构体定义如下所示:

```
struct flock
{
    short l_type;       /*锁类型,有 F_RDLCK、F_WRLCK 和 F_UNLCK 类型*/
    short l_whence;     /*偏移量的起始位置:SEEK_SET, SEEK_CUR, or SEEK_END*/
    off_t l_start;      /*相对于 l_whence 的偏移值,单位为字节*/
    off_t l_len;        /*长度,单位为字节;0 意味着缩到文件结尾*/
    pid_t l_pid;        /*锁的属主进程*/
};
```

l_type 用来指定锁类型,F_RDLCK 为共享锁,又称为读锁,意味着允许多个进程不需要互斥地读文件;而 F_WRLCK 为互斥锁,又称为写锁,意味着多个进程对同一文件写操作时需要互斥;F_UNLCK 为解锁,加锁后必须解锁。

锁的设置对多个进程是不兼容的，即多个进程对同一文件设置加锁操作时，如果在一个字节上已经有一把互斥性锁，则不能再对它加任何的读锁。并且对于一个进程而言，如果某一文件区域已经存在文件记录锁了，此时再设置新锁在该区域的话，旧锁将会被新锁取代。一个进程只能设置某一文件区域上的一种锁。

l_whence、l_start 和 l_len 共同来确定需要进程文件记录锁操作的区域。l_whence 可取值为 SEEK_SET、SEEK_CUR 和 SEEK_END，分别代表文件开始位置、文件当前位置、文件末尾位置。l_start 表示锁区域相对于 l_whence 的偏移量，可以是负数。l_len 是锁区域的长度。如果 l_len 为 0，则表示锁的区域从其起点（由 l_start 和 l_whence 决定）开始直至最大的可能位置为止都处于锁的范围。通常将 l_start 设置为 0；l_whence 设置为 SEEK_SET；l_len 设置为 0，表示锁整个文件。

(7) F_SETLK：根据 l_type 的值，设置锁和释放锁。l_type 为 F_RDLCK 时表示为共享锁，l_type 为 F_WRLCK 时表示为互斥锁，l_type 为 F_UNLCK 表示为解锁。如果锁被其他进程占用，则返回-1 并设置 errno 为 EACCESS 或 EAGAIN。

当锁设置为共享锁时，fd 所指向的文件必须以只读方式打开；当锁设置为互斥锁时，fd 所指向的文件必须以可写方式打开。当设置共享和互斥两种锁时，fd 所指向的文件必须以可读写方式打开。当进程结束或文件被 close 系统调用时，锁自动释放。

(8) F_GETLK：判断由第三个参数 lock 所描述的锁是否会被另一把锁排斥。如果存在一把锁，它阻止创建由 lock 所描述的锁，则现有锁的信息将重写 lock 指向的信息。如果不存在这种情况，则除了将 l_type 设置为 F_UNLCK 之外，lock 所指向结构中的其他信息保持不变。

cmd 取(7)和(8)时，执行成功返回 0，当有错误发生时返回-1，错误代码存入 errno 中，详细的错误代码说明参考 man 手册。

下面通过示例程序 3.3 演示如何使用 fcntl 系统调用来实现对共享文件上锁和解锁。

[示例程序 3.3 fcntl_lock_demo.c]
```c
#include<stdio.h>
#include<unistd.h>
#include<fcntl.h>
#include<sys/types.h>
#include<sys/stat.h>
#include<string.h>

void lock_set(int fd, int type)
{
    struct flock lock;
    lock.l_whence=SEEK_SET;
    lock.l_start=0;
    lock.l_len=0;

    while(1)
    {
```

```c
            lock.l_type=type;

            if(fcntl(fd,F_SETLK,&lock)==0)
            {
                if(lock.l_type==F_RDLCK)
                    printf("加上读取锁的是：%d 进程\n",getpid());
                else if(lock.l_type==F_WRLCK)
                    printf("加上写入锁的是：%d 进程\n",getpid());
                else if(lock.l_type==F_UNLCK)
                    printf("释放强制性锁的是：%d 进程\n",getpid());
                return ;
            }
            else
            {
                perror("锁操作失败\n");
                //return ;
            }

            if(fcntl(fd,F_GETLK,&lock)==0)
            {
                if(lock.l_type !=F_UNLCK)
                {
                    if(lock.l_type==F_RDLCK)
                        printf("文件已经加上了读取锁,其进程号是： %d\n",lock.l_pid);
                    else if(lock.l_type==F_WRLCK)
                        printf("文件已经加上了写入锁,其进程号是： %d\n",lock.l_pid);
                    getchar();
                }
            }
            else
            {
                perror("锁状态读取失败\n");
                return ;
            }
        }
}

int main()
{
    int fd;
    fd=open("hello_lck.c",O_RDWR|O_CREAT ,0666);
    if(fd<0)
    {
```

```
        perror("打开出错");
        exit(1);
    }

    lock_set(fd,F_WRLCK);
    getchar();
    lock_set(fd,F_UNLCK);
    getchar();
    lock_set(fd,F_RDLCK);
    getchar();
    lock_set(fd,F_UNLCK);
    close(fd);
    exit(0);
}
```

将示例程序 3.3 编译后运行,输出结果如下:

```
root@ubuntu:~#./fcntl_lock_demo
加上写入锁的是：5788 进程
释放强制性锁的是：5788 进程
加上读取锁的是：5788 进程
释放强制性锁的是：5788 进程
```

从上面的运行结果来看,示例程序对编号为 5788 的进程进行了设置写锁、释放写锁、设置读锁和释放写锁的操作。进程 fcntl_lock_demo 通过 fcntl(fd,F_SETLK,&lock)语句实现了上锁和解锁的设置。

为了演示设置锁实现多进程对共享资源(文件)的互斥访问效果,在第一个终端上运行程序,结果如下:

```
root@ubuntu:~#./fcntl_lock_demo
加上写入锁的是：5844 进程
```

结果说明编号 5844 进程对 hello.c 文件加上了写入锁。

此时,再开启另一个终端,运行程序结果如下:

```
root@ubuntu:~#./fcntl_lock_demo
锁操作失败
: Resource temporarily unavailable
文件已经加上了写入锁,其进程号是：5844
```

这个运行结果说明,在第二个终端上 5854 号进程设置写锁失败,因为"文件已经加上了写入锁,其进程号是：5844"。

第一个终端继续运行程序,当输出如下的信息时,表示释放了强制性锁。

```
root@ubuntu:~#./fcntl_lock2_demo
加上写入锁的是：5844 进程
```

释放强制性锁的是：5844 进程

此时再次在第二个终端中运行程序，结果显示如下，说明第二终端进程 5845 可以加写入锁了。

```
root@ubuntu:~#./fcntl_lock2_demo
锁操作失败
: Resource temporarily unavailable
文件已经加上了写入锁，其进程号是：5844
加上写入锁的是：5845 进程
释放强制性锁的是：5845 进程
加上读取锁的是：5845 进程
```

3.3.3 文件读写指针的移动

lseek 系统调用

对文件进行读写时，会使用到文件的读写指针，这个指针就是文件的"当前文件偏移量"。它通常是一个非负整数，用以度量当前读写位置相对于文件开始处偏移的字节数。以读或写方式打开文件时，文件读写指针指向文件的起始处，若是以追加方式（O_APPEND）打开文件，则在文件尾部。读/写操作都从当前文件读写指针位置开始，并使文件读写指针的位置增加所读写的字节数。lseek 函数用来修改文件的读写指针位置，可以支持文件的随机读写。lseek 系统调用接口规范说明如表 3.8 所示。

表 3.8 lseek 函数的接口规范说明

函数名称	lseek
函数功能	调整文件偏移量位置
头文件	#include <sys/types.h> #include <unistd.h>
函数原型	off_t lseek(int fd, off_t offset, int whence);
参数	fd：要调整偏移量位置的文件的描述符 offset：新偏移量位置相对基准点的偏移 whence 可能值为： • SEEK_SET：文件开头处 • SEEK_CUR：当前位置 • SEEK_END：文件的末尾处
返回值	新文件位置偏移量：成功 —1：失败

说明：

对参数 offset 的解释与参数 whence 的值有关。

- 若 whence 是 SEEK_SET，则将该文件的偏移量设置为距文件开始处 offset 个字节。
- 若 whence 是 SEEK_CUR，则将该文件的偏移量设置为其当前位置加 offset，offset 可为正或负。

- 若 whence 是 SEEK_END,则将该文件的偏移量设置为文件长度加 offset,offset 可正可负。

offset 的值对某些设备可能允许负的偏移量,所以在判断 lseek 调用是否成功时应当谨慎,不要测试它是否小于 0,而是要测试它是否等于 −1。

若 lseek 成功执行,则返回新的文件偏移量,可以用以下的代码来确定文件当前的偏移量。

```
off_t    currpos;
currpos=lseek(fd, 0, SEEK_CUR);
```

这种方法也可以确定所使用的文件是否可以设置偏移量。lseek 函数只对普通文件有效,特殊文件是无法调整偏移量的。如果文件描述符指向的是一个管道或网络套接字,则 lseek 函数返回 −1,并将 errno 设置为 ESPIPE。

lseek 函数仅将当前的文件偏移量记录在内核中,它并不引起任何 I/O 操作。然后,该偏移量将用于下一个读或写的操作。文件偏移量可以大于文件的当前长度,在这种情况下,对文件的下一次写操作将加长该文件,并在文件中构成一个空洞,这个操作在 Linux 系统中是允许的,位于文件中但没有写过的字节都被读为 0。文件中的空洞并不要求在磁盘上占用存储区。

示例程序 3.4 使用 lseek 函数在文件中产生了一个空洞。

[示例程序 3.4 holefor_redirect.c]
```
#include<sys/types.h>
#include<unistd.h>
#include<errno.h>
#include<fcntl.h>

char    buf1[]="abcd";
char    buf2[]="ABCD";

int main(void)
{
    int fd;

    if ((fd=open("file.hole",O_RDWR|O_CREAT|O_TRUNC,0644))==-1)
        perror("creat error");

    if (write(fd,buf1,4)!=4)
        perror("buf1 write error");
     /* offset now=4 */


    if(lseek(fd,200,SEEK_CUR)==-1)
        perror("lseek error");
```

```
        /* offet now=204 */

    if(write(fd,buf2,4)!=4)
        perror("buf2 write error");
     /* offset now=208 */

    close(fd);
    return 0;
}
```

示例程序中第一次使用 write 函数将文件 file.hole 的读写指针定位到 4,随后调用 lseek 函数将读写指针向后偏移 200 字节,即定位到 204,接着再次调用 write 函数将读写指针定位到 208。编译并运行程序后观察 file.hole 文件的情况如下:

```
root@ubuntu:#ls -l file.hole
-rw-r--r--1 root root 208   3月 27 22:23 file.hole
```

从结果中可以看到,文件 file.hole 的大小为 208 字节。对该文件执行 od 命令得到:

```
root@ubuntu:3#od -c file.hole
0000000   a   b   c   d  \0  \0  \0  \0  \0  \0  \0  \0  \0  \0  \0  \0
0000020  \0  \0  \0  \0  \0  \0  \0  \0  \0  \0  \0  \0  \0  \0  \0  \0
*
0000300  \0  \0  \0  \0  \0  \0  \0  \0  \0  \0  \0  \0   A   B   C   D
0000320
```

od 命令后的选项-c 表示以字符方式输出文件内容。从中可以看出,文件中间的 200 个未写入字节都被读为 0。每一行开始的 7 位数是以八进制形式表示的字节偏移量。

3.3.4 标准 I/O 的文件流

标准 I/O 库提供了许多与标准 I/O 操作相关的函数。使用标准 I/O 函数访问文件的流程与使用 POSIX I/O 函数访问文件的流程类似:首先需要打开一个文件以建立一个访问路径,打开操作的返回值将作为其他 I/O 库函数的参数对文件进行访问或关闭。在标准 I/O 库中,每个被访问的文件将会与一个称为流(stream)的指针关联,在 C 程序中流的类型为 FILE 类型的指针。可用的文件流数量和文件描述符一样,都是有限制的。实际的限制由头文件 stdio.h 中声明的宏 FOPEN_MAX 来定义,在 Linux 系统中通常是 16。

在启动程序时,系统将会自动打开 stdin、stdout、stderr 这三个文件流,它们的定义位于 stdio.h 头文件,分别代表标准输入、标准输出和标准错误,与文件描述符 0、1、2 相对应。每个进程默认从标准输入流中读数据、向标准输出流输出信息,向标准错误输出流写错误信息。

1. fopen 函数

fopen 函数用于打开文件,调用 fopen 函数成功后,将会建立流指针与文件的关联,其接口规范说明如表 3.9 所示。

表 3.9 fopen 函数的接口规范说明

函数名称	fopen
函数功能	获取指定文件的文件指针
头文件	#include <stdio.h>
函数原型	FILE * fopen(const char * path, const char * mode);
参数	path：要打开含路径的文件名 mode：文件打开的方式
返回值	指向 FILE 的指针：成功 NULL：失败

说明：

参数 mode 用来说明文件的打开方式，它可以取下列某个字符串的值。

- "r"或"rb"：以只读方式打开文件，该文件必须存在，文件不存在则打开失败。
- "r+"或"rb+"或"r+b"：以读/写方式打开文件，该文件必须存在，文件不存在则打开失败。
- "w"或"wb"：以只写方式打开文件，如果文件不存在会创建新文件，如果存在会将其内容清空。
- "w+"或"wb+"或"w+b"：以读/写方式打开文件，如果文件不存在会创建新文件。如果存在会将其内容清空。
- "a"或"ab"：以只写方式打开文件，如果文件不存在会创建新文件，且文件位置偏移量被自动定位到文件末尾（即以追加方式写数据），文件原先的内容会被保留。
- "a+"或"ab+"或"a+b"：以读/写方式打开文件，如果文件不存在会创建新文件，且文件位置偏移量被自动定位到文件末尾（即以追加方式写数据），文件原先的内容会被保留。

字母 b 表示文件是一个二进制文件而不是文本文件。

返回的文件指针是一个指向 FILE 结构体的指针，该结构定义如下。

```
//come from stdio.h
typedef struct _IO_FILE FILE;

//come from libio.h
struct _IO_FILE {
    int _flags;       /* High-order word is _IO_MAGIC; rest is flags. */
    #define _IO_file_flags _flags

    /* The following pointers correspond to the C++ streambuf protocol. */
    /* Note:  Tk uses the _IO_read_ptr and _IO_read_end fields directly. */
    char* _IO_read_ptr;    /* Current read pointer */
    char* _IO_read_end;    /* End of get area. */
    char* _IO_read_base;   /* Start of putback+get area. */
    char* _IO_write_base;  /* Start of put area. */
    char* _IO_write_ptr;   /* Current put pointer. */
    char* _IO_write_end;   /* End of put area. */
```

```
        char*  _IO_buf_base;       /* Start of reserve area. */
        char*  _IO_buf_end;        /* End of reserve area. */
           ...
        int _fileno;
           ...
};
```

在 FILE 结构体定义中，_fileno 即文件描述符，同时 FILE 结构体中还提供了一组 char 类型的指针用来管理数据缓冲区。文件指针和文件描述符的关系如图 3.9 所示。

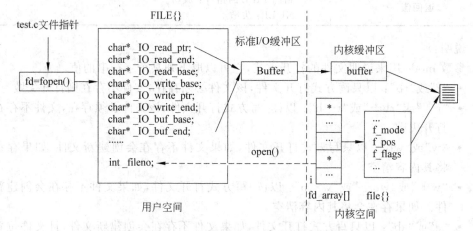

图 3.9　文件指针和文件描述符的关系

可以看到，使用标准 I/O 函数处理文件的最大特点是：数据将会先存储在一个标准 I/O 缓冲区中，而后在一定条件下才被冲洗（flush）至内核缓冲区中，而不是像系统 I/O 那样，数据直接被冲洗至内核。

标准 I/O 函数 fopen 实质上是系统 I/O 函数 open 的封装，它们是一一对应的，每一次 fopen 都会导致系统分配一个 file 结构体和一个 FILE 结构体来保存维护该文件的读/写信息，每一次的打开操作都不一样，是相对独立的，因此可以在多线程或多进程中多次打开同一个文件。使用 fdopen 和 fileno 函数可以实现 FILE 类型文件指针和文件描述符之间的互相转换。

2. fclose 函数

fclose 函数类似于系统调用 close。在完成文件的读写操作后，可使用 fclose 函数以流对象为参数关闭文件。fclose 在关闭文件之前，会将缓冲区中的相关内容冲洗到对应的文件中。只要程序是正常退出的，即使没有调用 fclose 函数，Linux 系统也能保证冲洗操作正确执行。fclose 函数接口规范说明如表 3.10 所示。

表 3.10　fclose 函数的接口规范说明

函数名称	fclose
函数功能	关闭指定文件并释放其资源
头文件	#include <stdio.h>

续表

函数原型	int * fclose(FILE * fp);
参数	fp：即将要关闭的文件
返回值	0：成功 EOF：失败

3. fileno 函数

fileno 函数可以从 FILE 类型结构体中获取文件描述符。该函数的参数为 FILE 类型的结构体指针变量，该指针即打开文件时获得的文件流指针，执行成功后，将会返回一个文件描述符，这个文件描述符和参数的文件流指针指向同一个打开的文件。fileno 函数的接口规范说明如表 3.11 所示。

表 3.11 fileno 函数的接口规范说明

函数名称	fileno
函数功能	获取文件描述符
头文件	#include <stdio.h>
函数原型	int fileno(FILE * stream);
参数	stream：文件的流指针
返回值	>-1：成功（文件描述符） -1：失败

读者可以通过示例程序 3.5 来学习 fileno 函数的使用方法。

[示例程序 3.5 exp_fileno.c]

```
#include<stdio.h>
main()
{
    printf("File no of stdin is:\t%d\n", fileno(stdin));
    printf("File no of stdout is:\t%d\n", fileno(stdout));
    printf("File no of stderr is:\t%d\n", fileno(stderr));
    return 0;
}
```

在示例程序 3.5 中，程序调用 fileno 函数获取三个标准 I/O 设备的文件描述符，其运行结果如下：

```
root@ubuntu:~#gcc fileno_exp.c -o fileno_exp
root@ubuntu:~#./fileno_exp
stdin is:     0
stdoutis:     1
stderr is:    2
```

即标准输入设备的文件描述符为 0，标准输出设备的文件描述符为 1，标准错误设备的文件描述符为2。在此头文件正确头文件中可以查找到Linux系统对于这三个标准设备的说明如下。可以看到系统对标准设备文件的说明和示例程序3.5的运行结果完全一致。

```
//come from /usr/include/unistd.h
/* Standard file descriptors. */
#define STDIN_FILENO    0   /* Standard input. */
#define STDOUT_FILENO   1   /* Standard output. */
#define STDERR_FILENO   2   /* Standard error output. */
```

4. fdopen 函数

fdopen函数会返回一个与参数fd所指文件相关联的文件流指针，第二个参数mode表示该文件流的模式，即文件的使用方式。参数mode的类型为字符指针，可选的字符串值与fopen函数中mode可选的值相同，各字符串的含义也一样。但是要注意，fdopen函数中的mode必须与参数fd的使用方式是兼容的。在使用fd产生了文件流指针之后，该流指针的读写位置与文件描述符fd一致，关闭文件时，使用close函数关闭fd所指文件将会导致相应文件流指针也不可再继续使用。使用fclose函数关闭文件流指针同样也会使文件描述符fd与文件失去联系。fdopen函数的接口规范说明如表3.12所示。

表 3.12　fdopen 函数的接口规范说明

函数名称	fdopen
函数功能	将文件描述符转换为流指针
头文件	#include <stdio.h>
函数原型	FILE * fdopen(int fd, char * mode);
参数	fd：文件描述符 mode：文件流的模式
返回值	非空值：成功 NULL：失败

示例程序3.6是一个使用fdopen创建文件流指针的示例。程序中使用open函数以只读方式打开了当前目录下的test.txt文件，将文件描述符赋给fd；随后使用fdopen函数通过fd创建了文件流指针stream。若创建成功，则fprintf函数使用流指针stream向文件写入字符串"This is to test fdopen."，紧接着使用fclose函数以stream为参数关闭了文件。最后输出使用close函数以fd为参数关闭文件时的返回值。

```
[示例程序3.6 exp_fdopen.c]
#include<stdio.h>
#include<fcntl.h>
#inlcude<sys/stat.h>
main()
{
    int fd;
```

```
FILE   * stream;
fd=open("test.txt",O_CREAT|O_WRONLY, S_IREAD|S_IWRITE);
stream=fdopen(fd,"w");
if(stream==NULL)
    printf("fdopen error.");
else
{
    fprintf(stream, "This is to test fdopen.\n");
    fclose(stream);
}
printf("return value of close=%d\n",close(fd));
return 0;
}
```

示例程序 3.6 的运行结果如下：

```
root@ubuntu:~#gcc fdopen_exp.c -o fdopen_exp
root@ubuntu:~#./fdopen_exp
return value=-1
root@ubuntu:~#cat test.txt
This is to test fdopen.
root@ubuntu:~#
```

从结果可以看出使用 fclose 函数关闭文件后，再使用 close 关闭文件产生了错误，使用 cat 命令查看 test.txt 文件的内容，可以看到，通过流指针将信息写入了文件，说明 fd 和 stream 与同一个文件产生了关联。有兴趣的读者可以尝试改造程序验证 fd 和 stream 的读写位置是相同的。

3.4 文件属性及相关系统调用

Linux 中的每个文件都有许多属性，这些属性描述了文件的一些特征或者记录了文件当前的状态信息，比如文件属性包含所有者的用户 id、文件的结点编号 i-node 和文件最近一次被访问的时间等。

3.4.1 获取文件属性

在程序中可以通过 stat/fstat/lstat 系统调用来获取文件的属性，其接口规范说明如表 3.13 所示。

表 3.13 stat/fstat/lstat 函数的接口规范说明

函数名称	stat/fstat/lstat
函数功能	获取文件属性

续表

头文件	#include <sys/types.h> #include <sys/stat.h> #include <unistd.h>

函数原型	int stat(const char * path, struct stat * buf);
	int fstat(int fd, struct stat * buf);
	int lstat(const char * path, struct stat * buf);

参数	path：文件路径 fd：文件描述符 buf：文件属性结构体
返回值	0：成功 NULL：失败

说明：

这 3 个系统调用功能类似，区别在于，stat 用于获取由参数 file_name 指定的文件名的状态信息，将获取的信息保存到参数 struct stat * buf 中。fstat 与 stat 的区别在于 fstat 通过文件描述符来指定文件。lstat 与 stat 的区别在于，对于符号链接文件，lstat 返回的是符号链接文件本身的状态信息，而 stat 返回的是符号链接指向的文件信息。

参数 struct stat * buf 是一个保存文件状态信息的结构体，结构的实际定义可能随具体实现有所不同，但其基本形式是：

```
struct stat
{
        dev_t         st_dev;
        ino_t         st_ino;
        mode_t        st_mode;
        nlink_t       st_nlink;
        uid_t         st_uid;
        gid_t         st_gid;
        dev_t         st_rdev;
        off_t         st_size;
        blksize_t     st_blksize;
        blkcnt_t      st_blocks;
        time_t        st_atime;
        time_t        st_mtime;
        time_t        st_ctime;
};
```

其中各个域的含义如下：

- st_dev：文件所在设备的 ID。
- st_ino：结点号 inode。
- st_mode：文件的类型和存取权限，它的含义与 open、write、chmod 函数的 mode 参数相同。

- st_nlink：连到此文件的链接数目(硬链接)。
- st_uid：文件所有者的用户 id。
- st_gid：文件所有者的组 id。
- st_rdev：设备编号,此文件为设备文件。
- st_size：文件大小,单位为字节,对符号链接,大小是其所指向的文件名的长度。
- st_blksize：文件系统的 I/O 缓冲区大小。
- st_blocks：占用数据块的个数,数据块大小通常为 512 个字节。
- st_atime：文件最近一次被访问的时间。
- st_mtime：文件最后一次修改的时间,一般只能调用 utime 和 write 函数时才会改变。
- st_ctime：文件最近一次被更改的时间,此参数在文件所有者、所属组、文件权限被更改时更新。

下面通过示例程序 3.7,演示如何获取文件的属性。

[示例程序 3.7 lstat_demo.c]

```c
#include<stdio.h>
#include<time.h>
#include<sys/stat.h>
#include<unistd.h>
#include<sys/types.h>
#include<errno.h>

int main(int argc,char *argv[])
{
    struct stat buf;
    char *ptr;
    //检查 main 函数参数个数
    if(argc!=2)
    {
        printf("Usage:lstat_demo<filename>\n");
        exit(0);
    }
    //获得文件属性
    if(lstat(argv[1],&buf)==-1)
    {
        perror("lstat error");
        exit(1);
    }
    //打印文件属性
    printf("device is: %d\n",buf.st_dev);
    printf("inod is: %d\n",buf.st_ino);
    printf("mode is: %d\n",buf.st_mode);
```

```c
            printf("number of hard links   is: %d\n",buf.st_nlink);
            printf("user ID of owner is: %d\n",buf.st_uid);
            printf("group ID of owner is: %d\n",buf.st_gid);
            printf("total size,in bytes is: %d\n",buf.st_size);
            printf("blocksizefor filesystem   is: %d\n",\buf.st_blksize);
            printf("number of blocks allocated is:   %d\n",buf.st_blocks);
            if(S_ISREG(buf.st_mode))
                ptr="regular";
            else if(S_ISDIR(buf.st_mode))
                ptr="directory";
            else if(S_ISCHR(buf.st_mode))
                ptr="character special";
            else if(S_ISBLK(buf.st_mode))
                ptr="block special";
            else if(S_ISFIFO(buf.st_mode))
                ptr="fifo";
            else if(S_ISLNK(buf.st_mode))
                ptr="symbolic link";
            else if(S_ISSOCK(buf.st_mode))
                ptr="socket";
            else
                ptr="** unknown mode**";
            printf("%s\n",ptr);
            return 0;
}
```

示例程序 3.7 编译后运行结果如下：

```
root@ubuntu:~#./lstat_demo   /dev/cdrom
device is: 6
inod is: 10695
mode is: 41471
number of hard links   is: 1
user ID of owner is: 0
group ID of owner is: 0
total size,in bytes is: 3
blocksize for filesystem I/O   is: 4096
number of blocks allocated is:   0
symbolic link
```

程序中使用了 lstat 函数是为了方便检测符号链接，若使用 stat 函数，则不会观察到符号链接。从上面程序的运行结果可以看出，设备 cdrom 也是作为文件来处理的，文件系统数据块大小为 4096 字节，因为 cdrom 是符号链接文件，因此并没有真实的数据，所以文件数据块数量为 0。

3.4.2 修改文件的访问权限

1. chmod/fchmod 系统调用

可以通过 chmod 和 fchmod 系统调用对文件的访问权限进行修改。chmod 和 fchmod 函数接口规范说明如表 3.14 所示。

表 3.14 chmod/fchmod 函数的接口规范说明

函数名称	chmod/fchmod
函数功能	修改文件访问权限
头文件	#include <sys/stat.h>
函数原型	int chmod(const char * path, mode_t mode); int fchmod(int fd, mode_t mode);
参数	path：要修改的文件含路径的文件名 fd：要修改文件对应的文件描述符 mode：修改的权限描述
返回值	0：成功 -1：失败

说明：

chmod/fchmod 的区别是 chmod 以文件名作为第一个参数，fchmod 以文件描述符为第一参数。权限更改成功返回 0，失败返回 -1，错误代码存放在系统预定义全局变量 errno 中，错误代码含义请参考 man 手册。

参数 mode 取如表 3.15 所示的几种组合，可以使用或"|"来进行权限的组合。例如，使用 chmod("hello.c", S_IRUSR|S_IWUSR|S_IWOTH)，可以将 hello.c 文件的访问权限设置为所有者读和写权限、其他用户为写权限。

表 3.15 参数 mode 的值

字符常量值	字符常量值对应的八进制值	含 义
S_IRUSR	00400	所有者读权限
S_IWUSR	00200	所有者写权限
S_IXUSR	00100	所有者执行权限
S_IRGRP	00040	所属组成员读权限
S_IWGRP	00020	所属组成员写权限
S_IXGRP	00010	所属组成员执行权限
S_IROTH	00004	其他用户读权限
S_IWOTH	00002	其他用户写权限
S_IXOTH	00001	其他用户执行权限
S_ISUID	04000	文件的 suid 位

续表

字符常量值	字符常量值对应的八进制值	含义
S_ISGID	02000	文件的 sgid 位
S_ISVTX	01000	文件的 sticky 位

利用 chmod 函数可以实现自己的简化版 chmod 命令。实现代码如示例程序 3.8 所示。

[示例程序 3.8 simple_chmod.c]
```c
#include<stdio.h>
#include<stdlib.h>
#include<sys/types.h>
#include<sys/stat.h>

int main(int argc, char **argv)
{
    int     mode;            //权限
    int     mode_u;          //所有者权限
    int     mode_g;          //所属组权限
    int     mode_o;          //其他用户的权限
    char    *path;

    /*检查参数个数的合法性*/
    if(argc<3)
    {
        printf("%s <mode number><target file>\n",argv[0]);
    }

    /*获取命令行参数*/
    mode=atoi(argv[1]);
    if(mode>777||mode<0)
    {
        printf("mode number error!\n");
        exit(0);
    }
    mode_u=mode/100;
    mode_g=(mode-(mode_u*100))/10;
    mode_o=mode-(mode_u*100)-(mode_g*10);
    mode=(mode_u*8*8)+(mode_g*8)+mode_o;    //八进制转换
    path=argv[2];

    if(chmod(path,mode)==-1)
    {
        perror("chmod errro");
    }
```

```
    return 0;
}
```

通过 demo.c 程序来进行测试。

```
root@ubuntu:~#./simple_chmod 777 demo.c
root@ubuntu:~#ls -l
-rwxrwxrwx 1 root root    2  3月 28 17:01 demo.c
```

从运行结果看,demo.c 的访问权限已经改为所有者可读可写可执行,所有者所在组可读可写可执行,其他用户可读可写可执行。

运行 simple_chmod 程序时,输入一条命令./simple_chmod 和 2 个参数 777 与 demo.c,因此 agrc 传入的值为 3,argv[0]接收的是./simple,argv[1]接收的是 777,argv[2]接收的是 demo.c,atoi 函数是将字符串转换为整型数,因为用户输入的 777 是字符型值,所以需要使用 atoi 函数将字符"777"转换为整数 777。

3.4.3 修改文件的用户属性

编写程序时,可以使用 chown/fchown/lchown 函数修改用户 id 和组 id。其接口规范说明如表 3.16 所示。

表 3.16 chown/fchown/lchown 函数的接口规范说明

函数名称	chown/fchown/lchown
函数功能	修改用户 id 和组 id
头文件	#include <unistd.h>

函数原型	int chown(const char * path, uid_t owner, gid_t group);
	int fchown(int fd, uid_t owner, gid_t group);
	int lchown(const char * path, uid_t owner, gid_t group);

参数	path：文件路径名 owner：所有者 group：组
返回值	0：成功(修改成功) -1：失败

说明:

chown 会将参数 path 指定的文件所有者 id 变更为 owner 代表的用户 id,而将文件所有者的组 id 变更为参数 group 组 id。fchown 与 chown 类似,只不过它是以文件描述符作为参数。除了所引用的文件是符号链接外,lchown 与 chown 功能一样,lchown 更改符号链接本身的所有者 id,而不影响符号链接所指向的文件。

文件的所有者只能改变文件的组 id 为其所属组中的一个,超级用户才能修改文件的所有者 id,并且超级用户可以任意修改文件的用户组 id。如果参数 owner 或 group 指定为-1,那么文件的用户 id 和组 id 不会被改变。

这几个函数执行成功时返回 0,当有错误发生时返回 -1,错误代码存入 errno 中。

3.4.4 获取用户的信息

getpwuid 和 getpwnam 函数是标准 I/O 函数,可以通过用户 id 或用户名查看某特定用户的基本信息。getpwuid 和 getpwnam 函数接口规范说明如表 3.17 所示。

表 3.17 getpwuid/getpwnam 函数的接口规范说明

函数名称	getpwuid/getpwnam
函数功能	查看用户的基本信息
头文件	#include <sys/types.h> #include <pwd.h>
函数原型	struct passwd * getpwnam(const char * name); struct passwd * getpwuid(uid_t uid);
参数	name:用户名 uid:用户 id
返回值	返回指针,指向与 uid 或 name 匹配的用户基本信息:成功 返回一个空指针并设置 errno 的值:失败

说明:

Linux 系统中,用户的基本信息使用 struct password 结构体来描述,该结构体在 pwd.h 文件中进行了声明,声明如下。

```
struct passwd {
    char    * pw_name;          /*用户名*/
    char    * pw_passwd;        /*用户密码*/
    uid_t   pw_uid;             /*用户 ID*/
    gid_t   pw_gid;             /*组 ID*/
    char    * pw_gecos;         /*注释*/
    char    * pw_dir;           /*主目录*/
    char    * pw_shell;         /*默认 Shell 类型*/
};
```

pw_passwd 为密码,如果密码存储在/etc/shodw 文件中只能返回 x,不能返回密文,部分系统密文存放到/etc/shadow 文件中。

函数 getpwuid 和 getpwnam 调用成功都返回一个指针,指向与 uid 或 name 匹配的用户基本信息;若出错,它们都返回一个空指针并设置 errno 的值,用户可以根据 perror 函数查看出错的信息。

示例程序 3.9 使用 getpwuid 函数获取用户基本信息的程序。

[示例程序 3.9 getpwuid_demo.c]
```
#include<stdio.h>
#include<pwd.h>
#include<stdlib.h>
```

```c
int main(int argc,char * argv[])
{
    struct passwd * ptr;
    uid_t uid;
    uid=atoi(argv[1]);
    ptr=getpwuid(uid);
    printf("name:%s\n",ptr->pw_name);
    printf("passwd:%s\n",ptr->pw_passwd);
    printf("home_dir:%s\n",ptr->pw_dir);
    return 0;
}
```

编译后运行该程序,结果如下:

```
root@ubuntu:~#./getpwuid_demo 0
name:root
passwd:x
home_dir:/root
```

函数 getgrgid 和 getgrnam 可以通过用户组 GID 或用户组名查看某特定用户的基本信息,通过 man getgrgid 命令获得函数原型声明如下。

```
#include<sys/types.h>
#include<grp.h>
struct group * getgrnam(const char * name);
struct group * getgrgid(gid_t gid);
```

以上两个函数都将从/etc/group 文件中读取该用户组的基本信息,该结构体声明如下。

```
struct group {
    char    * gr_name;              /*组名*/
    char    * gr_passwd;            /*密码*/
    gid_t   gr_gid;                 /*组 GID*/
    char    **gr_mem;               /*成员列表*/
};
```

3.4.5 改变文件大小

可以使用 truncate 和 ftruncate 系统调用改变文件的大小,其接口规范说明如表 3.18 所示。

表 3.18 truncate/ftruncate 函数的接口规范说明

函数名称	truncate/ftruncate
函数功能	改变文件大小
头文件	#include <unistd.h> #include <sys/types.h>
函数原型	int truncate(const char * path, off_t length); int ftruncate(int fd, off_t length);

续表

参数	path：包含文件名的文件路径 fd：文件描述符 length：文件大小
返回值	0：成功 －1：失败

说明：

系统调用 truncate 和 ftruncate 功能相同，区别是 truncate 使用了字符串类型的"包含文件名的文件路径"作为参数，而 ftruncate 使用打开的一个文件描述符 fd 作为参数。truncate 将参数 path 指定的文件大小改为参数 length 指定的大小。如果原来文件的大小比参数 length 大，则超过的部分会被删除；如果原来的文件大小比参数 length 小，则文件将被扩展，与 lseek 系统调用类似，文件扩展的部分将以 0 填充。如果文件大小被改变了，则文件的 st_mtime 域和 st_ctime 域将会被更新。

函数执行成功时返回 0，当有错误发生时返回－1，错误代码存入 error 中。

3.4.6 获取文件的时间属性

在 Shell 环境中，可以通过命令"ls ＜文件名＞-lu"和"ls ＜文件名＞-lc"来查看文件"最近一次访问的时间"和"最近一次修改属性的时间"。

```
root@ubuntu:~#ls hello.c  -lu        //最近一次访问时间,加-u 参数
-rw-r--r--1 root root 71  1月 15 07:42 hello.c
root@ubuntu:~#ls hello.c  -lc        //最近一次修改时间,加-c 参数
-rw-r--r--1 root root 71  1月 11 12:17 hello.c
```

在编写程序时，如果要修改文件的最近一次访问时间和最近一次修改时间，可以调用 utime 函数。在修改以上两个时间时，最近一次修改时间也会被更新为当前时间，如果调用 utime 函数时各时间值设置为 NULL，则将最近一次访问时间和最近一次修改时间设置为当前系统时间。utime 系统调用接口规范说明如表 3.19 所示。

表 3.19　utime 函数的接口规范说明

函数名称	utime
函数功能	获取文件的时间属性
头文件	♯include ＜sys/types.h＞ ♯include ＜utime.h＞ ♯include ＜sys/time.h＞
函数原型	int utime(const char ＊filename, const struct utimbuf ＊times); int utimes(const char ＊filename, const struct timeval times[2]);
参数	filename：字符串文件名 times：指向存储访问和修改时间的结构体 utimbuf 指针
返回值	0：成功 －1：失败

说明：

参数 struct utimbuf * times 的定义如下：

```
struct utimbuf {
    time_t actime;          /* access time */
    time_t modtime;         /* modification time */
};
```

utime 系统调用指定文件 filename 的访问时间改为 times.actime 域指定的时间，把修改时间改为 times.modtime 域指定的时间。

函数执行成功时返回 0，当有错误发生时返回 -1，错误代码存入 errno 中。

3.5 目 录 操 作

对某个目录具有访问权限的任何一个用户都可以读该目录，但是，为了防止文件系统产生混乱，只有内核才能写目录，一个目录的写权限位和执行权限位决定了在该目录中能否创建新文件及删除文件，它们并不表示能否写目录本身。

Linux 系统中一个常见的问题是扫描目录，也就是确定一个特定目录下存放的文件。标准 I/O 库函数提供了很多操作目录的函数，常见的目录函数有 opendir、readdir 和 closedir 函数，在这些函数的支持下，读者可以实现一个目录扫描的程序。

与目录操作有关的函数在 dirent.h 头文件中声明。它们使用一个名为 DIR 的结构作为目录操作的基础。被称为目录流的指向这个结构的指针(*DIR)被用来完成各种目录操作，其使用方法与用来操作普通文件的文件流(FILE *)或文件描述符(fd)非常相似。

3.5.1 打开目录

opendir 函数用来打开一个目录，前提是用户对目录具有读权限。opendir 函数接口规范说明如表 3.20 所示。

表 3.20 opendir 函数的接口规范说明

函数名称	opendir
函数功能	打开目录文件
头文件	#include <sys/types.h> #include <dirent.h>
函数原型	DIR * opendir(const char * name);
参数	name：目录名
返回值	DIR * 形态的目录流：成功 NULL：失败

说明：

opendir 用来打开参数 name 指定的目录，并返回 DIR * 形态的目录流，对目录的读取和搜索都要使用此返回值，类似于 fopen 函数的 FILE * 或 open 函数的 fd 文件描述符。函数执行成功时将会返回 DIR * 形态的目录流，失败则返回 NULL，并将错误代码存入 errno 中。

3.5.2 读取目录项

readdir 用来从参数 dirp 所指向的目录文件中读取目录项信息，该函数返回一个 struct dirent 结构的指针，这个指针指向本次读取的目录项。readdir 函数接口规范说明如表 3.21 所示。

表 3.21 readdir 函数的接口规范说明

函数名称	readdir
函数功能	读取目录项信息
头文件	#include <dirent.h>
函数原型	struct dirent * readdir(DIR * dirp);
参数	dirp：目录流指针
返回值	当前目录文件读写位置所指的目录项：成功 NULL：失败或读到目录文件尾

说明：

目录项信息用 dirent 结构体来记录，该结构体类型定义如下：

```
struct dirent
{
    long d_ino;                    /* inode number 索引结点号 */
    off_t d_off;                   /* offset to this dirent 在目录文件中的偏移 */
    unsigned short d_reclen;       /* length of this d_name 文件名长 */
    unsigned char d_type;          /* the type of d_name 文件类型 */
    char d_name [NAME_MAX+1];      /* file name (null-terminated) 文件名 */
}
```

从上述定义可以看出，dirent 结构体存储着文件的一部分信息，通过文件 inode 和文件名，dirent 结构体可以起到索引的作用，在文件系统中查找到文件的所有信息。

3.5.3 关闭目录

closedir 函数关闭一个目录流并释放与之关联的资源，它在执行成功时返回为 0，发生错误时返回为 -1。closedir 函数接口规范说明如表 3.22 所示。

表 3.22 closedir 函数的接口规范说明

函数名称	closedir
函数功能	关闭目录
头文件	#include <sys/types.h> #include <dirent.h>
函数原型	int closedir(DIR * dirp);

续表

参数	dirp：目录流指针
返回值	0：成功 −1：失败

示例程序 3.10 使用 opendir、closedir、readdir 和 lstat 函数显示指定目录下的文件结构。

[示例程序 3.10 printdir_demo.c]
```c
#include<unistd.h>
#include<stdio.h>
#include<dirent.h>
#include<string.h>
#include<sys/stat.h>
#include<stdlib.h>
void printdir(char *dir, int depth)
{
    DIR *dp;
    struct dirent *entry;
    struct stat statbuf;

    if((dp=opendir(dir))==NULL)
    {
        fprintf(stderr,"cannot open directory :%s\n",dir);
        return;
    }
    chdir(dir);
    while((entry=readdir(dp))!=NULL)
    {
        lstat(entry->d_name,&statbuf);
        if(S_ISDIR(statbuf.st_mode))
        {
            /*发现目录，但是忽略 .和..*/
            if(strcmp(".",entry->d_name)==0||strcmp("..",entry->d_name)==0)
                continue;
            printf("%*s%s/\n",depth,"",entry->d_name);
            printdir(entry->d_name,depth+4);
        }
        else
            printf("%*s%s\n",depth,"",entry->d_name);
    }
    chdir("..");
    closedir(dp);
```

```
}

int main(int argc,char * argv[])
{
    char * topdir=".";
    if(argc>=2)
        topdir=argv[1];

    printf("Directory scan of %s\n",topdir);
    printdir(topdir,0);
    printf("done.\n");

    exit(0);
}
```

在示例程序 3.10 中，main 函数调用 printdir 函数显示指定目录下的文件信息。printdir 函数以列表的形式逐个输出第一个参数目录下的文件信息，输出过程中，如果当前处理的文件为目录文件，则递归调用 printdir 显示当前目录文件中的文件信息。由于 Linux 系统对于打开的目录流数目有限制，所以如果目录的嵌套层次太深，程序将会出错。

printdir 函数的第二个参数用来根据递归调用的层次控制显示文件信息时的缩进，除此之外，程序中还增加了对"."和".."目录的判断，对这两个目录不做处理也不输出。

3.6 实现自己的 ls 命令

通过本章内容的学习，现在读者已经掌握了足够的知识来实现一个自己的 ls 命令程序，该程序支持-l、-a 选项。

1. 命令的功能及用法

"ls -l ＜目录或文件＞"命令的功能是以长格式形式列出文件主要属性与权限等数据或列出目录下的所有子目录和文件的主要属性与权限等数据。

"ls -a ＜目录＞"命令功能是显示目录下的所有子目录和连同隐藏文件在内的全部文件。

本节内容实现的 ls 命令使用格式为：

ls [-a][-l] [＜路径＞]

2. myls.c 程序流程

myls.c 程序主函数 main 流程如图 3.10 所示。

main 函数首先接收输入的参数，判断格式是否正确；随后判断是否指定了要处理的目录或文件，根据不同的情况分别进行处理。

3. 主要函数说明

(1) void print_attribute(struct stat buf, char * name)

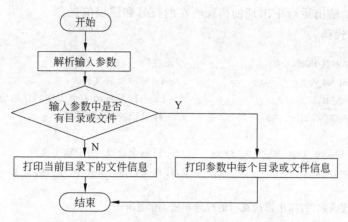

图 3.10　myls.c 程序主函数 main 流程

函数功能：打印文件名为 name 的文件的信息。例如：

-rw-r--r-- 1 root root   70 1月 8 15:56

含义分别为：文件的类型和访问权限、文件的链接数、文件所有者、文件所有者所属的组、文件大小、文件创建时间。

（2）void print_single(char * name)

函数功能：输出文件的文件名，若命令中没有-l 选项，则输出文件名时要保证上下对齐。例如：

```
bin   cdrom  etc   initrd.img       lib      lost+found  mnt   proc   run    srv
boot  dev    home  initrd.img.old   lib64    media       opt   root   sbin   sys
```

（3）void print(int flag, char * pathname)

函数功能：根据命令行参数 flag 和完整的路径名 pathname 显示目标文件。

参数 flag 可以取以下值或者它们"|"操作之后的组合，具体取值如下所示。

- PARAM_NONE：没有选项。
- PARAM_A：带-a 选项，表示显示该目录下的所有文件，包括隐藏文件。
- PARAM_L：带-l 选项，表示显示文件的详细信息，包括文件的类型和访问权限、文件的链接数、文件所有者、文件所有者所属的组、文件大小、文件创建时间。

（4）void print_dir(int flag_param, char * path)

函数功能：为显示某个目录下的文件做准备，参数 flag_param 用于在调用 print 函数时作为其参数 flag 的实参，path 是要显示的目录。

函数流程：

- 获取该目录下文件的总数和最长的文件名。
- 获取该目录下所有文件的文件名，存放在变量 filenames 中。
- 按文件名进行字母排序，排序后文件名按字母顺序存储于 filenames 中。
- 调用 print(int flag, char * pathname)函数显示每个文件的信息。

（5）void my_err(const char * err_string, int line)

函数功能：输出运行中出现的错误所在的行号和错误信息。

4. 部分源代码

```c
#define PARAM_NONE   0              //无参数
#define PARAM_A      1              //-a：显示所有文件
#define PARAM_L      2              //-l：一行只显示一个文件的详细信息
#define MAXROWLINE   80             //一行显示的最多字符数

int     g_leave_len=MAXROWLINE;     //一行剩余长度，用于输出文件
int     g_maxlen;                   //存放某目录下最长文件名的长度

/*错误处理函数，打印出错所在行的行号和错误信息*/
void my_err(const char * err_string, int line)
{
    //读者请自行补充
}

/*获取文件属性并打印*/
void print_attribute(struct stat buf,char * name)
{
    char buf_time[32];
    struct passwd * psd;            //从该结构体中获取文件所有者的用户名
    struct group * grp;             //从该结构体中获取文件所有者所属组的组名

    /*获取并打印文件类型*/
    if (S_ISLNK(buf.st_mode))             printf("l");
    else if(S_ISREG(buf.st_mode))         printf("-");
    else if(S_ISDIR(buf.st_mode))         printf("d");
    else if(S_ISCHR(buf.st_mode))         printf("d");
    else if(S_ISBLK(buf.st_mode))         printf("b");
    else if(S_ISFIFO(buf.st_mode))        printf("f");
    else if(S_ISSOCK(buf.st_mode))        printf("s");

    /*获取并打印文件所有者的权限*/
    if(buf.st_mode & S_IRUSR)
        printf("r");
    else
        printf("-");
    if(buf.st_mode & S_IWUSR)
        printf("w");
    else
        printf("-");
    if(buf.st_mode & S_IXUSR)
        printf("x");
```

```
        else
            printf("-");
/*获取并打印与文件所有者同组的用户对该文件的操作权限*/
        if(buf.st_mode & S_IRGRP)
            printf("r");
        else
            printf("-");
        if(buf.st_mode & S_IWGRP)
            printf("w");
        else
            printf("-");
        if(buf.st_mode & S_IXGRP)
            printf("x");
        else
            printf("-");

    /*获取并打印其他用户对该文件的操作权限*/
        if(buf.st_mode & S_IROTH)
            printf("r");
        else
            printf("-");
        if(buf.st_mode & S_IWOTH)
            printf("w");
        else
            printf("-");
        if(buf.st_mode & S_IXOTH)
            printf("x");
        else
            printf("-");

        printf("     ");

/*根据uid和gid获取文件所有者的用户名和组名*/
        psd=getpwuid(buf.st_uid);
        grp=getgrgid(buf.st_uid);
        printf("%4d ",buf.st_nlink);              //打印文件的链接数
        printf("%-ss",psd->pw_name);
        printf("%-8s",grp->gr_name);

        printf("%6d",buf.st_size);                //打印文件的大小
        strcpy(buf_time,ctime(&buf.st_mtime));
        buf_time[strlen(buf_time)-1]='\0';        //去掉换行符
        printf(" %s",buf_time);                   //打印文件的时间信息
```

```c
    }

/*在没有使用-l选项时,打印一个文件名,打印时上下行对齐*/
void print_single(char * name)
{
    //读者请自行补充
}

/*根据命令行参数和完整路径名显示目标文件,flag为命令行参数,pathname包含文件名的路
径名*/
void print(int flag, char * pathname)
{
    int i,j;
    struct stat buf;
    char name[NAME_MAX+1];

    /*从路径中解析出文件名*/
    for(i=0,j=0; i<strlen(pathname);i++)
    {
        if(pathname[i]=='/')
        {
            j=0;
            continue;
        }
        name[j++]=pathname[i];
    }
    name[j]='\0';

    /*用lstat而不是stat以方便解析链接文件*/
    if(lstat(pathname,&buf)==-1)
    {
        my_err("stat",__LINE__);
    }


    switch(flag)
    {
        case PARAM_NONE:            //没有 -l 和 -a 选项
            if(name[0]!='.')
                print_single(name);
            break;

        case PARAM_A:               //-a:显示包括隐藏文件在内的所有文件
            print_single(name);
            break;
```

```
        case PARAM_L:              //-l:每个文件单独占一行,显示文件的详细属性信息
            print_attribute(buf,name);
            printf(" %-s\n",name);
            break;

        case PARAM_A+PARAM_L:       //同时有-a和-l选项的情况
            print_attribute(buf,name);
            printf(" %-s\n",name);
            break;

        default:break;
    }
}

/*为显示某个目录下的文件做准备,参数 flag_param 用于在调用 print 函数时作为其参数
  flag 的实参,path 是要显示的目录 */
void print_dir(int flag_param, char *path)
{
    DIR *dir;
    struct dirent *ptr;
    int count=0;
    char filenames[256][PATH_MAX+1],temp[PATH_MAX+1];

    //获取该目录下文件总数和最长的文件名
    ……
    //获取该目录下所有的文件名
    ……
    //对文件名进行排序,排序后文件名按字母顺序存储于 filenames
    ……
    for(i=0;i<count;i++)
        print(flag_param,filenames[i]);
    ……
    //如果命令行中没有-l选项,打印一个换行符
}

int main(int argc, char **argv)
{
    //读者请自行补充,参考图 3.10 流程编写
}
```

3.7 小　　结

本章学习了 Linux 中文件系统相关概念,主要从内核态的角度理解虚拟文件系统、目录、索引结点、文件描述符和文件访问权限。在理解 Linux 内核对文件组织和管理的一些

基础概念后,重点介绍了如何使用系统 I/O 接口完成文件的读/写操作、文件属性操作和文件目录操作,系统 I/O 接口很多,这里介绍了一些常用的系统调用接口。Linux 还为编程人员提供了标准 I/O 接口。本章介绍了这两类接口的本质区别和关系,并介绍了不带缓冲区 I/O 操作和带缓冲区的 I/O 操作原理,以及不带缓冲区 I/O 操作中的文件描述符 fd 和带缓冲区的 I/O 操作中的 FILE 流概念。最后在 3.6 节,应用本章前面介绍的知识,自己设计完成一个支持-l 和-a 参数的 ls 命令。

习 题

一、填空题

1. 在 Linux 中,所有设备和磁盘文件的打开操作都可使用_____系统调用来进行。
2. 调用_____函数可以创建一个文件,调用_____函数可以获取文件的属性。
3. 在 Linux 中,文件的权限分为_____、_____和_____三类,每类分为_____、_____和_____权限。
4. 读取一个目录文件的内容时,可使用系统调用_____。
5. 若 file 文件存取权限为 r-x r--r--,这表明属主有_____权限,组用户有_____权限,其他用户有_____权限。

二、简答题

1. 说明系统 I/O 和标准 I/O 的区别?并说明它们的适用场合。
2. 什么是文件描述符?什么是流?二者有什么区别和联系?

三、编程题

1. 用 creat、open、close 等系统调用,实现 fopen、fclose 的功能。
2. 设计一个程序,要求打开文件"pass",如果没有这个文件,新建此文件;读取系统文件"etc/passwd",把文件中的内容都写入"pass"文件。
3. 在示例程序 3.8 的基础上完善 chmod 命令,使之支持如 u+x,g-w,o-w 等功能。
4. 设计一个程序,要求新建一个目录,预设权限为--x--x--x。
5. 使用 fcntl 函数的文件记录锁功能,实现多个进程对同一文件进行读或写的共享操作。
6. 根据 3.6 节介绍的内容,补充 myls.c 源码,实现 3.6 节要求的 ls 命令。

第4章 进程管理

进程是操作系统中的一个核心概念,它是 CPU 调度的基本单位,可以说,整个操作系统的工作都是围绕着进程开展的。深入理解和掌握 Linux 的进程结构及组织方式,对于学习 Linux 操作系统及 Linux 环境编程具有非常重要的意义。

进程与程序不同,却又与程序有着密切的联系。程序是一个静态的指令集合,以文件的形式保存于计算机系统的外存中,静态的程序并不会占用计算机系统的运行资源,例如内存、寄存器、CPU 等。而进程是一个动态的概念,它由程序产生,是程序、数据和进程控制块(PCB)的集合,或者可以说,进程是程序的一次执行过程。一个程序的多次执行过程就对应了多个进程,Linux 是一个多用户多任务操作系统,因此在 Linux 操作系统上可同时运行多个进程。

本章就来学习程序和进程之间的关系,以及关于进程的知识。

4.1 Linux 可执行程序的存储结构与进程结构

4.1.1 Linux 可执行程序的存储结构

在 Linux 系统中,可执行文件的格式为 ELF,即 Executable and Linking Format。可以使用 file 或 readelf 命令来查看文件的情况,下面用一个示例来说明。

首先在当前目录下建立一个 C 语言源程序文件 ex1.c,内容如下:

```
[示例程序 4.1 ex1.c]
#include<stdio.h>
int glob_a,glob_b=10;
int main()
{
    static int local_val;
    int i;
    printf("glob_a=%d,glob_b=%d\nlocal_val=%d,i=%d\n",glob_a,
        glob_b,local_val,i);
}
```

将这个文件编译为 ex1,使用 file 命令查看,运行结果如下:

```
root@ubuntu:~#gcc ex1.c -o ex1
root@ubuntu:~#file ex1
```

```
ex1: ELF 32-bit LSB executable, Intel 80386, version 1 (SYSV), dynamically linked
(uses  shared  libs), for  GNU/Linux 2. 6. 32, BuildID [ sha1 ] =
5a270d068ec32dbe5ace4d81ee1afefede9bd6a4, not stripped
```

从结果中可以看到,ex1 文件类型为 32 位 ELF 可执行文件。

在 ELF 类型的可执行文件中,程序代码、数据是分开存放的,因此,可执行文件的内部被划分为若干区域,这些区域称为可执行文件的段(section)。可以使用 size 命令来查看可执行文件中各段的大小。以下是查看 ex1 文件的结果:

```
root@ubuntu:~# size ex1
   text    data     bss     dec     hex filename
    915     204      40    1159     487 ex1
```

结果显示 ex1 文件总大小为 1159 字节,其中 text 段是 915 字节,data 段 204 字节,bss 段 40 字节,hex 是文件大小的十六进制表示。

从结果中可以看出,在 Linux 操作系统中,一个可执行文件的结构如图 4.1 所示,它由三个段组成,分别是:

图 4.1　可执行程序的结构

(1) 代码段(text):存放程序的二进制代码,这些二进制代码是 CPU 唯一能执行的机器指令。代码段通常是只读的,因为修改代码是通过修改程序源文件实现,在运行时代码是不会被修改的,因此将代码段设置为只读,以防止其机器指令被其他程序修改。由于代码段是只读的,那么就可以将其设置为共享的。这样,对于频繁被执行的程序,就可以只保留一份代码。并且当其他的可执行程序需要调用该程序时,也可以读取这份代码,不需要在内存中存储两份同样的代码,只需要在内存中有一份代码即可。除了机器代码外,代码段还规划了局部变量的相关信息。

代码段的机器指令包括操作码和操作对象(或对象地址引用)。如果操作对象是立即数(即具体的数值),那么可以直接将立即数包含在代码中。如果是局部数据,那么在运行局部数据所在的函数时,系统将给这些局部变量在栈区分配空间。代码中使用该局部数据时,通过引用局部数据地址的方式读写数据。

(2) 全局初始化数据区/静态数据区(data):通常称为数据段,用来存储在程序中明确被初始化的全局变量、已经初始化的静态变量(包括全局静态变量和局部静态变量)和常量数据(如字符串常量),属于静态内存分配区。

(3) 未初始化数据区(bss):通常称为 BSS 段,保存的是全局未初始化变量和未初始化静态变量,其值为 0 或者空值。实际上尽管 BSS 段显示了占用空间的大小,但在程序文件中却并未给其中的变量分配空间,只是占用一部分空间来记录未初始化的变量的大小、属性等信息。将其加载到进程中时,操作系统会根据 BSS 段记录的情况为变量在内存中分配空间,并将其中所有的数据初始化为 0 或空值。

当程序代码要使用数据段或 BSS 段的变量时,可以像局部变量一样引用该数据的地址。

4.1.2 Linux 系统的进程结构

进程来源于程序,是程序的一次执行过程。当可执行程序被运行时,操作系统将可执行程序读入内存,依据程序的内容创建一个进程。在 Linux 环境下,可以使用 ps 命令来查看进程的情况,以下是 ps 命令的运行结果。

```
root@ubuntu:~#ps
  PID  USER      COMMAND
    1  root      {init} /bin/sh /sbin/init
    2  root      [kthreadd]
    3  root      [kworker/0:0]
    4  root      [kworker/0:0H]
    5  root      [kworker/u2:0]
    6  root      [mm_percpu_wq]
    7  root      [ksoftirqd/0]
    8  root      [kdevtmpfs]
    9  root      [oom_reaper]
   10  root      [writeback]
   11  root      [kcompactd0]
   12  root      [crypto]
   13  root      [bioset]
   14  root      [kblockd]
   15  root      [kworker/0:1]
   16  root      [kswapd0]
   17  root      [bioset]
   34  root      [khvcd]
   35  root      [bioset]
   36  root      [bioset]
   37  root      [bioset]
   38  root      [bioset]
   39  root      [bioset]
   56  root      vflogin -P hrtest
   57  hrtest    vflogin -P hrtest
   61  hrtest    vfagent -p
   75  hrtest    /bin/sh -l
   93  root      [kworker/u2:1]
  125  hrtest    ps
```

从以上结果可以看到,ps 命令列出了当前系统中的一些进程。从表头信息可以看出第一列为 PID 号,即 process IDentity,称为进程的 ID 号或进程号,每个进程都由一个唯一的进程号标识。在 Linux 系统中,进程号是一个非负整数。第二列为 USER,即创建这个进程的用户。第三列 COMMAND 即与该进程对应的可执行程序名称。

从上述的运行结果可以看出,在 Linux 这个多任务系统中,在某一时刻同时有多个进程在运行。每个进程有自己的独立内存空间,根据权限对允许的内存进行读写,互不打扰。每个进程都是独立的,只在必要的时候使用不同的通信方式传递信息。内核通过分时调度的方法调度各个进程运行。

再来将焦点聚集在单个进程上,从结构上来看,可以把一个进程分为 5 个部分:代码区、数据区、BSS 区、堆区和栈区。由于这 5 个区的用途不同,进程对这 5 个部分的管理方式也不同。

(1) 代码区:用来存放进程执行的代码,这部分区域的大小在程序运行前就已经确定了。

(2) 数据区:用来存放已初始化的全局变量和静态变量,这部分区域的大小在程序运行前就可以确定。

(3) BSS 区:用来存放未初始化的全局变量和静态变量,这部分区域的大小也是在程序运行前就可以确定的。

以上三个区使用静态内存分配的方式,其内容来源于与进程对应的可执行程序,由加载器加载。

(4) 堆区(heap):即进程运行过程中可被动态分配的内存段,大小不固定,可动态扩张或缩减。程序中使用 malloc 等函数动态分配的内存就属于堆区,不使用时需要调用 free 函数将该内存释放。

(5) 栈区(stack):栈区内存由操作系统自动分配,用于存放进程中临时创建的局部变量、函数调用时的参数、返回值等,当函数调用结束时,释放相关内存。

可执行文件各段和进程结构之间的关系如图 4.2 所示。

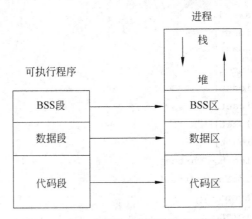

图 4.2　Linux 系统中的进程结构示意图

4.1.3　进程树

在 Linux 系统中,除第一个进程是"手工"建立以外,其余进程都是使用系统调用 fork 创建的,被创建的进程称为子进程(child process),调用 fork 的进程称为父进程 (parent process)。内核程序使用进程 ID 号标识每一个进程。一个进程除了有一个 PID 属性存储进程 ID 号之外,还会有一个 PPID(parent PID)属性来存储父进程的 PID。

在用户态下，从某个进程出发，沿着 PPID 不断向上追溯，总会发现其源头是 init 进程，所有的用户进程就构成了一个以 init 进程为根的树状结构，这棵树中的任一进程都是 init 进程的子孙。在 Shell 环境下，可以使用 pstree 命令来查看进程树的结构，例如以下 pstree 命令的结果就是用户 root 所处环境的进程树结构。

```
root@ubuntu:~#pstree
init─┬─console-kit-dae───63*[{console-kit-da}]
     ├─crond
     ├─dbus-daemon
     ├─dhclient
     ├─dhcpd
     ├─login───bash
     ├─mingetty
     ├─pptpd
     ├─11*[python]
     ├─rsyslogd───3*[{rsyslogd}]
     ├─sshd─┬─sshd───sshd───bash
     │      └─sshd───sshd───bash───pstree
     └─udevd───2*[udevd]
```

进程树是一种表示进程关系的方法，从进程树中可以很清晰地观察到进程之间的亲缘关系。

4.2 进程的环境和进程属性

4.2.1 进程的环境

进程在运行的过程中，常会使用创建进程时所设置的命令行参数。

当在终端中键入命令 cp file_a file_b 并运行后，实际上系统是在运行 cp 命令对应的可执行程序/bin/cp，并且在本次执行时有两个参数：file_a、file_b，这两个参数就是命令行参数，要实现将 file_a 的内容复制给 file_b，就要求与此命令对应的 cp 程序使用带参数的主函数方式编写。

在 Linux 中，大多数命令对应的程序由 C 语言编写实现，因此程序代码从 main 函数开始执行，当命令行中出现参数时，就要求 main 函数能够接收这些参数。在 Linux 中，带参数的主函数原型为：

```
int main(int argc, char * argv[], char * envp[]);    或
int main(int argc, char * argv[]);
```

其中，argc 表示命令行参数的个数，argv 是指向每个参数的指针所组成的数组。以命令 cp file_a file_b 为例，如图 4.3 所示，当 Linux 执行该命令时，主函数获得参数，argc 值为 3，即该命令行有三个参数，分别是 cp、file_a、file_b；argv 数组此时有 4 个指针，第一个指向 cp，第二个指向 file_a，第三个指向 file_b，第四个指针为 NULL，表示指针数组结束。

命令行中未设置环境变量,本次命令执行时,将会使用默认的环境变量值。

参数 envp 记录了程序运行时的环境变量。环境变量 environ 是一个全局变量,存在于所有的 Shell 中,在登录系统的时候就已经有了相应的系统定义的环境变量。Linux 的环境变量具有继承性,即子进程会继承父进程的环境变量。环境变量是一个指针数组,记录了很多与程序运行有关的系统数据,例如,默认的路径、Shell 类型等。图 4.4 所示为具有 3 个环境参数的环境变量。

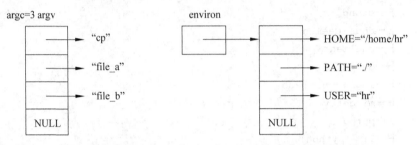

图 4.3 命令行参数的结构　　　　图 4.4 Shell 的环境变量 environ

在 Shell 环境中,可以通过全局变量 environ 来获取变量值,或通过命令 env、set 来查看当前环境变量的值,在 C 源程序中,可以使用 getenv 函数来获取指定的环境变量的值。getenv 函数接口规范说明如表 4.1 所示。

表 4.1 getenv 函数的接口规范说明

函数名称	getenv
函数功能	获取当前某个环境变量的值
头文件	♯include＜stdlib.h＞
函数原型	char * getenv(const char * name);
参数	name:环境变量的名称
返回值	非 NULL:成功 NULL:失败

例如,下面的代码用于获取当前所使用的 PATH 值:

```
char * s;
s=getenv("PATH");
```

当执行 main 函数的实参只有 argc 和 argv 时,表示使用默认的环境变量来执行程序。

4.2.2 进程的状态

进程是一个动态存在的个体,它的存在需要 CPU 及各种计算机系统资源的协助,因此,当有多个进程需要运行而系统资源又不足以使其同时运行时,对进程就会产生影响,需要对进程调度,CPU 调度进程的阶段不同也就产生了不同的进程状态。

从操作系统的理论上来说,多任务操作系统中的进程在任一时刻都会处于运行、就绪、阻塞这三种状态中的一种,随着资源被剥夺或重新拥有资源,这三种状态可以转换,具体转换规则如图 4.5 所示。

从图中可以看到,进程存在着 4 种状态之间的转换:

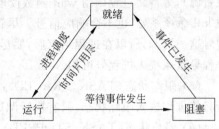

图 4.5 操作系统中进程的状态转换图

(1) 就绪态→运行态:处于就绪态的进程拥有除 CPU 以外的所有资源,当本次 CPU 调度到该进程时,将该进程读入 CPU 开始执行,进程转变为运行态。

(2) 运行态→就绪态:正在 CPU 中运行的进程由于时间片用尽、CPU 被抢占等原因失去了 CPU,但仍拥有运行所需要的其他资源,此时该进程就从运行态转变为就绪态。

(3) 运行态→阻塞态:处于运行态的进程由于需要某些资源,而这些资源又无法立即响应进程的需求,导致进程即使拥有了 CPU 也无法运行,例如某进程需要使用打印机,但打印机正在执行其他的打印任务。此时只能将该进程调出 CPU,放入阻塞队列,等待进程的需求被满足才能继续执行。

(4) 阻塞态→就绪态:处于阻塞态的进程获取到了等待的资源,此时系统会将满足运行条件的进程统一放入就绪队列中,等待 CPU 调度。

理论上来说,在所有的操作系统中,进程状态转换都遵循以上的几条规则。具体到 Linux 系统中时,进程状态被扩充为以下几种:

(1) 可运行态(TASK_RUNNING):表示进程正在运行或者正在等待被运行,这种状态是将理论上的运行态和就绪态统一为一种状态。当计算机系统为单核系统时,只存在一条就绪队列,在 CPU 中运行的那个进程状态即为运行态,而其他处于可运行态队列中的进程状态为理论上的就绪态。即使是多核系统,每一个进程也只可能排列在其中一个 CPU 的可运行态队列中。因此对于任意一个 CPU 来说,除了正在其中运行的进程为运行态之外,其他的可运行态进程均为理论上的就绪态。

(2) 可中断的阻塞态(TASK_INTERRUPTIBLE):此类进程正在等待某个事件完成,才能继续运行,即理论上的阻塞态。通常等待同一事件的进程被安排成一个阻塞队列,处于该状态的进程属于"轻度睡眠",除了等待的事件发生可以将该阻塞队列中的一个或多个进程唤醒外,这些进程也可以被信号或者定时器唤醒。

(3) 不可中断的阻塞态(TASK_UNINTERRUPTIBLE):也是一种阻塞状态,只不过处于该状态的进程处于"深度睡眠",它不能被信号或者定时器唤醒,只能等待事件发生才能被唤醒,因此这类进程不会被 kill -9 命令杀死。

之所以一些进程会处于不可中断阻塞态,是因为在某些情况下进程的处理流程是不能被打断的。如果这类进程在运行时被异步信号中断,进程的执行流程将会被信号处理函数插入,从而中断原先的流程,导致进程运行出错。所以对这些进程要保证其不受信号打扰。vfork 函数就是最常见的导致进程转换为不可中断阻塞态的函数操作,在调用 vfork 后,父进程将会进入不可中断阻塞态直到子进程让出运行空间。

(4) 僵死状态(TASK_ZOMBIE):进程已经终止,释放了几乎所有的内存空间,僵死状态的进程不能被 CPU 调度。这类进程仅仅保留了一个 task_struct 数据结构(以及少数资源),等待父进程调用 wait 函数读取该进程的终止数据后才能释放。此时,进程无法被 kill 命令杀死,也不会响应信号。尽管僵死进程已释放了进程空间,但它仍然占用了进程号这一资源,所以在进程结束后,要尽快释放进程的 task_struct 结构,避免大量的僵死进程导致系统无进程号可用。

(5) 跟踪状态(TASK_TRACED):当程序处于调试状态时,由于设置断点或单步执行将使进程进入跟踪状态,只有执行调试中的运行命令才能改变这一状态。

(6) 停止状态(TASK_STOPPED):停止状态的进程处于暂停的状态,这一状态的进程可以被信号唤醒。向指定进程发送 SIG_STP 信号,将会使该进程进入停止状态。跟踪状态与停止状态相类似,只不过,对进程发送信号的是调试软件。

上面所讲到的进程状态在 Linux 系统中都用宏来表示,这些宏的定义位于头文件 include/linux/sched.h 中,各状态宏定义如下:

```
#define TASK_RUNNING            0       //就绪
#define TASK_INTERRUPTIBLE      1       //中断等待
#define TASK_UNINTERRUPTIBLE    2       //不可中断等待
#define TASK_STOPPED            4       //停止
#define TASK_TRACED             8       //停止
#define TASK_ZOMBIE             16      //僵死
```

用户态进程的各状态之间根据不同的事件发生可以相互转换,其状态转换关系如图 4.6 所示。

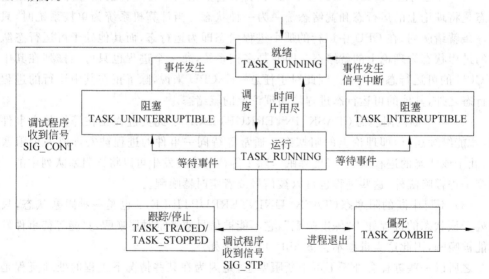

图 4.6 Linux 系统中进程状态的转换

Linux 系统中众多的进程,由于获得资源或资源被剥夺,不断地在不同的状态之间切换。处于就绪态的进程在被 CPU 调度后开始执行,在执行过程中遇到需要等待某些事件发生后才能继续执行的情况时,如果等待事件发生的过程中进程不允许被中断,则进程进入不可唤醒阻塞态,否则进入可唤醒阻塞态。当等待的事件发生后,阻塞态的进程将会转为就绪态,可唤醒阻塞态进程也可以被信号或定时器唤醒。如果是调试程序或进程在运行过程中收到 SIG_STP 信号,进程将进入跟踪状态或停止状态,当收到调试信号或 SIG_CONT 信号时,进程重新转为就绪态。当进程执行了 exit 等退出的函数后,进程将进入僵死状态。

4.2.3 进程的基本属性

进程除了占用用户空间之外,也要使用一部分内核空间,这部分空间主要是为进程的控制块所使用。进程控制块也称为 PCB(process control block)块,通常用来管理进程所访问的资源、实现进程调度。PCB 块类似于进程的身份证,保存着进程的众多信息,其中进程号 PID 是进程存在的标志。

在 Linux 系统中,PCB 块是一个 task_struck 类型的结构体,这一结构体中,除了记录进程的一些基本属性(例如 PID、PPID、UID、EUID 等),还包括与进程相关的线程的基本信息、内存信息、TTY 终端信息、当前目录信息、打开的文件描述符信息以及信号信息等内容。task_struck 结构体类型定义在头文件 include/linux/sched.h 中,其成员主要可分为以下几类:进程号、进程状态、线程信息、文件系统信息、内存相关数据、用户信息、进程调度信息、信号处理函数等,如图 4.7 所示。

图 4.7 task_struct 结构体

以下学习一些常用的属性。

1. 进程号和父进程号

涉及进程时,使用最频繁的是进程的进程号和父进程号两个属性。在 Linux 系统中,PID 号是系统维护的一个非负整数,这个进程号在创建进程时确定,无法在用户层修改。

除了 init 进程,其他进程都是由某个进程创建的,被创建的进程称为子进程,创建子进程的进程称为父进程。

在一个进程中,调用 getpid 函数可以获得它的 PID,其函数接口规范说明如表 4.2 所示。

表 4.2　getpid 函数的接口规范说明

函数名称	getpid
函数功能	获取当前进程的 PID 号
头文件	#include<unistd.h>
函数原型	pid_t getpid();
参数	无
返回值	>-1：成功(进程号) -1：失败

其中 pid_t 类型定义来自于头文件 unistd.h,它将内核数据类型 __pid_t 重新定义为 pid_t 类型,两个类型的定义如下:

```
typedef   __pid_t   pid_t;              //usr/include/unistd.h

__STD_TYPE  __PID_T_TYPE  __pid_t;      //usr/include/bit/types.h
#define   __STD_TYPE      typedef
#define   __PID_T_TYPE    __S32_TYPE
#define   __S32_TYPE      INT
```

从以上定义可以看出 pid_t 类型其实就是 int 类型,重新定义数据类型有利于提高代码的可阅读性。

在多进程程序运行过程中,有可能需要获得某个进程的父进程号,此时可以使用 getppid 系统调用,其函数接口规范说明如表 4.3 所示。

表 4.3　getppid 函数的接口规范说明

函数名称	getppid
函数功能	获取当前进程的父进程号
头文件	#include<unistd.h>
函数原型	pid_t getppid();
参数	无
返回值	>-1：成功(父进程号) -1：失败

以下通过示例程序 4.2exp_pid.c,演示如何获取当前进程的进程号和父进程号。

[示例程序 4.2 exp_pid.c]
```
#include<stdio.h>
```

```
#include<unistd.h>

main()
{
    pid_t  pid, ppid;
    pid=getpid();
    ppid=getppid();
    printf("PID is %d, its  parent's PID is %d.\n", pid, ppid);
    return 0;
}
```

示例程序 4.2 调用 getpid 获取进程号,调用 getppid 获取父进程号,随后将二者输出显示。该程序编译后运行,得到运行结果如下。

```
root@ubuntu:~#gcc getpid_exp.c -o exp_pid
root@ubuntu:~#./exp_pid
PID is 22399, its parent's PID is 22323.
```

2. 进程组号

每个进程都属于一个或多个进程组。进程组是一个或多个进程的集合,通常与同一作业相关联,接收来自同一终端的各种信号。每个进程组有一个称为组长的进程,组长进程就是其进程号(PID)等于进程组号(GID)的进程,即进程组号等于组长的进程号,进程组存在与否与组长进程是否存在无关。编写程序时,可使用系统调用 getpgid 获取进程组号、setpgid 设置进程组号,这两个函数接口规范说明如表 4.4 和表 4.5 所示。

表 4.4 getpgid 函数的接口规范说明

函数名称	getpgid
函数功能	获取进程的进程组号
头文件	#include<unistd.h>
函数原型	pid_t getpgid(pid_t pid);
参数	pid:要获取进程组号的进程 PID 号
返回值	>-1:成功(进程组号) -1:失败

调用 getpgid 函数后,函数会返回进程号为 pid 的进程的进程组号。当参数 pid 为 0 时,表示获取当前进程的进程组号。

表 4.5 setpgid 函数的接口规范说明

函数名称	setpgid
函数功能	设置进程组号
头文件	#include<unistd.h>
函数原型	pid_t setpgid(pid_t pid, pid_t pgid);

参数	pid：进程 PID 号 pgid：待设置的进程组号
返回值	−1：失败 0：成功

调用 setpgid 函数后,将会把进程号为 pid 的进程的进程组号设置为 pgid。当参数 pid 为 0 时,表示设置当前进程的进程组号;当 pgid 为 0 时,pid 进程的进程组号将被设置为自己的进程号,即 pid 进程成为进程组的组长。

3. 会话

会话是一个或多个进程组的集合,每个会话有唯一一个会话首进程。会话号等于会话首进程的进程组号。通常情况下,用户登录后所执行的所有程序都属于一个会话,而其登录的 Shell 则是会话首进程,Shell 所使用的终端就是会话的控制终端。

会话和进程组的关系如图 4.8 所示。

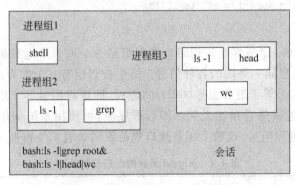

图 4.8 会话和进程组的关系

图 4.8 中有 6 个进程,分属于不同的作业,对应 3 个进程组。

会话中有会话首进程,它和控制终端建立连接。会话 ID 号即会话首进程的进程组号。编写程序时,可以使用 getsid 来获取会话 ID 号、使用 setsid 创建一个新会话,这两个系统调用接口规范说明如表 4.6 和表 4.7 所示。

表 4.6 getsid 函数的接口规范说明

函数名称	getsid
函数功能	获取进程的会话首进程号
头文件	#include<unistd.h>
函数原型	pid_t getsid(pid_t pid);
参数	pid：进程 PID 号
返回值	>−1：成功(进程的会话号) −1：失败

调用 getsid 函数后,将会获得进程号为 pid 的进程所在会话的首进程号,当参数 pid

为 0 时表示获取当前进程的会话号。

表 4.7 setsid 函数的接口规范说明

函数名称	setsid
函数功能	创建一个新会话并设置进程组号
头文件	#include<unistd.h>
函数原型	pid_t setsid(void);
参数	无
返回值	>-1：成功（新会话的会话号） -1：失败

使用 setsid 函数时，调用 setsid 函数的进程不能是进程组长，否则调用出错；非组长进程调用 setsid 之后，将会创建一个新的会话，该进程会被加入这个新会话并成为这个会话的首进程以及新进程组的组长，并与控制终端切断联系。新会话的 ID 号和新进程组的组 ID 号为调用 setsid 函数的进程的 PID,此时该进程是新会话和新进程组中唯一的进程。

4. 控制终端

会话首进程打开一个控制终端后，该终端就成为此会话的控制终端。一个会话可以有一个控制终端，一个控制终端只能控制一个会话，与控制终端连接的会话首进程被称为控制进程。当前与终端交互的进程所在的进程组称为前台进程组，其余进程组称为后台进程组。

产生在控制终端上的输入和信号将发送给前台进程组中的所有进程；如果终端接口检测到连接断开，则将挂断信号发送至控制进程（会话首进程）；如果会话首进程终止，则该信号发送到该会话前台进程组的所有进程。控制终端、会话、进程组之间的关系如图 4.9 所示。

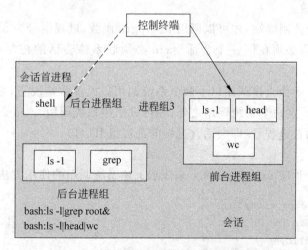

图 4.9 控制终端、会话和进程组的关系

从图中可以看到，此会话有一个控制终端，控制进程为会话首进程 shell，会话中共有 3 个进程组，其中有一个前台进程组接收控制终端的输入，其他两个均为后台进程组。

可以使用系统调用 tcgetpgrp 和 tcsetpgrp 来获取或设置与控制终端连接的前台进程组。这两个系统调用接口规范说明如表 4.8 和表 4.9 所示。

表 4.8　tcgetpgrp 函数的接口规范说明

函数名称	tcgetpgrp
函数功能	获取指定控制终端的前台进程组号
头文件	#include＜unistd.h＞
函数原型	pid_t tcgetpgrp(int fd);
参数	fd：指定控制终端对应的文件描述符
返回值	＞－1：成功（前台进程组的 ID 号） －1：失败

表 4.9　tcsetpgrp 函数的接口规范说明

函数名称	tcsetpgrp
函数功能	设置控制终端的前台进程组
头文件	#include＜unistd.h＞
函数原型	pid_t tcsetpgrp(int fd, pid_t pgrp);
参数	fd：指定控制终端对应的文件描述符 pgrp：待设置为前台进程组的组 ID 号
返回值	－1：失败 0：成功

在使用 tcgetpgrp 时，参数 fd 对应的控制终端必须是调用 tcgetpgrp 进程的控制终端，否则调用会失败。

进程要有一个控制终端，才可以调用 tcsetpgrp 函数；进程组号为 pgrp 的进程组和调用 tcsetpgrp 的进程必须在同一个会话中；fd 必须联系该会话的控制终端，否则调用会失败。

通常用户程序不会直接调用以上两个系统调用。大多数情况下，它们是由作业控制 Shell 调用的。除了这两个系统调用之外，还可以使用系统调用 tcgetsid 来获取与控制终端相联系的会话的首进程号（即会话首进程的进程组 ID 号）。

5．综合示例

以下通过一个程序 exp_process.c 来演示上述系统调用的使用方法。

[示例程序 4.3 exp_process.c]

```
#include<stdio.h>
#include<stdlib.h>
#include<unistd.h>
#include<fcntl.h>
```

```c
main()
{
    int fd;
    printf("pid=%d,parent's id=%d\n",getpid(),getppid());
    printf("process group id=%d,parent's pgid=%d\n",
            getpgid(getpid()),getpgid(getppid()));
    printf("session id=%d,parent's session id=%d\n",getsid(getpid()),
            getsid(getppid()));
    fd=open("/dev/tty",O_RDWR);
    if(fd==-1)
    {
        perror("open");
        exit(EXIT_FAILURE);
    }
    printf("foreground process id=%d\n",tcgetpgrp(fd));
    return(close(fd));
}
```

编译后执行,结果如下:

```
root@ubuntu:~#gcc exp_process.c -o exp_process
root@ubuntu:~#./exp_process
pid=22392,parent's id=22323
process group id=22392,parent's pgid=22323
session id=22323,parent's session id=22323
foreground process id=22392
```

从示例程序 4.3 中可以看出,程序 exp_process 对应的进程 PID 号为 22392,运行该程序的 Shell 进程号为会话号为 22323。这两个进程分属于不同的进程组,进程组号分别为 22392 和 22323,即这两个进程分别为各自进程组的组长进程。两个进程都属于同一个会话,会话号为 22323,即 Shell 是这个会话的会话首进程。Shell 也是控制终端的控制进程,而与该控制终端相联系的前台进程组组长是进程 exp_process。

4.2.4 进程的用户属性

在进程的属性中有一部分是用来记录和用户相关的信息,例如真实用户、有效用户等。为什么要记录这些信息呢？从第 3 章可以知道,为了保证 passwd 命令的正确运行,passwd 命令对应的进程不只要记录真实用户以保证不会修改其他用户的密码,还要记录进程的有效用户以保证进程能够成功访问/eetc/passwd 文件。因此,进程需要保存正常运行所需的用户信息,主要包括以下内容。

1. 真实用户号(RUID)

用户在登录系统时,系统将会记录该登录用户。在不做修改的情况下,随后在这一连接中建立的进程真实用户均为登录用户。进程在创建时,将会记录下进程创建者的 ID 号作为其真实用户号,通常为当前的登录用户。

2. 进程有效用户号(EUID)

大多数情况下进程的有效用户号和真实用户号相同,当进程对应的程序文件被设置了有效用户位时,进程的有效用户就是程序文件的属主,此时进程享有文件属主的特权,可以访问只有程序文件属主才能访问的一些文件。有效用户号 EUID 主要用于权限检测。

3. 保存的设置用户号(REUID)

当进程的真实用户号和有效用户号不同时,意味着此时进程拥有有效用户所具有的权限。如果进程在运行过程中某一时刻需要访问真实用户才能访问的资源,这就需要进程具有真实用户的权限,因此需要将进程的有效用户号改为真实用户号,之后如果又需要访问之前有效用户才能访问的文件,又该怎么办呢?由此可见,在上一步修改有效用户号时,应保存之前的有效用户号,这样在后边的步骤中就可以轻松地将有效用户号修改回来了。进程的设置用户号用来保存有效用户号或真实用户号。

可以使用 getuid、geteuid 系统调用来获取真实用户号和有效用户号,其函数接口规范说明如表 4.10 和表 4.11 所示。

表 4.10 getuid 函数的接口规范说明

函数名称	getuid
函数功能	获取进程的真实用户号
头文件	＃include＜unistd.h＞ ＃include＜sys/types.h＞
函数原型	uid_t getuid(void);
参数	无
返回值	＞-1:成功(真实用户号) -1:失败

表 4.11 geteuid 函数的接口规范说明

函数名称	geteuid
函数功能	获取进程的有效用户号
头文件	＃include＜unistd.h＞ ＃include＜sys/types.h＞
函数原型	uid_t geteuid(void);
参数	无
返回值	＞-1:成功(有效用户号) -1:失败

如果要修改有效用户号,可以使用 setuid 或 seteuid 系统调用。seteuid 只对有效用户号做修改,setuid 根据进程的真实用户来修改用户号。如果进程的真实用户是 root 用户,调用 setuid 后,真实用户号、有效用户号和保存的设置用户号将同时被修改为参数

uid；如果进程的真实用户不是root，则setuid只修改有效用户号。

4. 进程用户组号（GID）、进程有效用户组号和保存的进程用户组号

以上针对用户的内容同样适用于各个组ID。可以使用系统调用getgid和getegid来获取真实组号和有效组号，这两个函数接口规范说明如表4.12和表4.13所示。

表4.12 getgid函数的接口规范说明

函数名称	getgid
函数功能	获取进程的真实组号
头文件	#include<unistd.h> #include<sys/types.h>
函数原型	uid_t getgid(void);
参数	无
返回值	>-1：成功（真实组号） -1：失败

表4.13 getegid函数的接口规范说明

函数名称	getegid
函数功能	获取进程的有效组号
头文件	#include<unistd.h> #include<sys/types.h>
函数原型	uid_t getegid(void);
参数	无
返回值	>-1：成功（有效组号） -1：失败

5. 综合示例

以root权限编写下面的程序。

[示例程序4.4 exp_uid.c]
```c
#include<stdio.h>
#include<stdlib.h>
#include<unistd.h>

int main()
{
    printf("uid=%d,euid=%d\n",getuid(),geteuid());
    printf("gid=%d,egid=%d\n",getgid(),getegid());
    return 0;
}
```

然后编译并设置程序文件的有效用户位：

root@ubuntu:~#gcc exp_uid.c -o exp_uid

```
root@ubuntu:~#ls -l
-rwxrwxr-x  1 root root 7016 Aug 21 15:42 exp_uid
-rw-rw-r--  1 root root  209 Aug 21 15:34 exp_uid.c
root@ubuntu:~#chmod u+s exp_uid
root@ubuntu:~#ls -l
total 16
-rwsrwxr-x  1 root root 7016 Aug 21 15:42 exp_uid
-rw-rw-r--  1 root root  209 Aug 21 15:34 exp_uid.c
```

之后,分别以普通用户和 root 用户的身份分别运行程序,请观察两次运行的差别,分析不同之处及其产生的原因。

4.3 进程管理

从进程的定义中可以看出,进程是一个动态的概念,因此它有生命周期。一个进程从创建时获得生命,中间历经各种状态的变化,最终从系统中消失,生命结束。这一过程需要操作系统提供相应的手段来实现进程管理。进程管理包括创建进程、执行进程、进程退出等操作。

4.3.1 创建进程

1. fork 系统调用

在 Linux 系统中,可以使用系统调用 fork 来创建新的进程,fork 的接口规范说明如表 4.14 所示。

表 4.14 fork 函数的接口规范说明

函数名称	fork
函数功能	创建一个进程
头文件	#include<unistd.h>
函数原型	pid_t fork(void);
参数	无
返回值	>-1:成功(其中:父进程中返回创建的子进程的进程号;子进程中返回 0) -1:失败

fork 系统调用是一个比较特殊的函数,从总体上看,该函数返回两个值。但从父子进程各自的角度来看,只返回了一个值。从父进程的角度看,如果 fork 调用失败返回 -1,调用成功返回创建的子进程的进程号,这样就可以从众多的进程中区分出本次创建的子进程是谁;从子进程的角度来看,如果 fork 调用失败,子进程也就不存在,如果调用成功,子进程复制父进程的代码从 fork 所在代码行之后开始执行,获取 fork 的返回值为 0,子进程想要获知其进程号或父进程号时,可以使用 getpid 和 getppid 函数。

用户程序调用 fork 后,fork 调用内核的 fork 代码,完成以下工作:

(1) 为子进程分配新的内存块和内核数据结构。
(2) 复制父进程的信息到子进程空间中(数据区、堆栈、一些属性)。
(3) 向运行进程组中添加新的进程。
(4) 将控制返回给父子两个进程。

下面通过一个例子来学习 fork 函数的使用。

[示例程序 4.5 fork_hello.c]
```c
#include<stdio.h>
#include<stdlib.h>
#include<unistd.h>

main()
{
    pid_t pid;
    if((pid=fork())==-1)
    {
        perror("fork");
        exit(EXIT_FAILURE);
    }
    printf("hello\n");
    return 0;
}
```

编译后运行得到如下结果：

```
root@ubuntu:~#gcc fork_hello.c -o exp_fork1
root@ubuntu:~#./exp_fork1
hello
root@ubuntu:~#hello
```

在示例程序 4.5 中，子进程和父进程运行的代码相同，运行的起点是 if 语句中的条件判断，子进程一出生就获取了 fork 的返回值为 0，赋给 pid 后与 -1 比较，结果不相等，因此执行 if 语句的后续语句。

需要注意的是，尽管 fork 创建的子进程将会复制父进程的资源，例如代码区和数据区的内容、进程组号、打开的文件描述符表等，但其他的(例如一些权限、进程状态和优先级、警告等)不会从父进程那里继承。

创建子进程的目的是为了执行新的任务，因此在程序中需要根据父子进程来安排执行不同的代码。那么该如何来区分父子进程呢？此时 fork 的返回值就是区分父子进程的关键了。示例程序 4.6 分别在父子进程中输出各自的进程号。

[示例程序 4.6 fork_fmt.c]
```c
#include<stdio.h>
#include<unistd.h>
```

```c
int main()
{
    pid_t  pid;
    printf("Let's distinguish parent and child!\n");
    pid=fork();
    switch(pid)
    {
        case -1: perror("fork");           break;
        case 0: printf("This is child process, pid=%d, ppid=%d!\n", getpid(),
                    getppid());
             break;
        default: sleep(1);
             printf("This is parent process, pid=%d!\n",getpid());
             break;
    }
    return 0;
}
```

编译后运行结果如下：

```
root@ubuntu:~#gcc fork_fmt.c -o fork_fmt
root@ubuntu:~#./fork_fmt
Let's distinguish parent and child!
This is child process, pid=29172, ppid=29171!
This is parent process, pid=29171!
```

这样一来，就可以为父子进程安排不同的代码，完成不同的任务。

2. 循环中使用 fork

调用 fork 函数成功的话将会产生一个子进程，那么如果 fork 调用出现在循环结构中，又将产生怎样的影响？

以下通过示例程序 4.7 来分析一下：在这个程序中，fork 产生了几个子进程？

[示例程序 4.7 fork_and_loop.c]

```c
#include<stdio.h>
#include<unistd.h>
#include<sys/types.h>

main()
{
    pid_t pid;
    int i=1;
    while(i<4)
    {
        pid=fork();
        if(pid==0)
```

```
        {
            printf("No. %d process, my pid is %d.\n", i, getpid());
            if(i!=1)
                return 0;
        }
        i++;
    }
}
```

在这个程序中,i 等于 1 时,创建了第一个子进程,随后父进程和创建的第一个子进程都会继续执行下一轮循环,在各自进程中 i 等于 2 时各产生了一个子进程,以此类推,总共产生了 5 个新的子进程,它们与父进程的关系如图 4.10 所示。

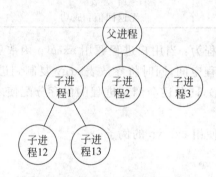

图 4.10　示例程序 4.7 的进程树结构

这个结果是否如你所料呢？

示例程序 4.7 提醒读者注意：当 fork 和循环结合使用时,一定要非常小心,避免产生无用的进程,无用的进程将会占用大量系统资源。

思考问题：如果示例程序中去掉"if(i!=1) return 0;"语句,又会产生多少个子进程？它们与父进程构成的进程树结构又是怎样的？

4.3.2　在进程中运行新代码

当可以利用 fork 的返回值区分父子进程后,就可以使用 eXec 族函数来让子进程执行新的代码了。

为了让子进程执行的代码与父进程不同,可以在子进程对应的分支中写入新的代码,但这并不是一个好的方法。第一,父进程在执行过程中,其代码段包含了子进程的代码,既不安全也浪费空间；第二,若以此方法类推,子进程再创建的子孙进程所要执行的代码都需要写在一个程序中,显然这种方法所有的代码最终都会写在一个程序中。

另一个方法就是将各个功能设计成互相独立的可执行程序,用 eXec 族函数来执行这些程序。eXec 族函数是 6 个以 exec 开头的功能类似的函数和系统调用的统称。eXec 族函数是以新的进程代码去代替原来的进程代码,但进程的 PID 保持不变。因此,eXec 族函数并没有创建新的进程,只是替换了原来进程上下文的内容,即原进程的代码段、数据段、堆栈段会被新的进程所代替。

这里先以 execvp 为例，学习如何让子进程执行新的代码。execvp 函数的接口规范说明如表 4.15 所示。

表 4.15　execvp 函数的接口规范说明

函数名称	execvp
函数功能	在进程中执行指定代码
头文件	#include＜unistd.h＞
函数原型	int execvp(char * file, char * argv[]);
参数	file：待运行的程序 argv：执行 file 所需要的参数（以 NULL 结尾）
返回值	-1：失败 无返回值：成功

execvp 函数的执行过程为：当用户进程调用 execvp 函数后，内核将按照程序名，将程序的内容加载到用户进程空间，同时将参数表 argv 复制到进程中，最后内核调用新加载程序的 main(argc, argv)，同时还会调整进程的内存分配使之适应新的程序对内存的要求。

示例程序 4.8 是一个使用 execvp 的例子。

[示例程序 4.8 exp_execvp.c]

```
#include<stdio.h>
#include<unistd.h>
int main()
{
    char * argv[]={"cp","/etc/passwd","tmppass",NULL};
    printf("Let's use execvp.\n");
    execvp("cp",argv);
    printf("******This is the end******");
}
```

编译后运行得到以下结果：

```
root@ubuntu:~$ gcc exp_execvp.c -o exp_execvp
root@ubuntu:~# ./exp_execvp
Let's use execvp.!
root@ubuntu:~#cat tmppass
root:x:0:0:root:/root:/bin/bash
bin:x:1:1:bin:/bin:/sbin/nologin
daemon:x:2:2:daemon:/sbin:/sbin/nologin
adm:x:3:4:adm:/var/adm:/sbin/nologin
lp:x:4:7:lp:/var/spool/lpd:/sbin/nologin
sync:x:5:0:sync:/sbin:/bin/sync
shutdown:x:6:0:shutdown:/sbin:/sbin/shutdown
halt:x:7:0:halt:/sbin:/sbin/halt
```

```
mail:x:8:12:mail:/var/spool/mail:/sbin/nologin
uucp:x:10:14:uucp:/var/spool/uucp:/sbin/nologin
…
```

从运行结果中可以看出，示例中的程序使用 execvp 函数执行了 cp 命令的代码，tmppass 文件复制了 /etc/passwd 文件的内容。另外，由于 execvp 调用成功，cp 命令的代码覆盖了程序原来的代码，所以程序中最后一条语句的内容并未输出在显示器上。

eXec 族函数中，其他 5 个与 execvp 类似，具体如下：

```
execl(const char * filepath,const char * arg1,char * arg2…)
execlp(const char * filename,const char * arg1,const char * arg2…)
execle(const char * filepath,const char * arg1,const char * arg2,…,char * cons envp[])
execv(const char * filepath,char * argv[])
execve(const char * filepath,char * argv[],char * const envp[])
```

其中，只有 execve 是系统调用，其他 5 个都是库函数，最终都会调用 execve。它们之间的关系如图 4.11 所示。

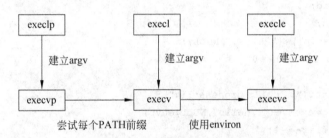

图 4.11　eXec 族函数之间的关系

在这些函数名中，除了 exec 之外的字母各有含义：
- l：以列表形式列出参数。
- v：以数组形式列出参数。
- p：在系统路径中查找代码程序。
- e：将环境变量设置为参数，即把新的环境指定到新进程中。

例如，都是让进程运行 ls -l 命令，这 6 个函数和系统调用的格式如下所示：

```
char * ls_argv[]={"ls", "-l", NULL};
char * ls_envp[]={"PATH=bin:usr/bin","TERM=console", NULL};
execl("/bin/ls", "ls", "-l", NULL);
execv("/bin/ls",ls_argv);
execle("/bin/ls", "ls", "-l", NULL, ls_envp);
execve("/bin/ls", ls_argv, ls_envp);
execlp("ls", "ls", "-l", NULL);
execvp("ls", ls_argv);
```

在上面的代码中，进程执行了系统命令，需要注意：无论是以数组形式表示参数，还是以列表形式表示参数,参数结束都要以 NULL 来表示,否则调用时会发生错误。

示例程序 4.9 创建子进程,让子进程执行一个已编写好的用户程序 hello。hello 程序的源代码如下:

```
#include<stdio.h>
main()
{
    printf("Hello world!\n");
    return 0;
}
```

将其编译为可执行程序 hello,随后在同一目录下编写示例程序 4.9 如下:

[示例程序 4.9 exp_exec.c]
```
#include<stdio.h>
#include<unistd.h>
main()
{
    pid_t pid;
    int flag;
    char *envp[]={"PATH=.",NULL};
    if((pid=fork())==0)
    {
        printf("in child process…\n");
        flag=execve("./hello",NULL,envp);
        if(flag==-1)
            printf("exec error!\n");
    }
    printf("in parent process…\n");
    return 0;
}
```

在示例程序 4.9 中,参数 envp 将路径设置为当前目录,随后用 fork 函数创建了一个新进程,如果创建成功,程序将会调用 execve 执行用户程序 hello;如果创建新进程不成功,提示相应信息,父进程输出"in parent process…"。

eXec 族函数与 system 函数都可以执行系统命令或可执行程序,但两者执行命令的方式不同。eXec 族函数是直接用新的进程去代替原来的进程,运行完毕之后不再回到原先的进程中去。system 函数是调用 Shell 来执行命令,即 system=fork+eXec+waitpid,执行完毕后,会回到原先的进程中,继续执行后续的代码。

学习到这里,细心的读者会发现一个问题:fork 执行过程中,会将父进程的数据等信息复制到子进程中,这个复制过程耗费了大量的系统资源,而子进程调用 eXec 函数后又会将新程序的内容加载到子进程空间,因此可以说,创建子进程时复制的父进程资源都没有用到就被覆盖了。这种资源浪费可以避免么,或者说可不可以创建子进程的时候不复制父进程资源?

答案是：可以使用 vfork 系统调用。

4.3.3 vfork 函数

vfork 与 fork 一样，调用成功后会创建一个子进程。它与 fork 不同之处在于：创建的子进程在调用 eXec 或 exit 之前将在父进程的地址空间中运行，而父进程在这段时间里将处于不可中断阻塞状态。vfork 函数的接口规范说明见表 4.16。

表 4.16 vfork 函数的接口规范说明

函数名称	vfork
函数功能	创建一个子进程
头文件	#include＜unistd.h＞
函数原型	pid_t vfork(void);
参数	无
返回值	＞-1：成功(其中：父进程中返回创建的子进程的进程号；子进程中返回 0) -1：失败

以下通过示例程序 4.10 来观察 fork 与 vfork 的差别。

[示例程序 4.10 exp_vfork.c]

```
#include<stdio.h>
#include<unistd.h>

int glob=3;
int main()
{
    int var=8, i=3;
    pid_t  pid;
    printf("before vfork\n");
    if((pid=vfork())<0)
    {
        perror("vfork");
        exit(-1);
    }
    else if(pid==0)
    {
        while(i -->0)
        {
            sleep(1);
            glob++;
            var++;
            printf("pid=%d,glob=%d,var=%d\n", getpid(), glob, var);
            exit(EXIT_SUCCESS);
```

```
        }
    }
    printf("pid=%d,glob=%d,var=%d\n", getpid(), glob, var);
    exit(EXIT_SUCCESS);
}
```

将示例程序 4.10 编译运行,得到结果如下:

```
root@ubuntu:~# gcc exp_vfork.c -o exp_vfork
root@ubuntu:~# ./exp_vfork
before vfork:
pid=552,glob=3,var=8
child pid=553,glob=4,var=9
child pid=553,glob=5,var=10
child pid=553,glob=6,var=11
parent pid=552,glob=6,var=11
```

随后,将 vfork 改为 fork 再来编译执行,观察其结果:

```
root@ubuntu:~# gcc exp_vfork.c -o exp_fork
root@ubuntu:~# ./exp_fork
before fork:
pid=564,glob=3,var=8
parent pid=564,glob=3,var=8
root@ubuntu:~#  child pid=565,glob=4,var=9
child pid=565,glob=5,var=10
child pid=565,glob=6,var=11
```

比较一下两次运行的结果会发现有以下不同:

(1) 父子进程交替执行的顺序不同。在 vfork 的运行结果中,子进程三次输出都完成以后,父进程中的内容才输出;而 fork 的结果中,父进程先于子进程输出。由此可以看出,调用 vfork 和 fork 之后父进程的状态是不一样的。

(2) 变量的值不同。在 vfork 的运行结果中,子进程将全局变量 glob 的值改为 6,局部变量 var 的值改为 11,父进程中输出的值也是 6 和 11,说明父子进程使用变量相同,即父子进程运行在同一地址空间;fork 的运行结果中,子进程输出 6 和 11,父进程输出为 3 和 8,父子进程引用的变量并不相同。由此可以见,vfork 中父子进程共享地址空间,fork 中父子进程各自有各自的地址空间。

从示例程序 4.10 可以看到 vfok 同样可以创建子进程,又避免了 fork 后直接调用 eXec 时复制父进程资源造成的资源浪费,这样看起来使用 vfork 创建子进程是一个更好的方法,但事实并非如此,vfork 函数同样存在着一些问题。

例如,调用 vfork 创建子进程后,如果子进程需要和父进程通信,获取父进程发来的某些信息,很显然,此时由于父进程处于不可中断阻塞态,将无法回应子进程。除此之外,由于子进程在未调用 eXec 或 exit 前,占用了父进程的地址空间,因此有可能修改父进程的数据,出现错误,这些都是很严重的问题。因此,在实际应用中创建子进程还是使用

fork 函数。这看起来又回到了老问题上：如何避免 fork 子进程后，子进程直接调用 eXec 函数时复制父进程资源造成的资源浪费？实际上，现在在 Linux 系统中使用了一项称为"写时复制"（Copy-on-Write）的技术来避免这一浪费。

写时复制是一种可以推迟甚至避免复制数据的技术。写时复制是在 fork 函数创建子进程时，内核并不复制父进程的整个进程空间给子进程，而是让父进程和子进程共享同一个副本。只有在需要写入的时候，数据才会被复制，从而使父进程、子进程拥有各自的副本。也就是说，资源的复制只有在需要执行写入操作的时候才进行，在此之前以只读方式共享。这种技术使得对地址空间中的页的复制被推迟到实际发生写入的时候。上面提到过的 fork 子进程后立即执行 eXec，在这种情况下就完全不需要复制父进程资源了，这种优化可以避免复制大量根本就不会使用的数据。

4.3.4 进程退出

进程退出也就是进程生命的终止，进程运行过程中有 8 种情况会导致进程终止退出。其中，正常的终止退出方式有 5 种，分别是：

（1）从 main 返回（return 或隐含）。
（2）进程运行过程中调用了 exit 函数。
（3）进程运行过程中调用了_exit 函数或_Exit 函数。
（4）进程的最后一个线程从其启动例程返回。
（5）进程的最后一个线程调用 pthread_exit。

exit 和 return 的差异是：exit 是一个有参函数，return 是一条函数中的返回语句；exit 执行完后把控制权交给系统，return 执行完后把控制权交给主调函数。在 Linux 系统中，_Exit 函数和_exit 函数是同义的。

异常的终止退出方式有 3 种，分别是：

（1）进程运行过程中调用了 abort 函数。
（2）进程运行过程中，收到一个信号并终止。
（3）进程的最后一个线程对取消请求做出响应。

不管进程以哪种方式退出，系统最终都会执行内核中的同一段代码。这段代码用来关闭进程已打开的文件描述符，释放进程所占用的内存和其他资源。

本节主要介绍使用 exit 和_exit 终止进程的方式。

1. exit

exit 是标准 C 库中的一个库函数，其接口规范说明如表 4.17 所示。

表 4.17 exit 函数的接口规范说明

函数名称	exit
函数功能	正常终止一个进程
头文件	#include<stdlib.h>
函数原型	void exit(int status);

续表

参数	status：程序退出的状态
返回值	无

调用 exit 函数后，它将会做三件事情：执行由 atexit 与 on_exit 注册的所有函数；冲洗（flush）、关闭所有打开的流文件并删除由 tmpfile 创建的文件；进入内核代码终止程序。

2. _Exit 和 _exit

_Exit 也是标准 C 库中的一个库函数，其接口规范说明如表 4.18 所示。

表 4.18 _Exit 函数的接口规范说明

函数名称	_Exit
函数功能	正常终止一个进程
头文件	#include<stdlib.h>
函数原型	void _Exit(int status);
参数	status：程序退出的状态
返回值	无

_Exit 函数和 _exit 系统调用同义，_exit 的接口规范说明如表 4.19 所示。

表 4.19 _exit 函数的接口规范说明

函数名称	_exit
函数功能	正常终止一个进程
头文件	#include<unistd.h>
函数原型	void _exit(int status);
参数	status：程序退出的状态
返回值	无

_Exit 和 _exit 将会立即结束进程，关闭进程打开的文件描述符；系统会向该进程的父进程发送一个 SIGCHLD 型号；该进程的子进程将会被 init 进程接收。

这 3 个函数或系统调用在使用时都能够正常终止进程，并将 status 值保留下来等待父进程读取。但 _Exit、_exit 和 exit 又有所不同，下面通过示例程序 4.11 来展示 _exit 和 exit 的不同。

[示例程序 4.11 exp_exit.c]
```
#include<stdio.h>
#include<stdlib.h>
#include<unistd.h>
```

```
main()
{
    pid_t pid;
    pid=fork();
    if(pid==-1)
    {
        perror("fork");
        exit(EXIT_FAILURE);
    }
    else if(pid==0)
    {
        printf("This is _exit:\n");
        printf("now is child\n");                //第二次运行时删去\n
        _exit(EXIT_SUCCESS);
    }
    else
    {
        printf("This is exit:\n");
        printf("now is parent\n");               //第二次运行时删去\n
        exit(EXIT_SUCCESS);
    }
}
```

编译运行后,得到运行结果如下:

```
root@ubuntu:~# gcc exp_exit.c -o exp_exit
root@ubuntu:~# ./exp_exit
This is exit:
now is parent
This is _exit:
now is child
```

按照程序注释的要求,去掉两处\n后重新编译运行,得到的运行结果如下:

```
root@ubuntu:~# gcc exp_exit.c -o exp_exit
root@ubuntu:~# ./exp_exit
This is exit:
now is parent This is _exit:
```

比较一下两次运行的结果,读者会发现:在去掉了"\n"后,使用_exit系统调用的子进程并没有输出"now is child"。原因在于"now is child"这串字符被输出到了标准输出设备的缓冲区中,而标准输出设备是行缓冲设备,当主动冲洗或遇到回车时才会显示在设备上。在第一次运行中,"\n"作为回车将缓冲区中的内容显示在标准输出设备上,第二次运行没有了"\n",并且使用的_exit函数执行时并不冲洗流文件的缓冲区,因此并未输出"now is child"。对于父进程来说,由于使用的是exit函数,不管是否有"\n"存在,执行

exit 函数都会冲洗流文件的缓冲区,因此去掉"\n"并未对父进程的运行结果产生影响。

通过以上示例可以看出使用 exit 和_exit 对程序造成的不同影响,接着再来看看调用 on_exit 和 atexit 对终止进程会造成怎样的影响。

3. on_exit

on_exit 函数会为调用它的程序注册一个处理函数,这个函数将在该程序使用 exit 函数退出时或遇到 return 语句退出 main 函数时运行。处理函数运行时,将会获得 on_exit 函数和最后一次调用 exit 函数时给定的参数。on_exit 函数的接口规范说明如表 4.20 所示。

表 4.20　on_exit 函数的接口规范说明

函数名称	on_exit
函数功能	注册进程正常终止前的处理函数
头文件	#include<stdlib.h>
函数原型	int on_exit(void (*func)(int , void *) , void *arg);
参数	func：退出时的处理函数 arg：传递给 func 的参数
返回值	0：成功 非 0 值：失败

示例程序 4.12 展示了 on_exit 函数的使用:

[示例程序 4.12 exp_on_exit.c]
```c
#include<stdio.h>
#include<stdlib.h>

void before_exit(int status,void * arg)
{
    printf("before exit()!\n");
    printf("exit %d, arg=%s\n",status, (char *)arg);
}
main()
{
    char * str="on_exit";
    on_exit(before_exit,(void *)str);
    exit(1111);
}
```

程序编译运行后结果如下:

```
root@ubuntu:~# gcc exp_on_exit.c -o exp_on_exit
root@ubuntu:~# ./exp_on_exit
before exit()!
exit_status=1111,arg=on_exit
```

从运行结果可以看出，exit 函数的参数和 on_exit 函数的第二个参数被传递给了退出处理函数，显示了进程退出时的状态和信息。

4. atexit 函数

on_exit 函数在 Solaris(SunOS 5)之后已不再使用，为了保证程序的可移植性，当需要注册退出处理函数时，可以使用 atexit 函数来实现。atexit 函数接口规范说明如表 4.21 所示。

表 4.21　atexit 函数的接口规范说明

函数名称	atexit
函数功能	注册进程正常终止前的处理函数
头文件	#include<stdlib.h>
函数原型	int atexit(void (*function)(void));
参数	function：退出时的处理函数
返回值	0：成功 非 0 值：失败

atexit 函数与 on_exit 功能类似，但不传递参数。如果 atexit 函数注册了多个退出处理函数，那么这些处理函数执行时的顺序与注册的顺序完全相反；atexit 函数允许多次注册同一处理函数，该函数也将被执行多次。以下通过示例程序 4.13 来学习 atexit 函数的使用。

[示例程序 4.13 exp_atexit.c]
```c
#include<stdlib.h>
#include<stdio.h>
#include<unistd.h>

void bye(void)
{     printf("This is from bye.\n");      }

int main(void)
{
    int i;
    i=atexit(bye);
    if(i!=0)
    {
        fprintf(stderr,"cannot set exit function!\n");
        exit(EXIT_FAILURE);
    }
    exit(EXIT_SUCCESS);
}
```

编译运行结果如下：

```
root@ubuntu:~# gcc exp_atexit.c -o exp_atexit
root@ubuntu:~# ./exp_atexit
```

This is from bye.

4.3.5 wait 函数

子进程调用 exit 函数结束后释放了用户空间的资源,而它在内核空间占用的资源仍然未被释放,这时需要父进程调用 wait 或 waitpid 函数来回收子进程的结束状态,回收所占用的内核空间。

1. wait 函数

wait 函数的接口规范说明如表 4.22 所示。

表 4.22 wait 函数的接口规范说明

函数名称	wait
函数功能	暂停当前进程直至其子进程结束,并取回子进程结束时的状态
头文件	#include<sys/wait.h>
函数原型	pid_t wait(int *statloc);
参数	statloc:子进程终止状态的地址
返回值	>0:成功 -1:失败

进程在调用 wait 函数后,将等待它的任一个子进程结束,当某个子进程结束时,wait 函数返回该子进程的进程号,使用参数 statloc 接收子进程的结束状态,并且回收该子进程的内核进程资源。示例程序 4.14 是一个关于 wait 函数使用的例子。

[示例程序 4.14 exp_wait.c]

```
#include<stdio.h>
#include<stdlib.h>
#include<unistd.h>

void child()
{
    printf("PID %d is child\n",getpid());
    sleep(2);
    printf("child is exiting\n");
    exit(EXIT_SUCCESS);
}
void parent()
{
    int p_return;
    p_return=wait(NULL);
    printf("PID %d is parent, wait return from %d.\n",getpid,p_return);
}
main()
{
```

```
    pid_t pid;
    pid=fork();
    if(pid<0)
        perror("fork");
    else if(pid==0)
        child();
    else
        parent();
}
```

编译后运行得到如下结果：

```
root@ubuntu:~# gcc wait_exp.c -o wait_exp
root@ubuntu:~# ./wait_exp
PID 20322 is child
child is exiting
PID 20321 is parent, wait return from 20322.
```

在示例程序 4.14 中，调用 wait 函数时参数为 NULL，表示不获取子进程的结束状态。如果要回收其终止状态，statloc 参数将会带回一个整型指针值，该指针指向子进程的终止状态。获得子进程的终止状态后，还可以使用 POSIX 定义的宏：WIFEXITED、WIFSIGNALED、WIFSTOPPED 或 WIFCONTINUED 来查看终止状态的含义。这几个宏的具体含义可在＜sys/wait.h＞中查找到。通过学习示例程序 4.15 也可以让读者对子进程的终止状态有所了解。

[示例程序 4.15 exp_wait2.c]
```
void prt_exit(int status)
{
    if(WIFEXITED(status))
        printf("The process exited with status %d.\n",WEXITSTATUS(status));
    else
        printf("The process is not teminated by exit.\n");
}

int main()
{
    int status=6;
    int statloc=0,pid,returnpid;
    if((pid=fork())<0)
    {
        perror("fork");
        exit(EXIT_FAILURE);
    }
    else if(pid==0)
    {
        exit(status);
```

```
            //abort();
        }
        else
        {
            wait(&staloc);
            prt_exit(staloc);
        }
    }
```

编译后运行结果如下:

```
root@ubuntu:~# gcc wait_status.c -o wait_status
root@ubuntu:~# ./wait_status
The process exited with status 6.
```

有兴趣的读者,可以试着修改变量 status 的值,或将 exit(status)这句代码注释掉,执行 abort(),看看程序运行结果有何不同。

在示例程序 4.15 中,只有一个子进程。父进程由于调用了 wait 函数处于阻塞状态,等待子进程结束。当子进程结束转换为僵死状态时,内核会发送一个 SIGCHLD 信号来唤醒父进程继续执行 wait 的操作,从而获取子进程的终止状态。可以分析得出,当父进程有多个子进程时,使用 wait 操作时,父进程无法指定等待某一个特定的子进程终止,只能在 wait 调用结束后,根据其返回值来确定结束的是哪一个子进程。当程序需要等待一个确定的子进程结束时,可以使用 waitpid 函数来完成子进程内核资源的回收。

2. waitpid 函数

waitpid 函数的功能与 wait 相同,但它提供了一些更为灵活的操作方式,主要表现在以下几个方面:

(1) waitpid 函数可以等待一个特定的子进程结束。
(2) 父进程可以用非阻塞的方式来获取子进程终止状态。
(3) waitpid 支持作业控制。

waitpid 函数调用成功时返回终止的子进程的进程号,函数接口规范说明如表 4.23 所示。

表 4.23　waitpid 函数的接口规范说明

函数名称	waitpid
函数功能	获取子进程结束时的状态
头文件	#include<sys/wait.h>
函数原型	pid_t waitpid(pid_t pid, int * staloc, int options);
参数	pid:指定的子进程 PID staloc:子进程终止状态的地址 options:控制操作方式的选项
返回值	>0:成功 -1:失败

在这里需要对 waitpid 的参数做一个说明，先来看参数 pid，不同 pid 值的作用如下：
- pid==-1 时，表示等待任一个子进程结束，此时 waitpid 的功能与 wait 等效。
- pid>0 时，等待进程号为 pid 的子进程结束。
- pid==0 时，等待与调用进程同组的任一子进程结束。
- pid<0 时，等待组进程号为 pid 绝对值的任一子进程结束。

参数 options 可以进一步控制 waitpid 函数的操作，options 可以设置为 0 或 POSIX 中定义的宏 WCONTINUED、WNOHANG、WUNTRACED 按位"或"之后的结果。这几个宏定义在<sys/wait.h>头文件中，WNOHANG 表示在等待子进程结束的过程中，父进程不阻塞，继续运行；WCONTINUED 和 WUNTRACED 选项用于作业控制。

示例程序 4.16 帮助我们学习 waitpid 函数的使用。

[示例程序 4.16 exp_waitpid.c]
```c
#include<stdlib.h>
#include<stdio.h>
#include<unistd.h>
#include<sys/wait.h>

int main()
{
    int pid;
    if((pid=fork())<0)
    {
        perror("fork");
        exit(EXIT_FAILURE);
    }
    else if(pid==0)
    {
        sleep(3);
        printf("Now child is exiting.\n");
        exit(EXIT_SUCCESS);
    }
    else
    {
        waitpid(-1,NULL,WNOHANG);
        printf("Parent is waiting child to exit.\n");
    }
}
```

编译后运行得到以下结果：

```
root@ubuntu:~# gcc exp_waitpid.c -o exp_waitpid
root@ubuntu:~# ./exp_waitpid
Parent is waiting child to exit.
root@ubuntu:~#Now child is exiting.
```

从运行结果可以观察到，父进程在调用了 waitpid 函数后并没有进入阻塞状态，而是继续运行了 printf 语句，因此子进程的输出语句运行晚于父进程输出语句。

总结进程的一生，可以把它比喻成一个"自然人"：

（1）随着一句 fork，一个新进程呱呱落地，但它这时只是一个父进程的克隆体。

（2）随着 eXec，新进程脱胎换骨，离家独立，开始了自己的职业生涯。

（3）进程也会面临死亡。它可能是因为遇到 main 函数的最后一个大括号"}"而导致的"自然死亡"；也可能是因为调用 exit 函数或 main 函数内使用 return 而导致的"自杀"；还有可能被其他进程通过另外一些方式"谋杀"。

（4）"自杀"的进程可以留下遗书给父进程，放在 exit 的终止状态中保留下来。

（5）进程死掉以后，会留下一具僵尸。此时，wait 充当了"殓尸工"，把僵尸推去火化，使其最终归于无形。

4.3.6　Shell 的实现流程

Shell 是 Linux 系统的交互界面，提供了用户与内核进行交互操作的一种接口。Linux 系统使用的 Shell 类型为 bash。在一个打开的 Shell 窗口中，输入用户名和密码登录之后，根据所使用的 Shell 或登录用户不同，Shell 窗口中会出现不同的提示符，提示用户输入命令。Shell 所做的工作可以分为三大类：

（1）执行命令或程序：接收用户输入的命令或可执行程序名，并把它送去执行。

（2）编写程序：在 Shell 中可以编写后缀为 .sh 的脚本程序，这一类程序可以在 Shell 中运行。

（3）管理输入输出：管道命令要实现命令或程序输入输出的重定向，这一功能不是由程序本身实现的，而是由 Shell 完成的。

至此所学习的内容已足够读者设计一个简单的 Shell，实现 Shell 执行命令或程序的功能，下一章学习了重定向和管道的知识后，可以继续完善本章所设计的 Shell。

Shell 本身也是一个进程，它是一个无穷循环，每次循环等待用户输入命令、程序或脚本执行，使用 exit 命令可以退出 Shell。

执行一条命令的具体过程分为以下几个步骤：首先输出提示符，提示用户输入；随后接收用户输入的命令；紧接着，新建一个子进程，来执行输入的命令；子进程使用 eXec 将输入命令加载到子进程中执行；子进程生存的期间，Shell 进程被阻塞并等待子进程结束，流程如图 4.12 所示。

图 4.12 中一次循环的过程也可以用以下的伪代码来描述：

```
printf("Shell 提示符");
read(输入命令);
pid=fork();
```

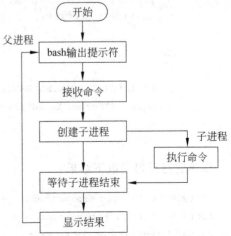

图 4.12　Shell 的实现流程

```
if(pid==0)
    eXec(输入命令);
else if(pid>0)
    wait(pid 进程);
write(结果);
```

在这段伪代码中,需要根据当前登录的用户和所在的工作目录构造 Shell 提示符,还需要接收输入的字符串,根据字符串的内容确定要执行的命令或程序名、参数、选项等内容。简单 Shell 的具体实现作为本章的实验内容留给读者完成。

4.4 Linux 中的特殊进程

4.4.1 孤儿进程

如果一个进程先于它的子进程结束,那么这个子进程就成为一个孤儿进程,将会被 init 进程接收,成为 init 进程的子进程。编写程序时,可以先创建一个进程,然后让其父进程结束,那么创建的进程就变成了孤儿进程,如示例程序 4.17 所示。

[示例程序 4.17 exp_orphan.c]
```c
#include<stdio.h>
#include<stdlib.h>
#include<unistd.h>
#include<sys/types.h>
main()
{
    pid_t  pid;
    if((pid=fork())==-1)
        perror("fork");
    else if(pid==0)
    {
        printf("pid=%d, ppid=%d\n", getpid(), getppid());
        sleep(3);
        printf("pid=%d, ppid=%d\n", getpid(), getppid());
    }
    else
    {
        printf("parent process PID=%d.\n", getpid());
        exit(EXIT_SUCCESS);
    }
}
```

编译后运行结果如下:

```
root@ubuntu:~# gcc orphan_p.c
root@ubuntu:~# ./a.out
parent pid is 2956.
```

```
pid=2957,ppid=2956
root@ubuntu:~#pid=2957,ppid=1
```

从运行结果能看到子进程的父进程从原先的 2956 变为 1 号进程 init（在使用了 upstart 新型 init 系统的 Linux 系统中，这一示例程序的运行结果有可能会显示该子进程的父进程是 upstart 而非 init），说明其父进程已先结束，该进程成为了孤儿进程。

4.4.2 僵尸进程

子进程先于父进程结束时，子进程将结束状态传递给内核，之后子进程结束，释放用户内存空间，但子进程的 PCB 块仍然存放在内核空间中，此时进程处于僵死状态。子进程结束时系统会向其父进程发送一个 SIGCHLD 信号告知父进程子进程已结束；父进程收到 SIGCHLD 信号后，如果使用 wait 系统调用获取子进程的退出状态，内核就可以从内存中释放已结束的子进程 PCB 块。如果父进程未使用 wait，则子进程的 PCB 将留在系统中，这种状态的子进程称为僵尸进程。例如，示例程序 4.18 就会产生一个僵尸进程。

[示例程序 4.18 exp_zombie.c]
```c
#include<stdio.h>
#include<stdlib.h>

main()
{
    pid_t pid;
    if((pid=fork())==-1)
        perror("fork");
    else if(pid==0)
    {
        printf("child process %d will become a zombie!\n",getpid());
        exit(EXIT_SUCCESS);
    }
    sleep(2);
    system("ps u");
    exit(EXIT_SUCCESS);
}
```

其运行结果为：

```
root@ubuntu:~# gcc exp_zombie.c -o exp_zombie
root@ubuntu:~# ./exp_zombie
child process 2988 will become a zombie!
USER   PID  %CPU %MEM  VSZ   RSS TTY     STAT START   TIME COMMAND
root   2860 0.0  0.4   8600 4920 pts/1   Ss   21:08   0:00 bash
root   2987 0.0  0.0   2028  564 pts/1   S+   21:13   0:00 ./a.out
root   2988 0.0  0.0      0    0 pts/1   Z+   21:13   0:00 [a.out] <defunct>
root   2989 0.0  0.0   2272  624 pts/1   S+   21:13   0:00 sh -c ps u
```

```
root   2990  0.0  0.2  6656  2356 pts/1   R+    21:13  0:00 ps u
```

程序运行时的输出可以看到创建的子进程 ID 号为 2988,"ps u"命令显示的结果表明 2988 号进程的状态为 Z+,表明这是一个僵尸进程。

在实际程序设计开发中,应该避免僵尸进程的产生。为避免产生僵尸进程,通常可以采取以下的方法:

(1) 将父进程中对 SIGCHLD 信号的处理函数设为 SIG_IGN(忽略信号),让内核清理这些子进程;

(2) fork 两次并杀死一级子进程,令二级子进程成为孤儿进程而被 init 接收和清理。

4.4.3　守护进程

守护进程(Deamon)是类 UNIX 系统中一类特殊的进程,也称为精灵进程。通常在系统自举时启动,关闭时终止。守护进程通常周期性地执行某种任务或等待处理某些发生的事件,Linux 的大多数服务器就是用守护进程实现的,例如 init 进程、crond 进程等。

守护进程具有一些区别于其他进程的特点:运行在后台;独立于控制终端;执行日常事务。

尽管大多数守护进程都以超级用户特权运行,但普通用户在设计程序时,同样可以将需要长期周期性执行固定操作的进程设置为守护进程,通常可以使用这种方式来建立 Linux 系统中的服务器软件。本节内容为读者介绍如何建立一个守护进程,该守护进程具体要完成的功能可由读者自行定义。

以下步骤可以建立一个守护进程。

(1) 屏蔽一些有关控制终端的信号。

守护进程是运行于后台,脱离控制终端的,在它尚未建立并且脱离终端之前,要预防遭受控制终端的干扰导致退出或挂起。此时,可使用代码"signal(SIGHUP, SIG_IGN);",该语句代码将使调用进程屏蔽导致挂起信号,代码中使用 signal 函数将指定信号 SIGHUP 的处理方式修改为忽略信号(SIG_IGN)。关于信号的内容将在后面的章节中讲解。

(2) 将文件创建模式掩码设置为 0。

创建守护进程时会经历多次 fork 操作,从其父进程继承来的文件创建模式掩码,有可能会导致子进程无法读写文件,因此需要重设文件创建模式掩码,将掩码设置为 0。

(3) 调用 fork,然后使父进程退出。

守护进程有可能是以命令的方式在 Shell 环境中创建的,调用 fork 创建子进程,使父进程退出,可以让 Shell 认为这条命令已经执行完毕,因此可以继续接收下一条命令来执行。创建子进程的另一个原因是守护进程是脱离控制终端的,只有创建子进程才能保证实现守护进程功能的不是组长进程,从而可以使用 setsid 函数创建新会话,使调用进程脱离前台进程组。具体使用的代码如下:

```
pid=fork();
if(pid>0)
```

```
exit(EXIT_SUCCESS);
```

(4) 创建新会话，脱离控制终端和进程组。

在上一步的基础上，调用 setsid 函数使子进程成为新的会话首进程。

(5) 禁止进程重新打开控制终端。

作为会话首进程，尽管当前进程运行在后台，但仍然可以获得与控制终端的联系。为保证进程不会重新打开终端，可以再次调用 fork 创建子进程，让父进程退出，使保留的进程并非进程组长，从而无法获取与控制终端的联系。

(6) 改变当前工作目录。

守护进程通常都是长时间运行的，其工作目录是从父进程继承而来的，所以当守护进程活动时，会导致其工作目录所在的文件系统不能卸载。为了保证文件系统能够正常工作，通常需要将守护进程的工作目录切换到根目录。可使用代码"chdir("/");"来实现这一步骤。

(7) 关闭不需要的文件描述符。

守护进程脱离终端运行，因此不需要和标准 I/O 文件通信。除此之外，未关闭的文件描述符也有可能造成文件系统无法卸载等问题。因此在创建守护进程时，需要关闭不使用的文件描述符。

(8) 将文件描述符 STDIN_FILENO、STDOUT_FILENO、STDERR_FILENO 和 /dev/null 相连接。

某些守护进程需要打开 /dev/null 与文件描述符 0、1、2 相连接。这样，即使在守护进程中使用的某个库例程试图读标准输入、写标准输出和标准错误，也都不会产生任何效果和错误。可采用的代码如下：

```
open("/dev/null",O_RDONLY);
open("/dev/null",O_RDWR);
open("/dev/null",O_RDWR);
```

经过以上步骤，将可以得到一个守护进程，完整的代码如下：

[示例程序 4.19 exp_deamon.c]

```
#include<stdio.h>
#include<stdlib.h>
#include<unistd.h>
#include<signal.h>
#include<fcntl.h>
#include<sys/syslog.h>
#include<sys/param.h>
#include<sys/types.h>
#include<sys/stat.h>

void init_deamon(const char * cmd,int para)
{
    int pid;
```

```c
    int i;
    signal(SIGHUP,SIG_IGN);
    umask(0);

    if((pid=fork())>0)
        exit(EXIT_SUCCESS);
    else if(pid<0)
    {
        perror("fork1");
        exit(EXIT_FAILURE);
    }
    setsid();

    if((pid=fork())>0)
        exit(EXIT_SUCCESS);
    else if(pid<0)
    {
        perror("fork2");
        exit(EXIT_FAILURE);
    }
    chdir("/");

    for(i=0;i<NOFILE;i++)
        close(i);

    open("/dev/null",O_RDONLY);
    open("/dev/null",O_RDWR);
    open("/dev/null",O_RDWR);

    openlog(cmd,LOG_PID,para);
    return;
}

main(int argc,char * argv[])
{
    time_t ticks;
    init_deamon(argv[0],LOG_KERN);
    while(1)
    {
        sleep(3);
        ticks=time(NULL);
        syslog(LOG_INFO,"%s",asctime(localtime(&ticks)));
    }
}
```

4.4.4 出错记录

由于守护进程脱离控制终端,所以守护进程运行过程中产生的错误无法输出到标准设备上。在记录守护进程日志信息时,既不希望所有守护进程把出错信息都写到工作站的控制台设备上,也不希望每个守护进程将自己的出错信息写到一个单独的文件中。因此需要使用一个集中的守护进程出错记录设施来处理守护进程产生的日志。

大多数守护进程使用的是 BSD syslog 设施,其组织结构如图 4.13 所示。完整的 syslog 日志中包含产生日志的程序模块(facility)、严重性(severity 或 level)、时间、主机名或 IP、进程名、进程 ID 和正文。在类 UNIX 操作系统中,能够按 facility 和 severity 的组合来决定什么样的日志消息需要记录、记录到什么地方、是否需要发送到一个接收 syslog 的服务器等。

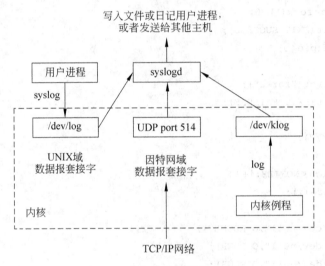

图 4.13 syslog 设施的结构示意

从示例程序 4.19 中可以看到,在编写守护进程时,可以使用 openlog、syslog 和 closelog 来使用这套设施。这三个函数的接口规范说明如表 4.24、表 4.25 和表 4.26 所示。

表 4.24 openlog 函数的接口规范说明

函数名称	openlog
函数功能	打开日志文件
头文件	#include<syslog.h>
函数原型	void openlog(const char * ident,int option,int facility);
参数	ident:日志的标记 option:选项 facility:说明如何处理来自不同设施的日志
返回值	无

表 4.25 syslog 函数的接口规范说明

函数名称	syslog
函数功能	产生一个日志消息
头文件	#include<syslog.h>
函数原型	void syslog(int priority, const char * format, …);
参数	priority：日志的紧急程度 format：日志中信息的格式
返回值	无

表 4.26 closelog 函数的接口规范说明

函数名称	closelog	函数原型	void closelog(void);
函数功能	关闭日志文件	参数	无
头文件	#include<syslog.h>	返回值	无

调用 openlog 函数是一个可选的步骤，如果没有调用 openlog 的话，在第一次调用 syslog 函数时，会自动调用 openlog。

在调用 openlog 函数时，可以指定一个 ident，这个标记将会被加至每则日志消息中，通常 ident 会设置为守护进程的程序名。option 选项可以选择使用宏 LOG_PID、LOG_PERROR、LOG_NOWAIT 等，各宏的具体含义可以在 syslog.h 文件中查找到。facility 参数可选的宏也可以在 syslog.h 文件中查找到，设置 facility 参数的目的是可以让配置文件说明来自不同设施的消息将以不同的方式进行处理。

调用 syslog 函数时，如果之前没有调用 openlog，那么 priority 可以设置为 level 和 facility 的组合。format 参数和其他参数将会传递给 vsprintf 函数进行格式化输出。

例如，在上一节的程序中使用了 openlog 和 syslog 函数，代码如下：

```
openlog(cmd,LOG_PID,para);

while(1)
{
    sleep(3);
    ticks=time(NULL);
    syslog(LOG_INFO,"%s",asctime(localtime(&ticks)));
}
```

其中 para 值为 LOG_KERN，cmd 值为守护进程程序名 exp_deamon。以上代码将在日志文件中每隔 3 秒记录一条日志信息，信息包括程序名、进程 PID 号、时间，类型为内核产生的信息性消息。

4.5 小　　结

　　进程是操作系统中一个非常重要的概念，在 Linux 环境下编写系统级程序需要熟练掌握进程的属性和操作。

　　本章首先介绍了 Linux 环境下可执行程序和进程的结构，并且说明了两者之间的关系。在 Shell 环境下，可以使用 ps、pstree、top 等命令来查看进程的情况。进程在运行过程中还会使用到很多环境参数，这些参数都会影响到程序的运行。

　　本章还介绍了一些必须熟练掌握的函数，它们是 fork、eXec、wait、waitpid 和 exit，这些函数是 Linux 环境下编写程序经常会使用到的函数，读者可以使用这些函数创建自己的简单 Shell 环境。

　　在本章最后，介绍了孤儿进程、僵尸进程这两种特殊的进程，在编写程序时，要注意这两种进程造成的影响。本章还介绍了如何创建守护进程，守护进程是一种用于实现服务器软件的方法。

习　　题

一、填空题

1. 在 Linux 中，进程的控制块是一个类型名为_____的结构体。
2. 在 Linux 环境下，进程的两种运行模式为_____和_____。
3. 在 Linux 的用户空间中，创建一个新进程的方法是由某个已经存在的进程调用_____或_____函数，被创建的新进程称为_____，已存在的进程称为_____。
4. 就绪态的进程是一个只需要_____资源即可运行的进程。
5. 进程结束时可以调用 exit、_exit、abort 三个函数，其中_____属于异常结束进程的方法。
6. 某进程调用 wait 函数后，如果该进程没有子进程，则该进程将_____。
7. 产生僵尸进程的要素是：_____、_____；产生孤儿进程的要素是：_____。
8. 调用 fork 函数后在父进程中返回_____，在子进程中返回_____。

二、简答题

1. 列出你的系统中当前所有正在运行的守护进程，简要说明其功能。
2. 请简述在 Linux 系统中进程状态是如何转换的。
3. 请简述终端、会话、进程组和进程之间的关系。

三、编程题

1. 编写一个程序，程序中创建一个子进程用来打开你的 Linux 系统中的浏览器；父进程等待子进程结束后输出子进程的退出值。
2. 编写一个程序，创建一个僵尸进程并用 ps 命令显示该进程的状态。
3. 编写一个程序，创建一个孤儿进程并用 ps 命令显示该进程的状态。

第 5 章 重定向与管道

在 Linux 系统中,系统会默认为命令或程序打开三个标准 I/O 文件,保证命令或程序可以与用户进行交互。除此之外,还可以将这三个标准文件重定向,借此可以实现从指定的位置获取输入信息或将输出信息、错误信息保存在指定的文件中。同时,Linux 系统还提供管道的功能,可以将多条命令或程序之间的输出和输入相衔接,实现灵活的 Shell 编程。

5.1 重定向和管道命令

5.1.1 重定向命令

所有的 UNIX I/O 重定向都是基于标准数据流的原理。在 Shell 中键入命令运行时,内核将会为命令进程打开三个标准 I/O 设备文件,并且用文件描述符 0、1、2 与它们关联,其中文件描述符 0 对应标准输入设备,1 对应标准输出设备,2 对应标准错误文件。进程在运行过程中,默认从标准输入设备文件读取数据,将输出数据写入标准输出设备文件,如果出错的话,错误信息将会写入标准错误文件。例如,使用 cat 命令时,系统将会把结果显示在标准输出设备上。通常标准输入设备文件为键盘,标准输出设备文件和标准错误文件为显示器,如图 5.1 所示。

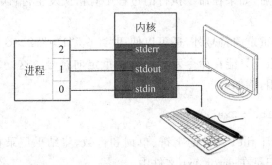

图 5.1 进程和标准设备文件的联系

在某种情况下,用户希望能够将信息输出到某个文件中,而不是显示在标准输出设备上,此时可以将该进程的标准输出进行重定向。重定向命令分为输入重定向、输出重定向和错误重定向。

1. 输入重定向

输入重定向使用符号"<"来表示,它表示将进程的文件描述符 0 关联到指定的文件上去。输入重定向命令的格式为:

```
command <file
```

例如,命令 mail -s test hr@163.com<file 就是一条输入重定向命令,它表示以 file 文件为邮件内容,向 hr@163.com 邮箱发送一封标题为 test 的邮件。使用"<"符号时,也可以把文件描述符 0 加在前面,例如,cat 0<file1,该命令同样表示将 cat 命令的输入重定向到 file1 文件。

2. 输出重定向

符号">"或">>"都可以用来表示输出重定向,两者的差异在于:前者以覆盖的方式输出,后者以追加的方式输出。输出重定向命令的格式为:

```
command>file  或 command>>file
```

例如,命令 cat file1 file2>file3 表示将文件 file1 和 file2 的内容合并输出到文件 file3 中,这条命令也可以使用以下两条命令来替换:

```
cat file1>file3
cat file2>>file3
```

如果重定向使用的是符号">!",那么表示输出重定向强制覆盖文件原有的内容。

3. 错误重定向

错误重定向可以使用符号"2>"或"2>>"来表示,两个符号的差异与输出重定向类似。错误重定向的具体命令格式为:

```
command 2>file  或  command 2>>file
```

使用错误重定向后,如果在命令执行的过程中有错误发生,错误信息将会记录在文件 file 中。

除了以上介绍的重定向符号外,还可以使用">&""1>""2>&1"等符号。使用重定向符号时,也并不仅限于只能在命令末尾处出现重定向符号。这些重定向符号可以单独使用,也可以组合使用,例如:

```
wc <file1 >result.wc 2>error.txt
```

以上命令表示统计 file1 文件的字符、单词和行数,将结果记录在 result.wc 文件中,如果出错,错误信息记录在 error.txt 文件中。

5.1.2 管道命令

如果某些数据必须要经过几次命令操作之后才能得到所想要的结果,此时可以使用管道符号将这些命令连接起来。管道命令会将符号先后的命令连接起来,将前一条命令的输出作为后一条命令的输入。符号"|"称为管道操作符,管道命令的具体格式如下:

```
command1|command2|command3|……
```

例如：

```
grep root /etc/passwd | sort
```

该命令表示在/etc/passwd 文件中搜索出含有 root 的内容，并将这些内容排序。这条管道命令的示意图如图 5.2 所示。

又如：

图 5.2 管道命令示意图

```
ls -l|grep hr|lpr
```

该命令表示列出当前目录中包含 hr 模式串的文件名称，将结果打印出来。

5.2 实现重定向

5.2.1 重定向的实施者

在实现重定向命令之前，需要借由一个示例程序先来明确一下重定向是由待执行的命令或程序还是 Shell 来实现的。

[示例程序 5.1 for_redirect.c]

```c
#include<stdio.h>
main(int argc, char * argv[ ])
{
    int i;
    char buf[80];
    scanf("%s",buf);
    printf("info from file:%s\n",buf);
    printf("arg list\n");
    for(i=0;i<argc;i++)
        printf("argv[%d]:%s\n",i,argv[i]);
    fprintf(stderr,"where do you find this?\n");
}
```

在示例程序 5.1 中，分别使用 scanf、printf 和 fprintf 函数对标准输入、标准输出和标准错误文件进行了读、写操作，并且还使用 printf 函数输出了执行程序时所附带的参数。当使用两种不同的方式来运行该程序时，请观察一下重定向符号是否会被 Shell 当作参数传递给用户程序。

将程序编译后按照带重定向和不带重定向两种方式运行，得到结果如下：

```
root@ubuntu:~#./for_redirect para1 para2 para3
Hello ↵
info from file:Hello
arg list
```

```
argv[0]:./for_redirect
argv[1]:para1
argv[2]:para2
argv[3]:para3
where do you find this?
root@ubuntu:~#./for_redirect para1 para2 para3>result 2>err.txt
Hello  ↵
root@ubuntu:~#cat result
info from file:Hello
arg list
argv[0]:./for_redirect
argv[1]:para1
argv[2]:para2
argv[3]:para3
root@ubuntu:~#cat err.txt
where do you find this?
```

从程序两次运行的输出结果来看,输出的参数中并没有重定向符号和文件名称,因此可以确定:重定向并不是由命令或用户程序实现的,而是由 Shell 实现的。因此可以明确:要实现重定向命令,就需要改写第 4 章所编写的简单 Shell 程序,在 Shell 执行命令之前添加实现重定向的功能。

5.2.2 实现重定向的前提条件

当着手设计带有重定向功能的 Shell 程序时,还要谨记:之所以能够实现重定向,是因为 Linux 环境具有以下几个特性:

(1) 系统为每个进程所打开的标准 I/O 设备文件对应着值最小的三个文件描述符 0、1、2。实际上一个进程打开的所有文件的信息是储存在一个结构体数组之中的,而打开文件对应的文件描述符就是该文件信息在结构体数组中的存储位置,即数组的下标。

(2) 当进程使用 open、dup 等文件操作时,新分配的文件描述符遵循最低可用文件描述符原则。即当打开一个文件时,系统为此文件安排的文件描述符总是可用的文件描述符中值最小的那一个。

(3) 在一个进程中,如果在文件打开操作以后使用了 eXec 族函数,那么 eXec 函数将不会影响执行前打开的文件描述符集合。

5.2.3 dup 和 dup2

dup 和 dup2 是在 Linux 中实现重定向命令时经常会使用到的两个函数。两者都可用于复制文件描述符,dup 函数的接口规范说明如表 5.1 所示。

表 5.1 dup 函数的接口规范说明

函数名称	dup
函数功能	复制一个文件描述符

续表

头文件	#include<unistd.h>
函数原型	int dup(int oldfd);
参数	oldfd：被复制的文件描述符
返回值	＞－1：复制成功，返回新的文件描述符 －1：出错

dup 函数用来复制一个文件描述符，参数 oldfd 指向一个打开的文件，函数的返回值返回复制后的新文件描述符，新的文件描述符也指向 oldfd 所指向的文件列表项，如图 5.3 所示，如果该进程没有打开其他文件，那么在执行了 dup(0)之后，文件描述符 3 将会指向 0 所对应的文件。

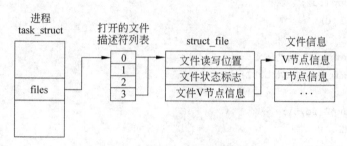

图 5.3 dup(0) 后文件描述符的关系

dup2 也可用于复制文件描述符，它与 dup 的不同之处在于，dup2 可以指定要把信息复制给哪一个文件描述符。dup2 函数的接口规范说明如表 5.2 所示。

表 5.2 dup2 函数的接口规范说明

函数名称	dup2
函数功能	复制一个文件描述符
头文件	#include<unistd.h>
函数原型	int dup2(int oldfd, int newfd);
参数	oldfd：被复制的文件描述符 newfd：新的文件描述符
返回值	＞－1：复制成功，返回新的文件描述符 －1：出错

说明：dup2 在复制文件描述符时，如果 newfd 已分配给某个打开的文件，那么系统会先关闭 newfd，切断与原先文件的联系，然后再进行复制。

示例程序 5.2 说明了如何使用 dup 和 dup2 来复制文件描述符。

[示例程序 5.2 exp_dup.c]
```
#include<stdio.h>
#include<unistd.h>
#include<stdlib.h>
```

```c
#include<fcntl.h>

main()
{
    int fd,fd1,fd2;
    char buf[10];
    fd=open("text.txt",O_RDONLY);
    if(fd<0)
    {
        perror("open");
        exit(EXIT_FAILURE);
    }
    fd1=dup(fd);
    if(fd1<0)
    {
        perror("dup");
        exit(EXIT_FAILURE);
    }
    fd2=dup2(fd,5);
    if(fd2<0)
    {
        perror("dup2");
        exit(EXIT_FAILURE);
    }
    if(read(fd,buf,10)>0)
        write(STDOUT_FILENO,buf,10);
    if(read(fd1,buf,10)>0)
        write(STDOUT_FILENO,buf,10);
    if(read(fd2,buf,10)>0)
        write(STDOUT_FILENO,buf,10);
    close(fd);
    close(fd1);
    close(fd2);
}
```

编译后运行,得到程序的运行结果如下:

```
root@ubuntu:~#cat text.txt
This is a test text,
Can you see my greeting?
root@ubuntu:~#./exp_dup
This is a test text,
Can you s
```

从运行结果可以看出,fd 通过 open 函数分配给了文件 text.txt,文件描述符 fd1 和

fd2 都复制了 fd,因此三个文件描述符指向同一个文件。尽管 fd、fd1 和 fd2 是三个不同的文件描述符,但它们使用的是同一个打开的文件表项(struct file)。因此不管通过哪个文件描述符改变了文件读写指针的位置,都会对其他两个文件描述符造成影响。从这个示例的运行结果也能够看到,输出结果并不是三次从头开始的 10 个字符,而是从头开始连续的 30 个字符。

5.2.4 重定向的三种方法

通过上一节的学习,可以分析出实现重定向的流程:0、1、2 三个文件描述符原先是与标准 I/O 设备文件关联的,需要重定向时,可以使用 open、dup 或 dup2 等函数将文件描述符 0、1 或 2 与指定的重定向文件相关联,这样就可以实现标准 I/O 设备文件的重定向。在 Linux 系统中,可以使用三种方法来实现重定向功能,分别是:
- close then open:关闭指定的标准 I/O 设备文件,打开重定向文件。
- open close dup close:打开重定向文件,关闭指定的标准 I/O 设备文件,复制重定向文件的文件描述符,关闭第一步打开的文件描述符。
- open dup2 close:打开重定向文件,将指定的标准 I/O 设备文件描述符作为参数,复制重定向文件的文件描述符,关闭第一步打开的文件描述符。

针对以上三种重定向的方法,我们来一一讲解。

1. close then open

在这种方法中,程序调用 close 函数关闭指定的文件描述符与标准设备文件的联系,此时该文件描述符就处于空闲可分配状态;随后使用 open 函数打开指定的重定向文件,由于 open 遵循最低可用文件描述符原则,打开的文件将获得第一步操作释放出来的文件描述符。示例程序 5.3 实现了将标准输入重定向:

```
[示例程序 5.3 exp_redirect1.c]
#include<stdio.h>
#include<stdlib.h>
#include<fcntl.h>
main()
{
    int fd;
    char buf[80];
    close(0);
    if((fd=open("./text.txt",O_RDONLY))!=0)
    {
        perror("open");
        exit(EXIT_FAILURE);
    }
    read(0,buf,80);
    write(1,buf,80);
}
```

该程序将标准输入重定向到当前目录中的 text.txt 文件,从中读取 80 个字节的数据,输出在标准输出设备上。文件描述符 0 关联的文件变化情况如图 5.4 所示。

2. open close dup close

这种方法首先使用 open 函数打开指定的重定向文件,获取该文件的文件描述符 fd;随后,使用 close 函数关闭标准 I/O 文件,释放其对应的文件描述符;之后使用 dup 函数复制 fd,此时由于 dup 函数遵循最低可用文件描述符原则,因此将会把 fd 复制给第二步中 close 释放出来的文件描述符;最后使用 close 关闭 fd 即可。示例程序

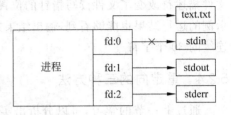

图 5.4　close then open 方法的示意图

5.4 使用第二种方法来实现重定向,其功能和示例程序 5.3 一样,将输入重定向到当前目录中的 text.txt 文件上。

[示例程序 5.4　exp_redirect2.c]
```
main()
{
    int fd,newfd;
    char buf[80];
    fd=open("./text.txt ",O_RDONLY);
    close(0);
    newfd=dup(fd);
    if(newfd!=0)
    {
        perror("dup");
        exit(EXIT_FAILURE);
    }
    close(fd);
    read(0,buf,80);
    write(1,buf,80);
}
```

在这个示例程序中,文件描述符关联文件的变化情况如图 5.5 所示。

3. open dup2 close

这种方法与 open close dup close 方法类似,不同之处在于,使用 dup2 将 open close dup close 方法的第二步和第三步合而为一,直接关闭了标准 I/O 文件并进行了文件描述符的复制。示例程序 5.5 为使用方法三实现输入重定向的代码。

[示例程序 5.5　exp_redirect3.c]
```
main()
{
    int fd,newfd;
    char buf[80];
    fd=open("./text.txt ",O_RDONLY);
```

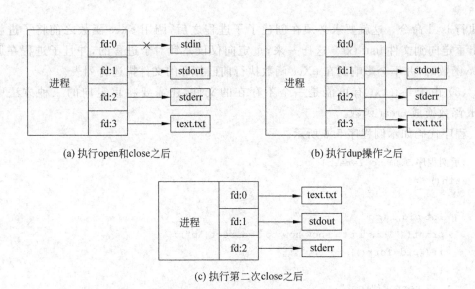

(a) 执行open和close之后　　　　　　(b) 执行dup操作之后

(c) 执行第二次close之后

图 5.5　open close dup close 的过程

```
newfd=dup2(fd,0);
if(newfd!=0)
{
    perror("dup2");
    exit(EXIT_FAILURE);
}
close(fd);
read(0,buf,80);
write(1,buf,80);
}
```

以上三种方法均可以实现重定向操作，具体使用哪种方法可以根据实际情况来决定。如果已知重定向文件的文件名，那么三种方法都可以实现；但如果在程序运行过程中只能获取重定向文件的文件描述符，那么就要考虑使用后面两种方法。

5.2.5　ls -l > list.txt

为了使读者能够更好地掌握如何在简单 Shell 中实现重定向功能，我们先来学习一个具体的重定向命令如何实现：

```
ls -l>list.txt
```

首先，先来分析一下 Shell 在实现 ls -l 命令时的过程是怎样的。从第 4 章了解到当 Shell 执行一条前台命令时，将会为命令创建一个子进程；随后在进程中使用 eXec 函数来执行命令程序，此时 Shell 进程处于阻塞状态等待命令进程结束；当命令进程结束后，Shell 将会显示命令进程运行的结果。从这个过程中可以发现：

（1）命令进程需要进行重定向，但是 Shell 进程并不需要重定向。

（2）为了执行命令，Shell 需要调用 fork 函数创建子进程，子进程需要调用 eXec 函数来执行 ls -l 命令。这就要求必须在创建了子进程之后,调用 eXec 函数之前将子进程的输出重定向到文件 list.txt。这样一来,重定向仅仅是针对子进程的,并且子进程在调用 eXec 函数时,并不会影响到在 eXec 函数执行前已打开的文件描述符列表。

(3) 由于 list.txt 有可能是一个不存在的文件,还需要将重定向的三种方法中的 open 函数换成 creat 函数。

程序代码如示例程序 5.6 所示。

[示例程序 5.6 exp_lsre.c]
```c
main()
{
    int pid,fd;
    printf("This is to show how to redirect!\n");
    if((pid=fork())==-1)
    {
        perror("fork");
        exit(EXIT_FAILURE);
    }
    else if(pid==0)
    {
        close(1);
        fd=creat("list.txt",0644);
        if(execlp("ls","ls","-l",NULL)<0)
        {
            perror("exec");
            exit(EXIT_FAILURE);
        }
    }
    else if(pid!=0)
    {
        wait(NULL);
        system("cat list.txt");
    }
}
```

示例程序 5.6 使用了 close then open 来实现重定向。请读者思考一下,命令 ls -l>> list.txt、ls -l 2>err.txt 应该如何实现?

从示例程序 5.6 中,可以分析出在简单 Shell 程序中实现重定向的流程如下:

(1) 以字符串的方式读入命令后,将命令字符串分解为命令名称、参数、选项、重定向等各个分项。

(2) 如果存在重定向符号,则需要根据重定向符号的类型,分解出重定向文件名和需要重定向的标准 I/O 文件。

(3) 调用 fork 创建子进程,在子进程中按照重定向的要求,重定向标准 I/O 文件,父进程调用 wait 等待子进程结束。

(4)子进程重定向完成后,调用 eXec 函数执行命令程序,父进程等待子进程结束后显示相应的结果。

具有重定向功能的 Shell 程序代码实现作为本章的习题请读者来完成。

5.3 管道编程

Shell 命令中有时会出现"|"符号,这是管道符号,包含有管道符号的命令是一条管道命令。管道符号会改变前后两条命令的输出,命令执行过程中,它将前一条命令的输出作为后一条命令的输入,使两条命令以流水线的方式来执行。

管道分为匿名管道和命名管道两种,两种管道都可以编程实现管道命令,匿名管道多用于具有亲缘关系的进程间通信。

5.3.1 匿名管道

当用户在 Shell 环境中键入命令 cat /etc/passwd|grep root 时,Shell 会为这条管道命令创建两个进程,一个进程用来运行 cat 命令,另一个运行 grep 命令。grep 将在 cat 输出的结果中查找含有 root 字符串的行显示在输出设备上,如图 5.6 所示。为了将 cat 的输出连接到 grep 的输入上,还需要创建一条管道连接 cat 进程的 stdout 和 grep 进程的 stdin。这种管道通常是临时的,因此可以选用匿名管道来实现,在命令结束后,匿名管道将会自动消失。

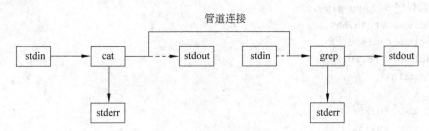

图 5.6 管道命令的原理示意

匿名管道的内部实现隐藏在内核中,实质是一个以队列方式读写的内核缓冲区,这块空间以队列的方式来存放或发送进程间需要传递的消息,进程可以以使用文件的方式来使用匿名管道。匿名管道完全由内核来管理和维护,编写程序时可以使用 pipe 函数来创建匿名管道,其函数接口规范说明如表 5.3 所示。

表 5.3 pipe 函数的接口规范说明

函数名称	pipe
函数功能	创建一个匿名管道
头文件	#include<unistd.h>
函数原型	int pipe(int pipefd[2]);

续表

参数	pipefd：存储匿名管道读端和写端的整型数组
返回值	0：创建成功 -1：出错

使用 pipe 创建匿名管道后，将会在参数 pipefd 中存储两个文件描述符，其中 pipefd[0] 对应匿名管道的读端，pipefd[1] 对应匿名管道的写端。进程使用管道传递信息时，发送信息的进程连接在管道的写端，接收信息的进程连接在管道的读端，如图 5.7 所示。

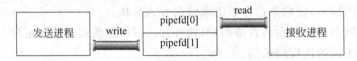

图 5.7　进程间使用匿名管道通信

尽管 pipe 调用返回时，进程可以同时获得匿名管道读端和写端的文件描述符，但使用匿名管道实现进程间通信时，通信方式只能是半双工的。因此根据通信双方进程的角色，发送方需要关闭管道的读端文件描述符，接收方需要关闭管道的写端描述符。如果需要在进程间实现双向通信，可以建立两个匿名管道，每个管道各负责一个方向的通信。

使用匿名管道时，pipe 调用直接打开管道，关闭操作可以使用 close 函数实现，读写操作使用 read 和 write 来完成。示例程序 5.7 就是一个使用匿名管道进行通信的程序。

[示例程序 5.7 exp_pipe.c]
```c
#include<stdio.h>
#include<unistd.h>
#include<stdlib.h>
void main()
{
    int pfd[2];
    char buf[81];
    if(pipe(pfd)==-1)
    {
        perror("pipe");
        exit(EXIT_FAILURE);
    }
    printf("The pipe will read from %d, write to %d.\n", pfd[0], pfd[1]);
    write(pfd[1],"This is write to pipe!\n",23);
    read(pfd[0],buf,23);
    printf("%s",buf);
}
```

编译后运行结果如下：

```
root@ubuntu:~#./exp_pipe
The pipe will read from 3, write to 4.
This is write to pipe!
```

在以上程序中,示范了如何使用 pipe 创建匿名管道,但自始至终只有一个进程使用了管道,相当于同一进程自说自话,并未实现进程间的通信。以下示例示范了如何在父子进程间使用匿名管道实现通信。在示例程序 5.8 中,父进程向子进程发送了一段信息,子进程接收信息后输出显示。

[示例程序 5.8 exp_pipecom.c]

```c
#include<stdio.h>
#include<stdlib.h>
#include<unistd.h>

main()
{
    int pid,pfd[2];
    char buf[80];
    if(pipe(pfd)==-1)
    {
        perror("pipe");
        exit(EXIT_FAILURE);
    }
    pid=fork();
    if(pid<0)
    {
        perror("fork");
        exit(EXIT_FAILURE);
    }
    else if(pid==0)
    {
        close(pfd[1]);
        if(read(pfd[0],buf,80)>0)
            printf("Message from child:%s\n",buf);
        close(pfd[0]);
        exit(EXIT_SUCCESS);
    }
    else
    {
        close(pfd[0]);
        if(write(pfd[1],"Pipe is a useful tool!",23)!=-1)
            printf("Parent is writing the message!\n");
        close(pfd[1]);
        wait(NULL);
        exit(EXIT_SUCCESS);
    }
}
```

编译后运行得到结果如下：

```
root@ubuntu:~# gcc exp_pipecom.c -o exp_pipecom
root@ubuntu:~# ./exp_pipecom
Parent is writing the message!
Message from child:Pipe is a useful tool!
```

使用匿名管道编写程序实现进程间通信时，需要注意以下几点：

（1）尽管匿名管道是使用文件描述符来操作的，但匿名管道和普通文件有着很大的区别。匿名管道是在内核空间中的一段队列式的缓冲区，当使用匿名管道进行通信的进程都退出后，匿名管道将会自动释放，因此无法保存信息。尽管匿名管道可以使用 read、write、close 函数来读取、关闭，但是不能使用 lseek 等函数来修改当前的读写位置，因为匿名管道遵守队列的 FIFO 原则。

（2）对匿名管道进行读/写操作时，管道的另一端必须有相应的写/读进程存在，默认情况下，管道两端均以阻塞的方式对匿名管道进行操作。

（3）对管道执行读操作时，如果是以阻塞的方式读匿名管道的话，有可能会出现以下的现象：

- 如果管道中无数据，则读进程将被挂起直到有数据被写入管道；如果管道中的数据量少于要求读取的量，则读进程立即读出管道中所有的数据；如果管道中的数据量大于等于要求读取的量，则读进程立即读出期望大小的数据。
- 如果所有写进程都关闭了与管道写端的联系时，读端进程调用 read 函数将会返回 0，这意味着读文件结束。
- 当有多个进程对管道进行读操作时，由于无法确定多个读进程的执行顺序，需要有某种方法来协调这些读进程对管道的访问。

（4）对管道执行写操作时，如果是以阻塞的方式写匿名管道的话，有可能会出现以下的现象：

- 当管道已满时，写进程再对管道做写操作时，写进程会被阻塞；POSIX 规定内核不会拆分小于 512 字节的块，因此如果有两个进程向管道写数据，只要每一个进程都限制消息不大于 512 字节，写入的消息就不会被内核拆分。
- 如果所有读进程关闭了与管道读端的联系，再执行写操作时，写进程将会收到 SIGPIPE 信号，若该信号不能终止进程，则 write 调用返回 -1，并将 errno 置为 EPIPE。
- 当有多个写进程连接在管道写端时，由于无法确定多个写进程的执行顺序，需要有某种方法来协调这些写进程对管道的访问。

（5）管道的两端还可以通过调用 fcntl 函数来改变读、写方式。如果以 O_NDELAY 或 O_NONBLOCK 方式设置了读端，当管道中有数据时，读进程会读取数据；如果没有数据，read 函数将立即返回 -1，并且将 errno 置为 EAGAIN。如果以 O_NDELAY 或 O_NONBLOCK 方式设置了管道的写端，当管道中有足够空间时，写进程会写入数据；如果没有足够的空间,write 函数将立即返回 -1,并且将 errno 置为 EAGAIN。

(6) 匿名管道同样可以实现无亲缘关系的进程间通信,但需要辅助以文件描述符传递机制,例如,可以借助于本地的套接字。因此通常使用匿名管道来实现有亲缘关系的进程间通信,这也是在 Linux 系统中最常用的一种 IPC 机制。

5.3.2 命名管道

匿名管道由于其特殊性,通常用于实现有亲缘关系的进程间的通信。如果要在无亲缘关系的进程间进行通信,可以使用命名管道文件。命名管道也称为 FIFO 文件,它是存在于文件系统中的一类特殊文件,使用 FIFO 可以很方便地实现在同一主机上不同进程之间的通信。命名管道文件可以在 Shell 中使用命令 mknod 来创建,也可在编写程序时,使用函数 mkfifo 来创建,该函数接口规范说明如表 5.4 所示。

表 5.4 mkfifo 函数的接口规范说明

函数名称	mkfifo
函数功能	创建一个命名管道文件
头文件	#include<sys/stat.h>
函数原型	int mkfifo(char * filename, mode_t mode);
参数	filename:命名管道文件的名称 mode:命名管道的使用方式
返回值	0:创建成功 -1:出错

说明:在使用 mkfifo 创建命名管道文件时,filename 指定的文件必须是不存在的,mode 与函数 open 中使用的 mode 方式相类似。

命名管道在创建以后,其使用方式与普通文件非常相似,仍然使用 open、read、write 和 close 函数来进行操作,但其本质还是在内核空间的队列式内存,因此在命名管道文件中,不能使用 lseek 等定位函数或移动文件的读写指针。另外,命名管道文件关闭时,尽管文件的各种属性依然存在于文件系统中,但内核释放了命名管道所占用的空间,所以文件中并没有任何数据保存下来。以下是一个使用命名管道文件实现父子进程通信的示例程序。需要指出的是,尽管示例程序 5.9 中使用的进程存在亲缘关系,但在实际使用时,由于命名管道文件的名称是独立于进程存在的,因此没有亲缘关系的进程之间也可以使用命名管道文件来实现通信。

```
[示例程序 5.9 exp_fifo.c]
#include<fcntl.h>
#include<stdlib.h>
#include<stdio.h>
#include<unistd.h>
#include<sys/stat.h>
```

```c
main()
{
    int pid,fd;
    char buf[80];
    mkfifo("fifotest",0644);
    if((pid=fork())>0)
    {
        fd=open("fifotest",O_WRONLY);
        write(fd,"message to test FIFO!",22);
        close(fd);
        exit(EXIT_SUCCESS);
    }
    else if(pid==0)
    {
        fd=open("fifotest",O_RDONLY);
        read(fd,buf,80);
        printf("%s\n",buf);
        close(fd);
        exit(EXIT_SUCCESS);
    }
}
```

上面的程序中,父子进程分别以只读和只写的方式打开命名管道文件,父进程写入信息,子进程接收之后,将信息显示在标准输出设备上。示例程序 5.9 运行结果如下所示:

```
root@ubuntu:~# ./exp_fifo
root@ubuntu:~# message to test FIFO!
```

以下是两个无亲缘关系的进程使用命名管道通信的例子。命名管道文件由写端程序负责创建,写端以只写方式打开命名管道,写入 buf 中存储的信息后,关闭与管道文件的联系。写端程序代码如示例程序 5.10-1 所示。

```c
[示例程序 5.10-1 fifo_sender.c]
#include<stdio.h>
#include<stdlib.h>
#include<unistd.h>
#include<sys/stat.h>
#include<fcntl.h>
#define FIFOFILE "./tmpfifo"
void main()
{
    int fifofd;
    char buf[80]="This message will send to the receiver!";
    if(mkfifo(FIFOFILE,0666)<0)
    {
```

```c
        perror("mkfifo");
        exit(EXIT_FAILURE);
    }
    fifofd=open(FIFOFILE,O_WRONLY);
    if(fifofd<0)
    {
        perror("open");
        exit(EXIT_FAILURE);
    }
    printf("now process %d is writing data to the FIFO...\n",getpid());
    if(write(fifofd,buf,40)>0)
    {
        printf("write success!\n");
    }
    close(fifofd);
}
```

读端程序按照约定的文件名以只读的方式打开管道,从中读取信息并将信息输出显示。读端程序代码如示例程序 5.10-2 所示。

[示例程序 5.10-2 fifo_receiver.c]
```c
#include<stdio.h>
#include<stdlib.h>
#include<unistd.h>
#include<sys/stat.h>
#include<fcntl.h>
#define FIFOFILE "./tmpfifo"
void main()
{
    int fifofd;
    char buf[80];
    fifofd=open(FIFOFILE,O_RDONLY);
    if(fifofd<0)
    {
        perror("open");
        exit(EXIT_FAILURE);
    }
    printf("now process %d will receive data to the FIFO...\n",getpid());
    if(read(fifofd,buf,40)>0)
    {
        printf("The message is :%s\n",buf);
    }
    close(fifofd);
}
```

分别将以上两个程序编译后运行得到结果如下：

```
root@ubuntu:~#gcc exp_writetofifo.c  -o fifosender
root@ubuntu:~#gcc exp_readfromfifo.c  -o fiforeceiver
root@ubuntu:~#./fifosender &                    //以后台方式运行写端程序
[1] 6154
root@ubuntu:~#./fiforeceiver
now process 6154 is writing data to the FIFO...
write success!
now process 6155 will receive data to the FIFO...
The message is :This message will send to the receiver!
[1]+  Done                    ./fifosender
```

命名管道是一种特殊类型的文件，尽管在文件系统中有与之对应的文件 i 节点信息，但其实质和匿名管道一样，都是由内核空间管理的一段内存空间，它存储的通信信息实际是存放在内存之中的，因此当通信进程都退出以后，这些没读出的信息也就丢失了。在操作命名管道时，要注意以下一些事项：

（1）当一个进程以读或写的方式打开了命名管道的一端时，除非管道的另一端已被其他进程以写或读的方式打开了，否则这个进程将一直被阻塞，直到管道另一端被打开。

（2）一个进程可以以可读可写方式打开命名管道，此时这个进程不会被阻塞，该进程既是读进程，也是写进程。

（3）如果命名管道两端都已被打开，读、写操作以阻塞方式进行的话：

- 对于读操作来说：如果管道中没有数据，读操作将被阻塞；如果管道中的数据量小于读进程需要的数据量，则读操作读出所有数据；如果管道中的数据量大于等于读进程需要的数据量，则读操作读出指定大小的数据。
- 对于写操作来说：如果管道已满，写操作将被阻塞；如果管道中的空间小于写进程需要的空间，则写操作将管道写满后写进程阻塞；如果管道中的空间大于等于写进程需要的空间，则写操作写入指定大小的数据。

（4）如果打开管道的读、写进程其中一个退出了，若退出的是读进程，则写进程执行写操作时，将返回 SIGPIPE 信号；若退出的是写进程，则读操作取完管道中的数据后，将不再被阻塞，直接返回 0。

5.3.3　ls -l| grep root

在这一节中，来分析一条具体的管道命令如何实现，希望从中能够给读者启发，用以实现简单 Shell 中的管道命令。这里使用匿名管道来实现 ls -l| grep root 命令，该命令从 ls -l 的结果中查找出与 root 相关的信息显示。

根据在匿名管道一节所学的内容，可以分析得出以下结论：

（1）实现 ls -l| grep root 命令时，首先 Shell 需要创建一条匿名管道。

（2）为每一条命令创建一个进程，这样一来，两个命令所在的进程可继承得到匿名管道读端和写端的文件描述符。

（3）ls 进程关闭管道读端，并将文件描述符 1 关联到管道的写端；grep 进程关闭管道写端，并将文件描述符 0 关联到管道的读端。

（4）两个子进程分别用 eXec 函数执行 ls -l 和 grep 命令，Shell 进程等待两个子进程结束。

ls -l|grep root 命令的管道连接情况示意图如图 5.8 所示。

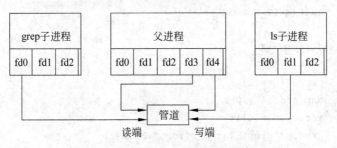

图 5.8　ls -l|grep root 的管道示意图

实现 ls -l|grep root 命令的程序代码如示例程序 5.11 所示。

[示例程序 5.11 ls_grep.c]

```c
#include<stdio.h>
#include<stdlib.h>
#include<unistd.h>
#include<fcntl.h>
#include<sys/wait.h>

int main()
{
    int fdes[2],pid;
    if(pipe(fdes)<0)
    {
        perror("pipe");
        exit(EXIT_FAILURE);
    }
    pid=fork();
    if(pid<0)
    {
        perror("fork1");
        exit(EXIT_FAILURE);
    }
    else if(pid==0)
    {
        close(fdes[0]);
        dup2(fdes[1],1);
        close(fdes[1]);
        execlp("ls","ls","-l",NULL);
    }
```

```
    else
    {
        pid=fork();
        if(pid<0)
        {
            perror("fork2");
            exit(EXIT_FAILURE);
        }
        else if(pid==0)
        {
            close(fdes[1]);
            dup2(fdes[0],0);
            close(fdes[0]);
            execlp("grep","grep","root",NULL);
        }
        else
        {
            close(fdes[0]);
            close(fdes[1]);
            wait(NULL);
            wait(NULL);
        }
    }
}
```

编译后运行得到如下结果：

```
root@ubuntu:~# gcc ls_grep.c -o ls_grep
root@ubuntu:~# ./ls_grep
drwxrwxrwx 1 root root 4096 10月  9 16:08 mymount
```

5.3.4 popen 和 pclose

使用管道编程时，需要创建一条管道连接到执行命令的进程上，随后进程读管道的输出端或写管道的输入端。在这一过程中，需要使用到 fork、pipe、eXec 族函数，使用完毕以后需要调用 close 来关闭管道。而标准 I/O 库提供了一对函数——popen 和 pclose，这对函数可以将这一系列操作整合为一个操作。

popen 函数先执行 fork 创建一个子进程，紧接着在子进程中调用 eXec 函数执行 cmd 命令或程序，并且返回一个标准 I/O 文件流指针，随后将文件指针连接到子进程的标准输入或标准输出。popen 函数的接口规范说明如表 5.5 所示。

表 5.5 popen 函数的接口规范说明

函数名称	popen
函数功能	建立一个指向进程的流

续表

头文件	#include<stdio.h>
函数原型	FILE * popen(char * cmd, char * type);
参数	cmd：要执行的命令 type：连接方式
返回值	非 NULL：创建成功（创建的流文件指针） NULL：出错

说明：type 可以选择"r"或"w"，当 type 为"r"时，表示将子进程看作读的对象，父进程接收到的流指针连接在子进程的标准输出上。代码"fp=popen(cmd,"r");"的结果如图 5.9 所示。

当 type 为"w"时，表示将子进程看作写的对象，父进程接收到的流指针连接在子进程的标准输入上。代码"fp=popen(cmd,"w");"的结果如图 5.10 所示。

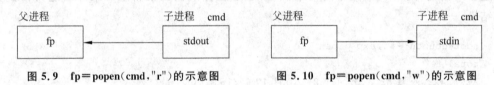

图 5.9　fp=popen(cmd,"r")的示意图　　　图 5.10　fp=popen(cmd,"w")的示意图

在编写代码时，popen 与 fopen 非常类似，只不过 fopen 操作的对象是文件，popen 操作的对象是进程。例如，代码"fopen("file1","w");"表示以写的方式打开文件 file1，而代码"popen("ls","r");"表示以读的方式打开进程 ls。从对比中可以看出，popen 可以将进程像文件一样操作。

使用 popen 打开的标准 I/O 文件流指针，需要使用 pclose 函数来关闭。pclose 函数的接口规范说明如表 5.6 所示。

表 5.6　pclose 函数的接口规范说明

函数名称	pclose
函数功能	关闭 popen 打开的流文件
头文件	#include<stdio.h>
函数原型	int pclose(FILE * fp);
参数	fp：要关闭的流文件指针
返回值	>-1：执行成功（cmd 的终止状态） -1：出错

pclose 关闭标准 I/O 文件流后，等待在 popen 中指定的 cmd 执行结束，返回其终止状态。

示例程序 5.12 是一个使用流重定向实现管道编程的例子。

[示例程序 5.12 exp_popen.c]
```
#include<stdio.h>
```

```
#include<stdlib.h>
main()
{
    FILE *fp;
    char buf[80];
    int i=0;
    fp=popen("ls -l","r");
    while(fgets(buf,80,fp)!=NULL)
        printf("%s\n",buf);
    pclose(fp);
    return 0;
}
```

在这个示例程序中，父进程创建的子进程执行 ls -l 命令，父进程将标准输入连接到子进程的输出，读出 ls -l 命令的结果，然后显示在标准输出设备上。编译后运行得到如下结果：

```
root@ubuntu:~#./exp_popen
total 44
-rwxrwxrwx  1 hr    hr     7384 10月 17 09:16 a.out
-rw-r--r--  1 hr    hr       24 10月  6 17:49 err.txt
-rw-r--r--  1 hr    hr      694 10月  6 20:59 exp_dup.c
-rw-r--r--  1 hr    hr      424 10月  9 16:06 exp_readfromfifo.c
-rw-r--r--  1 hr    hr      534 10月  9 16:02 exp_writetofifo.c
-rwxr-xr-x  1 hr    hr      262 10月  6 17:39 for_redirect.c
-rw-r--r--  1 hr    hr      672 10月  9 16:48 ls_grep.c
drwxrwxrwx  1 root  root   4096 10月 17 09:17 mymount
-rw-r--r--  1 hr    hr       88 10月  6 17:49 result
-rw-r--r--  1 hr    hr       44 10月  6 19:35 text.txt
```

还可以用 popen 和 pclose 函数将 5.3.3 节中实现的 ls -l | grep root 命令重新改写。示例程序 5.13 就是改写后的程序代码。

[示例程序 5.13 ls_grep2.c]
```
#include<stdlib.h>
#include<stdio.h>
#include<unistd.h>

void main()
{
    FILE *fp;
    int fd;
    fp=popen("ls -l","r");
    if(fp!=NULL)
    {
```

```c
        fd=fileno(fp);
        if(fd<0)
        {
            perror("fileno");
            exit(EXIT_FAILURE);
        }
        if(dup2(fd,0)<0)
        {
            perror("dup2");
            exit(EXIT_FAILURE);
        }
        if(execlp("grep","grep","root",NULL)<0)
        {
            perror("exec");
            pclose(fp);
            exit(EXIT_FAILURE);
        }
    }
    else
    {
        perror("popen");
    }
}
```

在这个版本的程序中，使用 popen 建立了子进程来执行 ls -l 命令，父进程读子进程的输出，并执行 grep 操作。父进程中使用 fileno 函数从 fp 中提取出对应的文件描述符，使用 dup2 将标准输入文件重定向到 fp 所指的流文件，从而建立了父进程和子进程间的管道。由于调用了 execlp 函数，因此，父进程调用成功时，无法关闭 fp，只能依靠进程结束时内核来关闭 fp，但如果调用 execlp 不成功，父进程需要使用 pclose 函数来关闭连接到子进程上的 fp。该程序运行结果与示例程序 5.11 的结果相同。

5.4 小　　结

重定向和管道是 Linux 环境下经常会使用到的命令，它们是进程间通信常用的两种方式，理解和掌握这两种命令的执行原理对理解进程间通信有重要的意义。

本章首先介绍了 Shell 环境中重定向命令和管道命令如何使用，以及重定向命令和管道命令实现的原理；随后详细介绍了编写程序时实现重定向的三种方式，并以 ls -l 命令为例验证了方法的可行性。

本章还分析了管道命令工作的原理，介绍了在编写程序时实现管道通信的方法，还分析了匿名管道与命名管道的异同点。

本章最后介绍了 popen 和 pclose 函数，这一对函数可以将创建管道和重定向结合起来，快速搭建起进程间通信的桥梁，实现进程间通信。

习 题

一、填空题

1. 命令 who 1＞usrlist 表示_____重定向。
2. _____和_____函数可以用来复制文件描述符。
3. ＞＞符号表示_____重定向。
4. 编程将标准输出重定向到文件描述符 6 对应的文件上，则应使用语句_____。
5. 管道就是将前一个命令的_____作为后一个命令的_____，分为_____和_____两种，其中_____只能在有亲缘关系的进程间使用。
6. _____也称为 FIFO 文件。
7. 使用 pipe 函数创建了匿名管道 pfd，其中 pfd[_____]为管道的读端，pfd[_____]为管道的写端。

二、简答题

1. 请说明匿名管道和命名管道的异同点。
2. 重定向得以实现的前提条件是什么？

三、编程题

1. 编写程序实现 ls -l＞＞list.txt。
2. 通过管道模拟实现 Shell 命令：cat file | sort。
3. 请使用 popen 和 pclose 函数实现 Shell 命令：cat file | sort。
4. 请使用管道编写程序，实现同一父进程创建的两个子进程之间的通信。

第 6 章

信 号

当运行了一个导致死循环的程序时,只要在键盘上键入 Ctrl+c,程序就可以顺利被终止。当 Ctrl+c 被按下的时候发生了什么事情呢?实际上当按下 Ctrl+c 时,内核接收到输入设备发来的数据,产生了一个名为 SIGINT 的信号,这个信号发送给了前台进程,其作用就是终止正在运行的前台进程。

6.1 信号概述

6.1.1 什么是信号

信号是一种软件中断,它是 Linux 环境中所使用的一种进程间通信机制,并且是一种异步通信机制,即信号可以在任何时刻产生并发送给进程,而进程对于接收到信号这一事件是不可预知的。进程可以提前约定好当接收到信号时要执行哪些操作,即约定信号处理方式和安装信号处理函数。当收到信号时,进程挂起自身的执行,转去执行信号处理函数,当信号处理完毕后,进程继续执行。

想象现实世界中,当你驾驶汽车行驶在公路上,忽然遇到了一位交警,向你做出停车的手势,你按照要求停下了车。在这个过程中,在公路上驾驶汽车就类似于 Linux 系统中运行的进程,交警做出的停车手势就是系统向进程发出的一个信号,你看到手势停下了车就是进程暂停自身的运行,对信号做出了响应。交警做出停车的手势并不是由于你开车所导致的,因此这个信号是异步于开车这个进程的。

Linux 系统在/usr/include/signal.h 文件中定义了每个信号的宏,注释解释了信号的含义(实际使用的操作系统不同,会导致信号定义在不同的文件中,例如某些版本的 Ubuntu 中信号定义在 bits/signum.h 中)。

```
/* Signals   */
#define SIGHUP      1       /* Hangup (POSIX)  */
#define SIGINT      2       /* Interrupt (ANSI)  */
#define SIGQUIT     3       /* Quit (POSIX)  */
#define SIGILL      4       /* Illegal instruction (ANSI)   */
#define SIGTRAP     5       /* Trace trap (POSIX)   */
#define SIGABRT     6       /* Abort (ANSI)  */
#define SIGIOT      6       /* IOT trap (4.2 BSD)  */
#define SIGBUS      7       /* BUS error (4.2 BSD)   */
```

```c
#define SIGFPE       8         /* Floating-point exception (ANSI)  */
#define SIGKILL      9         /* Kill, unblockable (POSIX)  */
#define SIGUSR1      10        /* User-defined signal 1 (POSIX)  */
#define SIGSEGV      11        /* Segmentation violation (ANSI)  */
#define SIGUSR2      12        /* User-defined signal 2 (POSIX)  */
#define SIGPIPE      13        /* Broken pipe (POSIX)  */
#define SIGALRM      14        /* Alarm clock (POSIX)  */
#define SIGTERM      15        /* Termination (ANSI)  */
#define SIGSTKFLT    16        /* Stack fault  */
#define SIGCLD       SIGCHLD   /* Same as SIGCHLD (System V)  */
#define SIGCHLD      17        /* Child status has changed (POSIX)  */
#define SIGCONT      18        /* Continue (POSIX)  */
#define SIGSTOP      19        /* Stop, unblockable (POSIX)  */
#define SIGTSTP      20        /* Keyboard stop (POSIX)  */
#define SIGTTIN      21        /* Background read from tty (POSIX)  */
#define SIGTTOU      22        /* Background write to tty (POSIX)  */
#define SIGURG       23        /* Urgent condition on socket (4.2 BSD)  */
#define SIGXCPU      24        /* CPU limit exceeded (4.2 BSD)  */
#define SIGXFSZ      25        /* File size limit exceeded (4.2 BSD)  */
#define SIGVTALRM    26        /* Virtual alarm clock (4.2 BSD)  */
#define SIGPROF      27        /* Profiling alarm clock (4.2 BSD)  */
#define SIGWINCH     28        /* Window size change (4.3 BSD, Sun)  */
#define SIGPOLL      SIGIO     /* Pollable event occurred (System V)  */
#define SIGIO        29        /* I/O now possible (4.2 BSD)  */
#define SIGPWR       30        /* Power failure restart (System V)  */
#define SIGSYS       31        /* Bad system call  */
#define SIGUNUSED    31

#define _NSIG        65        /* Biggest signal number +1
                                  (including real-time signals)  */
```

在 Linux 系统中可以使用 kill -l 命令查看这些信号的名字。每个信号的名字都以 SIG 开头,每个名字所对应的整型值即名字前面括号内的值,每一个信号表示一种需要中断的情况。例如:2 号信号 SIGINT 表示中断当前的前台进程,13 号信号 SIGPIPE 表示使用管道操作时产生的中断。

信号可以分为可靠信号和不可靠信号。Linux 系统中总共定义了 62 个信号,其中信号值小于 32 的继承自 UNIX 系统,早期的 UNIX 信号是不可靠信号。这里的不可靠是指不支持信号队列或不支持排队。在进程执行过程中产生了多个相同的信号时(收到信号的速度超过进程处理的速度时,就会产生这种情况),这些没来得及处理的相同信号就会被丢掉,仅仅留下一个信号。SIGRTMIN 之后的信号为可靠信号,即如果有多个相同的信号发送到进程的时候,这些没来得及处理的信号就会排入进程的信号队列。等进程有机会来处理的时候,依次再处理,信号不会丢失。

信号还可以按照来源分为同步信号和异步信号。如果进程收到的信号是由于进程的某个操作所产生的，这种信号称为同步信号；如果进程接收到的信号是由进程之外的事件所引发的，这种信号称为异步信号。

6.1.2 信号的来源和处理过程

信号来源于内核中的信号机制，系统里的各种事件促使内核向进程发送信号，产生的原因有可能是以下的事件：

（1）用户通过终端输入终端驱动程序分配给信号控制字符的按键，请求内核产生信号。例如：当用户从终端输入 Ctrl＋c、Ctrl＋/等字符时，都会产生相应的信号。

（2）进程执行出错时，内核发现错误，发送给进程一个信号。当进程越界访问内存、算数表达式除数为 0、整型数溢出都会产生相应的信号。内核也可以使用信号向进程发送特定事件的通知。

（3）一个进程可以调用 kill 向另一个进程发送信号。例如在 Shell 中输入命令 kill -9 1234，即可发送信号结束进程号为 1234 的进程。kill 命令或函数可以实现进程间使用信号通信。

当一个信号因为以上某一事件产生后，内核会将其发送给指定的进程。信号发送到目标进程后，将会被注册，即系统将信号添加到目标进程 PCB 块的相关数据结构中。从信号产生到处理之前这段时间里信号的状态称为信号未决。

目标进程接收到信号后，将会根据相应的设置做出处理动作，这称为信号的递送。目标进程有可能提前做了设置，说明它不接收哪些信号，即屏蔽信号。在屏蔽信号期间发送给该进程的被屏蔽信号在结束屏蔽之前是无法被接收到的。

当进程接收到的信号是未屏蔽的或对未决信号取消了屏蔽，此时进程将会按提前约定好的方式处理信号。在进程执行信号的相应处理函数之前，系统将会把信号从进程 PCB 块中注销，随后根据提前约定好的方式来处理信号。

6.1.3 信号的处理方式

Linux 系统提供三种处理信号的方式：按默认方式处理、忽略信号和捕捉信号。

（1）按默认方式处理：系统为每个信号设置好了默认动作，大多数信号的默认动作是终止进程。

（2）忽略信号：忽略信号是指将接收到的信号直接丢弃，不做任何操作。大多数信号可以使用这种方式进行处理，但是 SIGKILL 和 SIGSTOP 这两个信号是不能被忽略或阻塞的，也不能够被捕捉。

（3）捕捉信号：进程提前告诉内核，当信号到来时应该做出什么样的反应，这个动作称为捕捉信号。为了实现这一点，进程需要提前通知内核在指定信号发生时调用一个用户函数，可以把对信号做出的处理写在这个函数中。

在 Shell 环境中键入 man 7 signal 命令，执行得到表 6.1 的内容，从中可以查看到每个信号的默认处理方式。

表 6.1 信号的默认处理方式

Signal	Value	Action	Comment
SIGHUP	1	Term	Hangup detected on controlling terminal or death of controlling process
SIGINT	2	Term	Interrupt from keyboard
SIGQUIT	3	Core	Quit from keyboard
SIGILL	4	Core	Illegal Instruction
SIGABRT	6	Core	Abort signal from abort(3)
SIGFPE	8	Core	Floating point exception
SIGKILL	9	Term	Kill signal
SIGSEGV	11	Core	Invalid memory reference
SIGPIPE	13	Term	Broken pipe：write to pipe with no readers
SIGALRM	14	Term	Timer signal from alarm(2)
SIGTERM	15	Term	Termination signal
SIGUSR1	30,10,16	Term	User-defined signal 1
SIGUSR2	31,12,17	Term	User-defined signal 2
SIGCHLD	20,17,18	Ign	Child stopped or terminated
SIGCONT	19,18,25	Cont	Continue if stopped
SIGSTOP	17,19,23	Stop	Stop process
SIGTSTP	18,20,24	Stop	Stop typed at terminal
SIGTTIN	21,21,26	Stop	Terminal input for background process
SIGTTOU	22,22,27	Stop	Terminal output for background process

表 6.1 中，Term 表示终止进程；Core 表示终止进程并在进程当前工作目录的 core 文件中复制该进程的存储影像，以供检查进程终止时的状态；Stop 表示暂停进程；Ign 表示忽略信号。

6.2 早期信号处理函数——signal

6.2.1 signal 函数实现信号的三种处理方式

signal 函数是早期的 UNIX 信号处理函数，为了保证程序的兼容，Linux 系统也支持 signal 函数，其函数接口规范说明如表 6.2 所示。

表 6.2 signal 函数的接口规范说明

函数名称	signal
函数功能	信号处理函数
头文件	#include<signal.h>
函数原型	__sighandler_t signal(int signum, __sighandler_t handler);
参数	signum：要处理的信号 handler：信号处理函数
返回值	≠-1：成功（该信号以前的处理函数） SIG_ERR：出错

在 signal 函数的声明中，出现了一个新的类型 __sighandler_t，该类型定义位于/usr/include/signal.h 头文件中，定义如下：

```
typedef void (*__sighandler_t)(int);
```

该定义语句的含义是：定义一种新类型 __sighandler，这是一种函数指针，这种函数返回值类型为 void 类型，有一个类型为 int 的参数。

从这一解释来看，signal 函数在安装时需要使用此类型的函数指针作为参数，并且当进程调用 signal 函数捕捉信号成功后，将会返回 signum 信号之前的处理函数；如果进程在运行过程中收到信号 signum 时，将会转去执行 handler 函数。信号处理函数除了可以让程序设计者自定义外，还可以使用在 signal.h 中定义的两个伪函数 SIG_DFL 和 SIG_IGN，表示错误的宏 SIG_ERR 和这两个伪函数的定义都在 signal.h 头文件中，定义如下：

```
/* Fake signal functions     */
#define SIG_ERR ((__sighandler_t) -1)      /* Error return   */
#define SIG_DFL ((__sighandler_t) 0)       /* Default action */
#define SIG_IGN ((__sighandler_t) 1)       /* Ignore signal  */
```

现在就可以通过程序示例来学习如何使用 signal 函数实现对信号的三种处理。以下三个示例，都针对信号 SIGINT 来做出处理。

1. 忽略信号

示例程序 6.1 实现了对信号 SIGINT 的忽略。

[示例程序 6.1 exp_signal_IGN.c]
```
#include<stdio.h>
#include<unistd.h>
#include<signal.h>
void main()
{
    int i=5;
    signal(SIGINT,SIG_IGN);
    printf("waiting for signal...\n");
```

```
        while(i>0)
        {
            sleep(1);
            i--;
            printf("Now you can't stop this program by Ctrl+c!\n");
        }
    }
```

在示例程序 6.1 中,首先为信号 SIGINT 安装了伪处理函数 SIG_IGN。while 循环中,每过一秒输出一次提示信息,总共循环 5 次。示例程序编译后运行得到结果如下:

```
root@ubuntu:~# gcc exp_signal_IGN.c -o exp_signal_ign
root@ubuntu:~# ./exp_signal_ign
waiting for signal...
Now you can't stop this program by Ctrl+c!          //输入 Ctrl+c
^CNow you can't stop this program by Ctrl+c!
Now you can't stop this program by Ctrl+c!          //输入 Ctrl+c
^CNow you can't stop this program by Ctrl+c!
Now you can't stop this program by Ctrl+c!
root@ubuntu:~#
```

从运行结果可以看出,在循环运行后输入 Ctrl+c 已不能再终止进程,因为 SIGINT 信号被进程忽略了。

2. 捕捉信号

示例程序 6.2 使用 signal 函数捕捉信号 SIGINT 的处理函数。

[示例程序 6.2 exp_signal_CAP.c]

```c
#include<stdio.h>
#include<unistd.h>
#include<signal.h>

void capture(int signum)
{    printf("SIGINT is captured!\n");  }

void main()
{
    int i=5;
    signal(SIGINT,capture);
    printf("waiting for signal...\n");
    while(i>0)
    {
        sleep(1);
        i--;
        printf("waiting for SIGINT!\n");
    }
}
```

在示例程序 6.2 中，主函数使用 signal 函数为 SIGINT 信号安装了信号处理函数 capture。在此之后，进程收到 SIGINT 信号后会暂时中断执行，转去执行 capture 函数，即输出"SIGINT is captured!"。以下是示例程序 6.2 编译后运行的结果。

```
root@ubuntu:~#gcc exp_signal_CAP.c -o exp_signal_cap
root@ubuntu:~#./exp_signal_cap
waiting for signal...
waiting for SIGINT!
waiting for SIGINT!                    //输入 Ctrl+ C
^CSIGINT is captured!
waiting for SIGINT!                    //输入 Ctrl+ C
^CSIGINT is captured!
waiting for SIGINT!                    //输入 Ctrl+ C
^CSIGINT is captured!
waiting for SIGINT!
```

3. 默认处理

示例程序 6.3 实现了对 SIGINT 信号使用默认方式处理。

[示例程序 6.3 exp_signal_DFL.c]

```c
#include<stdio.h>
#include<unistd.h>
#include<signal.h>

void capthendfl(int signum)
{
    printf("SIGINT is captured!\n");
    signal(SIGINT, SIG_DFL);
    printf("SIGINT now is defaulted!\n");
}

void main()
{
    int i=5;
    signal(SIGINT,capthendfl);
    printf("waiting for signal...\n");
    while(i>0)
    {
        sleep(1);
        i--;
        printf("waiting for SIGINT!\n");
    }
}
```

在示例程序 6.3 中，首先在主函数中使用 signal 函数将进程对 SIGINT 信号的处理设置为捕捉信号的处理方式，信号处理函数为 capthendfl。如果在运行完 signal（SIGINT, capthendfl）之后，程序收到了 SIGINT 信号，运行控制将会转去信号处理函数 capthendfl 执行，该函数输出信息表示接收到了 SIGINT 信号，然后再一次调用了 signal 函数将对 SIGINT 信号的处理方式修改为以默认方式处理。以下是示例程序 6.3 编译后运行的结果，第二次输入 Ctrl＋c 后，程序被 SIGINT 信号中断了。

```
root@ubuntu:~# gcc exp_signal_DFL.c -o exp_signal_dfl
root@ubuntu:~# ./exp_signal_dfl
waiting for signal...
waiting for SIGINT                    //输入 Ctrl+c
^CSIGINT is captured!
SIGINT now is defaulted!
waiting for SIGINT                    //输入 Ctrl+c
^C
```

6.2.2　signal 函数存在的问题

1. 信号处理不可靠

在早期的 signal 版本中，使用 signal 安装的信号处理函数类似于一个报警器，一旦有信号触动了它，想要让它再次起作用，都必须重新设置报警器为监视状态，因此当时的信号处理函数通常具有以下的程序结构：

```
void handler(int signo)
{
    signal(SIGINT,handler)
    ……           //信号处理的内容
}
```

这样的程序结构，在进程响应了信号之后到 handler 函数中再次使用 signal 安装信号处理函数之前，是一段危险的时间，尽管这段时间非常短。在这期间如果程序再次收到 SIGINT 信号，程序对信号的处理方式将会选择系统默认的方式，这就使得原有的信号处理不可靠。

2. 获取当前信号处理方式

signal 函数在为某信号安装信号处理函数的同时，会返回进程之前对该信号的处理函数，如果需要获取该信号当前的处理方式，可以使用示例程序 6.4 中的代码。

```
[示例程序 6.4 get_handler.c]
#include<signal.h>
#include<stdlib.h>
#include<stdio.h>
#include<unistd.h>

void main()
```

```c
{
    __sighandler_t handler;
    handler=signal(SIGINT,SIG_IGN);
    if(handler==SIG_IGN)
        printf("IGNORE!\n");
    else if(handler==SIG_DFL)
        printf("DEFAULT\n");
    else if(handler==SIG_ERR)
        printf("ERROR!\n");
    signal(SIGINT,handler);
}
```

从示例程序 6.4 中可以看到，使用 signal 函数来获取当前对某个信号的处理函数时，必须重新安装该信号，因此程序中使用变量 handler 接收进程对信号 SIGINT 的处理方式，并且在程序的最后，还要使用 signal 函数将 handler 重新安装为 SIGINT 的处理函数。从这一点上来看，使用 signal 获取某个信号当前的处理方式是一件很麻烦甚至有风险的事情，例如在两次 signal 之间发生的 SIGINT 信号有可能被忽略掉。

3．处理多个信号

在早期的 UNIX 版本中，信号是不可靠的，即一个信号发生了，但进程却有可能一直不知道。同时，进程对信号的控制能力也很差，它能捕捉信号或者忽略信号，但却无法阻塞信号，即进程不想忽略掉信号，希望能在信号发生时记住它，等处理完其他更重要的事之后，再通知进程处理信号。而这一功能是 signal 函数所不具备的，它无法阻塞信号。

其次在进程处理某个信号时，如果该信号再次甚至多次发生，进程该如何处理？当信号发生时，如果进程正在处理 read 之类的 I/O 交互而导致进程阻塞，此时又该如何处理？当从信号处理函数返回时，是从 read 被中断处继续读操作，还是重新读取缓冲区的内容？

以上问题都是 signal 函数无法解决的，为了保证程序的可移植性，现在大多数 Linux 系统并不使用 signal 函数来处理信号，而是使用更为成熟的 sigaction 函数。

6.3　信号处理函数——sigaction

signal 函数的使用方法简单，但并不遵循 POSIX 标准，在各种类 UNIX 平台上的实现不尽相同，因此其用途受到了一定的限制。而 POSIX 标准定义的信号处理接口是 sigaction 函数。

6.3.1　sigaction 系统调用

sigaction 函数的功能是检查或修改与指定信号相关联的处理动作。sigaction 函数接口规范说明如表 6.3 所示。

表 6.3 sigaction 函数的接口规范说明

函数名称	sigaction
函数功能	信号处理函数
头文件	#include<signal.h>
函数原型	int sigaction(int signum, struct sigaction * action, struct sigaction * oldaction);
参数	signum：要处理的信号 action：信号处理函数 oldaction：之前的信号处理函数
返回值	0：成功 -1：出错

说明：在 sigaction 的定义中，action 是要为信号 signum 安装的信号处理函数，oldaction 用于接收 signum 之前的处理函数。在使用时，action 或 oldaction 可以设置为空指针。当 action 为空，oldaction 非空时，表示获取 signum 信号的处理方式；当 oldaction 为空时，表示只按照 action 来安装 signum 信号。

在函数原型中，struct sigaction 类型定义在 sigaction.h 头文件中，具体定义如下：

```
struct sigaction {
    union
    {
        __sighandler_t sa_handler;
        void     (*sa_sigaction)(int, siginfo_t *, void *);
    }__sigaction_handler;
    sigset_t   sa_mask;
    int        sa_flags;
    void       (*sa_restorer)(void);
};
#define sa_handler   __sigaction_handler.sa_handler
#define sa_sigaction __sigaction_handler.sa_sigaction
```

在以上的类型定义中，sa_handler 或 sa_sigaction 用于接收信号处理函数，两者使用其一即可。当信号处理函数需要接收附加信息时，必须给 sa_sigaction 赋予信号处理函数指针，同时还要将 sa_flags 置为 SA_SIGINFO；如果应用程序只需要接收信号，而不需要接收额外信息，那将函数指针赋给 sa_handler 即可。sa_mask 表示在响应信号，进入信号处理函数后，进程需要阻塞对哪些信号的响应。sa_flags 包含了许多标志位，可以通过它来设置是否在信号响应后恢复对信号的默认处理等，常用的选项见表 6.4。

表 6.4 sa_flags 的常用选项

选项	说明
SA_RESETHAND	响应信号进入处理函数入口时，将该信号的处理方式重置为 SIG_DFL，并清除 SA_SIFINFO 标志
SA_RESTART	被此信号中断的系统调用将会自动重新启动，例如 read、ioctl 等

续表

选项	说明
SA_SIGINFO	为信号处理函数提供了一个指向 siginfo 结构的指针和一个指向进程上下文标识符的指针
SA_NODEFER	响应信号执行其处理函数时,系统不自动阻塞此信号,除非 sa_mask 包括了此信号

编写程序时,可以使用给 sa_handler 成员赋值的方式替换 signal 函数来安装信号。示例程序 6.5 使用 sigaction 函数来替代 signal 函数,安装信号处理函数。

[示例程序 6.5 exp_sigaction_signal.c]
```c
#include<stdio.h>
#include<signal.h>
#include<stdlib.h>

void fun(int signo)
{
    printf("test for sigaction.\n");
}

void main()
{
    struct sigaction action, oldaction;
    action.sa_handler=fun;
    sigemptyset(&action.sa_mask);
    action.sa_flags=SA_RESETHAND;
    sigaction(SIGINT,&action,&oldaction);
    printf("waiting for SIGINT...\n");
    while(1)
        pause();
}
```

在示例程序 6.5 中,使用 sigaction 函数为信号 SIGINT 安装了处理函数 fun,并使用 sigemptyset 函数将阻塞信号集置为空集。进程运行过程中,响应 SIGINT 信号后,SIGINT 信号的处理方式重新被设置为默认处理方式。该程序编译后运行的结果如下所示:

```
root@ubuntu:~# gcc exp_sigaction_signal.c -o sig_signal
root@ubuntu:~#./sig_signal
waiting for SIGINT...          //输入 Ctrl+c
^Ctest for sigaction.          //输入 Ctrl+c
^C
```

从运行结果中能够看到,程序为 SIGINT 信号安装了信号处理函数之后,只响应了一次 SIGINT 信号,之后恢复了对 SIGINT 信号的默认处理。

6.3.2 sigaction 函数参数的说明

1. sa_sigaction

使用 sigaction 安装信号，还可以使用 sa_sigaction 成员来接收信号处理函数，sa_sigaction 成员定义如下：

```
void (*sa_sigaction)(int, struct siginfo *,void *);
```

该成员与 sa_handler 一样，也是一个函数指针。该类型函数具有三个参数：第一个参数说明要安装的信号；第二个参数用于记录导致信号产生的原因、类型等信息；第三个参数用来记录信号发生时被中断进程的上下文环境。这样一来，当信号产生时就可以记录关于信号的众多信息。示例程序 6.6 使用 sa_sigaction 来接收信号处理函数。

[示例程序 6.6 exp_sigaction_sa.c]
```c
#include<stdio.h>
#include<signal.h>
#include<stdlib.h>

void fun(int signo,struct siginfo * info,void * context)
{
    printf("test for sigaction.\n");
}

main()
{
    struct sigaction action, oldaction;
    sigemptyset(&action.sa_mask);
    action.sa_flags=SA_SIGINFO;
    action.sa_sigaction=fun;
    sigaction(SIGINT,&action,&oldaction);
    printf("waiting for SIGINT...\n");
    while(1)
        pause();
}
```

在示例程序 6.6 中，程序使用 sa_sigaction 成员接收信号处理函数 fun，并将 sa_flag 置为 SA_SIGINFO，表示在进程运行过程中，如果被 SIGINT 信号中断，则响应该信号，进入 fun 函数进行处理，并且同时将信号产生的原因、类型或进程的上下文环境等信息（info 和 context 不可同时使用），分别从参数指针 info 和 context 传送给信号处理函数，以供 fun 函数使用。示例程序 6.6 的运行结果如下：

```
root@ubuntu:~#gcc exp_sigaction_sa.c -o sig_sa
root@ubuntu:~#./sig_sa
waiting for SIGINT...              //输入 Ctrl+c
```

```
^Ctest for sigaction.          //输入Ctrl+c
^Ctest for sigaction.          //输入Ctrl+c
^\退出 (核心已转储)
```

参数 context 可以被强制转换为 ucntext_t 结构体类型，用于标识信号传递时进程的上下文。

2. siginfo

通常使用 sa_handler 来确定信号处理函数，如果 sigaction 结构中的 sa_flag 使用了 SA_SIGINFO 标志，那么就使用 sa_sigaction 确定信号处理函数。sa_sigaction 类型函数的第二个参数类型为 struct siginfo，该结构包含了信号产生原因的有关信息，定义于 bits/siginfo.h 头文件中，在其定义中大致包括以下内容：

```
struct siginfo
{
    int si_signo;           /* Signal number    */
    int si_errno;           /* If non-zero, an errno value associated with
                               this signal, as defined in <errno.h>   */
    int si_code;            /* Signal code    */
    pid_t si_pid;           /* Sending process ID */
    uid_t si_uid;           /* Sending process real user ID */
    void * si_addr;         /* address that caused the fault */
    int   si_status;        /* exit value or signal number */
    long  si_band;          /* band number for SIGPOLL */
    ……
}
```

从 siginfo 的定义可以获取该信号产生的原因以及发送信号的进程 ID、进程真实用户 ID(使用 kill 发送信号的情况)、引起信号的错误的发生地址(SIGSEGV)、子进程(SIGCHLD)的退出状态等信息，这些信息都可以提供给信号处理函数使用。

3. sa_mask

在 sigaction 结构中，成员 sa_mask 用来定义在执行信号处理函数时要阻塞的信号集合，sa_mask 成员类型为 sigset_t，即信号集类型，它的每一位代表一种信号。为什么要在响应某个信号时阻塞进程对其他信号的响应呢？

学习过操作系统的读者应该对进程的同步互斥这一内容都不陌生，当多个进程争用有限的共享资源时，进程必须互斥地使用共享资源。例如有多个进程要对同一个文件执行写操作，那么互斥地写文件可以保证写入的数据不会混乱错误。信号处理程序同样也会面临这样的问题：如果前一个信号 SIGX 的处理函数需要对某个文件进行写操作，随后紧接着到来了信号 SIGY，其处理程序也要写或读同一个文件，此时就有可能发生以下的情况：SIGX 在写某一条记录时，写了一半，被 SIGY 打断，SIGY 的处理程序继续接着上一次 SIGX 信号处理程序写操作的位置写入数据，或者从当前读写指针位置读出指定大小的数据，显然写入或读出的数据是错误的数据，这种情况称为数据损毁。显然，数据损毁是需要避免的情况。

要解决信号处理函数所导致的数据损毁问题,最简单的办法就是阻塞或忽略那些有可能导致问题的信号,这种阻塞既可以在信号处理时实现,也可以在进程中实现。

如果希望一个信号在被处理时阻塞另外一个或一些信号,可以将需要阻塞的信号设置在 sa_mask 屏蔽信号集中,这样在设置信号处理函数的时候,被屏蔽的信号集合将会传递给 sigaction 结构。

如果进程需要阻塞某些信号,可以使用函数 sigprocmask 来设置屏蔽信号集。sigprocmask 函数接口规范说明如表 6.5 所示。

表 6.5 sigprocmask 函数的接口规范说明

函数名称	sigprocmask
函数功能	查看或修改当前的屏蔽信号集
头文件	#include<signal.h>
函数原型	int sigprocmask(int how, sigset_t * set, sigset_t * oset);
参数	how:修改屏蔽信号集的方式 sigs:本次要按照 how 的方式操作的信号集合指针 prev:修改前的屏蔽信号集指针
返回值	0:成功 -1:失败

说明:如果指针 oset 非空,那么进程当前的屏蔽信号集就会通过 oset 返回。

指针 set 为空时,不修改进程当前的屏蔽信号集;set 非空时,how 的取值才有意义,表示如何修改当前的屏蔽信号集,可以选择 SIG_BLOCK、SIG_UNBLOCK 或 SIG_SET。具体含义如表 6.6 所示。

表 6.6 sigprocmask 更改屏蔽信号集的方法

how	说　　明
SIG_BLOCK	向屏蔽信号集中增加想要屏蔽的信号,指针 set 指向新增信号的集合
SIG_UNBLOCK	从屏蔽信号集中减去不想要屏蔽的信号,指针 set 指向减去信号的集合
SIG_SETMASK	将屏蔽信号集设置为指针 set 所指向的信号集合

示例程序 6.7 使用 sigprocmask 来设置进程屏蔽信号集。

[示例程序 6.7 exp_sigproc.c]

```
#include<stdio.h>
#include<stdlib.h>
#include<unistd.h>
#include<signal.h>
```

```
int main()
{
    sigset_t set;
    sigemptyset(&set);
    sigaddset(&set,SIGINT);
    sigprocmask(SIG_BLOCK,&set,NULL);
    pause();
    return 0;
}
```

在此示例程序中，使用函数 sigemptyset、sigaddset 将 set 设置为只含有 SIGINT 信号的信号集，随后使用 sigprocmask 函数设置当前进程的屏蔽信号集。其运行结果如下：

```
root@ubuntu:~# gcc exp_sigproc.c -o exp_sigproc
root@ubuntu:~#./exp_sigproc         //输入两次 Ctrl+c 后输入 Ctrl+\
^C^C^\(核心已转储)
```

从运行结果可以看出示例程序 6.7 在运行过程中屏蔽了 SIGINT 信号。程序中所使用的 sigemptyset 和 sigaddset 函数是设置屏蔽信号集时经常使用到的函数，除此之外在设置信号集时还会用到 sigfillset 和 sigdelset 函数，它们的接口规范说明如表 6.7 和表 6.8 所示。

表 6.7 sigemptyset/sigfillset 函数的接口规范说明

函数名称	sigemptyset/sigfillset
函数功能	将信号集置为空集/将信号集置为全集
头文件	#include<signal.h>
函数原型	int sigemptyset(sigset_t * set); int sigfillset(sigset_t * set);
参数	set：要置空或置满的信号集合的指针
返回值	0：成功 -1：失败

表 6.8 sigaddset/sigdelset 函数的接口规范说明

函数名称	sigaddset/sigdelset
函数功能	在信号集中增加/减少一个信号
头文件	#include<signal.h>
函数原型	int sigaddset(sigset_t * set, int signo); int sigdelset(sigset_t * set, int signo);
参数	set：待修改的信号集的指针 signo：要增加/减少的信号
返回值	0：成功 -1：失败

6.4 信号其他相关函数

6.4.1 kill 与 raise

产生信号的一种方法是由某个进程调用 kill 函数发送信号给指定进程或进程组，kill 也是一条 Shell 命令，例如在 Shell 环境中执行命令：

kill -9 3234

表示向进程 ID 为 3234 的进程发送一个编号为 9（SIGKILL）的信号。在编写程序时，kill 函数的接口规范定义如表 6.9 所示。

表 6.9 kill 函数的接口规范说明

函数名称	kill
函数功能	向进程发送一个信号
头文件	#include<signal.h>
函数原型	int kill(pid_t pid, int signo);
参数	pid：目标进程 PID signo：要发送的信号
返回值	0：成功 -1：失败

说明：根据调用 kill 函数时参数 pid 的值，系统将会把信号发送给不同的进程或进程组。

- pid>0 时，系统将信号 signo 发送给进程 PID 为 pid 的进程。
- pid=0 时，系统将信号 signo 发送给和当前进程在同一进程组的所有进程，这要求当前进程具有向其他同组进程发送信号的权限。
- pid=-1 时，系统将信号发送给调用进程有权限向其发送信号的所有进程。
- pid<0 时，将信号发送给进程组号 PGID 为 pid 绝对值，且当前进程有权限向其发送信号的所有进程。

示例程序 6.8 展示了如何使用 kill 函数来向某个指定进程发送信号。

[示例程序 6.8 exp_kill.c]
```
#include<stdio.h>
#include<stdlib.h>
#include<signal.h>

void fun(int signo)
{
    printf("process capture SIGINT\n");
    signal(SIGINT,SIG_DFL);
}
```

```c
main()
{
    int pid;
    if((pid=fork())==-1)
    {
        perror("fork");
        exit(EXIT_FAILURE);
    }
    else if(pid==0)
    {
        signal(SIGINT,fun);
        printf("child %d waiting for parent %d sent signal\n",getpid(),
            getppid());
        pause();
        printf("child waiting for SIGINT!\n");
        pause();
    }
    else
    {
        sleep(1);
        printf("parent %d will sent a signal to child %d\n",getpid(),pid);
        kill(pid,SIGINT);
        wait(NULL);
    }
}
```

在示例程序 6.8 中，程序使用 fork 函数创建了一个子进程。在随后的代码中，子进程使用 signal 函数为 SIGINT 信号安装了处理函数，紧接着调用 pause 函数挂起子进程，等待接收信号。父进程在休眠一秒后调用 kill 函数向子进程发送 SIGINT 信号。子进程接收到 SIGINT 信号后，执行信号处理函数，输出"process capture SIGINT"，随后将对 SIGINT 信号的处理修改为默认处理方式。程序运行结果如下所示：

```
root@ubuntu:~# gcc exp_kill.c -o exp_kill
root@ubuntu:~# ./exp_kill
child 3562 waiting for parent 3561 sent signal
parent 3561 will sent a signal to child 3562
process capture SIGINT
child waiting for SIGINT          //输入 Ctrl+c
^C
```

需要说明的是，尽管在示例程序 6.8 中，父进程发送 SIGINT 信号给子进程，但这并不是说发送信号的进程与接收信号的进程之间一定要具有亲缘关系。进程在调用 kill 函数向其他进程或进程组发送信号时，只要求发送信号的进程具有对接收信号进程发送信号的权限即可。

raise 函数也可以向进程发送信号,与 kill 函数不同的是,raise 函数发送信号的目标进程是确定的,是向调用 raise 函数的进程自己发送一个信号。因此使用 raise 函数时,通常说进程自举了一个信号。除此之外,raise 还可以用来对线程发送信号。raise 函数的原型定义如表 6.10 所示。

表 6.10 raise 函数的接口规范说明

函数名称	raise	参数	signo:要发送的信号
函数功能	自举一个信号	返回值	0:成功 -1:失败
头文件	#include<signal.h>		
函数原型	int raise(int signo);		

对于单线程程序来说,在程序代码中使用语句"raise(SIGUSER1);"相当于使用语句"kill(getpid(),SIGUSER1);"。对多线程程序来说,raise 函数只将信号发送给调用 raise 的线程。如果 raise 函数发送的信号处理策略是捕捉信号,那么只有当信号处理函数结束返回进程后,raise 函数才会返回。

6.4.2 alarm 与 pause

日常生活中我们经常会使用定时器来提醒自己在指定的时间要做某一件事,例如通常在工作日我们会设定一个闹钟在特定时间提醒我们按时起床。Linux 系统中的函数 alarm 就是这样一个计时器函数,调用它时也就是设定了指定的时间,当指定时间到达后,系统将会向调用 alarm 的进程发送一个 SIGALRM 信号。SIGALRM 信号的默认处理是终止进程,但是通常进程都会为该信号安装相应的信号处理函数,从而可以实现定时执行处理的功能。alarm 函数的接口规范说明如表 6.11 所示。

表 6.11 alarm 函数的接口规范说明

函数名称	alarm
函数功能	设置计时器
头文件	#include<unistd.h>
函数原型	int alarm(int seconds);
参数	seconds:定时器设置的秒数
返回值	0:之前未调用过 alarm >0:上一次调用 alarm 时设置的秒数余留的时间

与现实不同的是,每个进程只能有一个闹钟时钟,因此如果在当前调用 alarm 之前曾经调用过 alarm 函数,那么之前设置的闹钟就会失效,只返回上次所定时间到当前余留下的秒数,闹钟将被本次的调用重置。当上次设置的闹钟时间未满时,再次调用 alarm,并且将参数 seconds 设置为 0,那么之前设置的闹钟将被取消。从这一机制也能得出结论,如果要对 SIGALRM 信号做出响应,那么必须在调用 alarm 函数之前安装 SIGALRM 信

号的处理函数。

pause 函数是信号机制中一个经常被使用到的系统调用,在前面其他程序中也使用过。顾名思义,pause 函数的作用是使调用它的进程主动进入阻塞状态,该进程会被之后发送来的信号唤醒。这样看来,如果在程序中使用了 pause 函数,但该进程始终未接收到任何信号,这将导致进程被永久地处于阻塞状态。pause 函数的接口规范说明如表 6.12 所示。

表 6.12 pause 函数的接口规范说明

函数名称	pause	函数原型	int pause(void);
函数功能	挂起一个进程	参数	无
头文件	#include<unistd.h>	返回值	-1

从 pause 函数的原型描述中能看到,pause 函数没有参数,并且无论执行情况如何,都只有一个返回值-1。当执行 pause 函数后,进程将自身挂起,直到进程收到某个信号,转去执行该信号的处理函数。当该信号处理完毕后返回进程,pause 函数同时返回,此时 pause 函数除了返回-1 外,还会将 errno 设置为 EINTR。

6.4.3 实现 sleep 函数

在前面的章节里,示例程序经常会使用 sleep 函数,sleep 可以使程序在运行过程中暂时休眠一段时间,实际上在休眠的时间里是进程将自己挂起了。这样看来,使用 alarm 和 pause 函数也可以实现 sleep 函数的功能。示例程序 6.9 使用 alarm 和 pause 函数来实现了 sleep 函数的功能。

[示例程序 6.9 mysleep.c]
```c
#include<signal.h>
#include<stdio.h>
#include<stdlib.h>
#include<unistd.h>

void sig_alarm(int signo)
{
    printf("Time is up!\n");
}

main(int argc, char * argv[])
{
    int seconds;
    if(argc!=2)
    {
        printf("Usage error,please set seconds!\n");
        exit(EXIT_FAILURE);
    }
```

```
        seconds=atoi(argv[1]);
        if(signal(SIGALRM,sig_alarm)==SIG_ERR)
            exit(EXIT_FAILURE);
        alarm(seconds);
        pause();
        exit(alarm(0));
        return 0;
    }
```

在示例程序 6.9 中，首先使用 signal 函数为 SIGALRM 信号安装处理程序；随后调用 alarm 函数，根据命令行中的参数设定闹钟时间；紧接着调用 pause 函数挂起进程，等待接收信号；定时时间到后，进程响应 SIGALRM 信号，执行信号处理函数，输出"Time is up!"，然后返回到进程继续执行。

由于该进程并没有屏蔽其他信号，有可能在进程被阻塞的时间段里收到了其他信号导致进程结束，因此当标准输出设备上没有出现 SIGALRM 信号的处理程序输出的内容时，表示有其他信号结束了进程，闹钟还没有到时间。该程序运行结果如下所示：

```
root@ubuntu:~# gcc mysleep.c -o mysleep
root@ubuntu:~#./mysleep 2
Time is up!
```

示例程序 6.9 只是 sleep 函数的一个简单模拟，实际的 sleep 函数远比这个设计要复杂得多。在这个程序中，尽管实现了部分 sleep 函数的功能，但它存在着一些问题。

第一，一个进程只有一个 alarm 时钟，当使用 alarm 来实现 sleep 函数的功能时，也就意味着若该进程同时要实现定时这一功能，程序设计将要复杂得多。

第二，如果进程原先有对 SIGALRM 函数的处理函数，那么使用 alarm 来实现 sleep 的功能，有可能导致对 SIGALRM 信号的处理被改写。这种情况下需要保留原先对 SIGALRM 信号的处理函数，并且保存 signal 函数的返回值，在模拟 sleep 函数的处理函数返回前复位对 SIGALRM 信号的处理。

第三，调用 alarm 函数和 pause 函数的操作并不是原子操作，由于 Linux 是一个多进程的操作系统，一个繁忙的系统有可能导致 alarm 函数和 pause 函数操作之间的时间间隔超过了 alarm 所设定的时间。这样一来，pause 函数将会在 SIGALRM 信号到来之后才得以执行，如果没有其他信号唤醒或结束进程，进程将被永久挂起。

6.5 小　　结

进程在 Linux 系统中运行时有可能受到各种信号的影响，信号是一种软件中断，它提供了一种处理异步事件的方法，也是唯一的进程间异步通信方式。在 Linux 系统中，根据 POSIX 标准扩展以后的信号机制，不仅可以用来通知某个进程发生了什么事件，还可以给进程传递数据。

本章介绍了信号的概念、种类、来源，说明了可靠信号与不可靠信号的差别，同时也介绍了信号的三种处理方式：忽略信号、捕捉信号和默认处理。为了实现这些策略，可以使用 signal 函数或 sigaction 函数来设置不同信号的处理策略。其中，signal 函数是早期使用的信号处理函数，使用时存在着一定的问题，因此现在推荐使用 sigaction 函数来处理信号。

本章还介绍了信号机制中经常会用到的 kill、raise、alarm 和 pause 函数。最后使用 alarm 和 pause 函数，简单地模拟了 sleep 函数的功能，并指出其中存在的问题。

习 题

一、填空题

1. 在实际应用中，一个用户进程常常需要对多个信号做出处理。为了方便对多个信号进行处理，在 Linux 系统中引入_____的概念。
2. 进程可以忽略大部分信号，除了_____和_____信号。
3. 在 kill(pid,signum) 函数中，pid＞0 表示_____。
4. Ctrl＋\发送一个_____信号。
5. SIGHUP 信号的作用是_____，SIGCONT 信号的作用是_____。

二、简答题

1. 为什么说信号机制是一种异步通信方式？
2. 有哪些事件或情况会产生信号？
3. 什么是可靠信号和不可靠信号？

三、编程题

1. 为 SIGUSR1 信号安装一个处理函数，当捕捉到该信号时，显示当前的系统时间。用 raise 发送信号测试是否成功。
2. 编写一个程序，将 SIGINT 信号的处理方式依次设置为忽略、捕捉到 SIGINT 后执行 func 函数、默认方式。

第 7 章

进程间通信

7.1 选择进程间通信方式

在第 4 章中学到的内容可以帮助我们在系统中创建多个进程,如果这多个进程之间是有联系的,运行过程中需要相互通信的话,该怎样做才能让进程向其他进程发送信息呢(例如经常使用的通信软件 QQ)?这就涉及进程的通信。进程通信是指不同进程间传播信息或交换数据,通信的目的通常是为了实现数据传输、共享数据、通知时间、资源共享或进程控制。进程间通信的方式包括管道、信号、共享内存、消息队列、信号量、套接字,广义来看,文件也可以实现进程间通信。本章首先来学习在同一台主机上要实现一个进程向另一个进程发送信息可以有哪些做法。

假定一个需要实现进程间通信的场景:现在需要实现一个产生随机数的服务器(Server),多个客户端(Client)进程将会和服务器通信,每个客户端每次和服务器通信读取一个随机数。本节分别使用文件和管道来实现服务器和客户端之间的通信。

7.1.1 文件实现进程间通信

在多个进程使用文件进行通信的方式中,服务器进程和客户端进程可以提前约定好通信文件的名称,例如可以将文件名称写入一个特殊的头文件中供双方进程引用。使用文件实现进程通信的基本思想是:服务器进程将随机数写入文件;客户端进程从文件中读出随机数。当然这要求双方进程对该文件都具有相应的使用权限。程序代码如示例程序 7.1 所示,示例程序 7.1-1 为服务器代码,示例程序 7.1-2 为客户端代码。

[示例程序 7.1-1 commu-file-server.c]

```c
#include<fcntl.h>
#include<stdio.h>
#include<stdlib.h>
#include<string.h>
#include<time.h>

main(int argc, char * argv[])
{
    int fd;
    int i;
    time_t now;
```

```
    long randata;
    char * message;
    char temp[64]={0};
    if(argc!=2)
    {
        printf("errror usage!\nusage: server filename\n");
        exit(EXIT_FAILURE);
    }
    if((fd=open(argv[1],O_CREAT|O_WRONLY|O_TRUNC,0644))==-1)
    {
        perror("open");
        exit(EXIT_FAILURE);
    }
    while(1)
    {
        srandom(time(&now));
        randata=random();
        temp[63]='\0';
        i=62;
        while(randata>0)
        {
            temp[i--]=randata%10+48;
            randata/=10;
        }
        message=temp+i+1;
        if((lseek(fd,0,SEEK_SET))==-1)
        {
            perror("lseek");
            exit(EXIT_FAILURE);
        }
        if(write(fd,message,strlen(message))==-1)
        {
            perror("write");
            exit(EXIT_FAILURE);
        }
        sleep(1);
    }
}
```

在服务器代码中，进程打开命令行参数指定的文件（若文件不存在，则创建该文件），每隔一秒，服务器进程产生一个随机数，将其转换为字符型的数字；随后将文件的读写指针设置在文件开始处，将字符型数字写入文件中。

[示例程序 7.1-2 commu-file-client.c]
```
#include<stdio.h>
```

```c
#include<stdlib.h>
#include<fcntl.h>

main(int argc, char *argv[])
{
    int fd,len;
    char buf[128];
    if(argc!=2)
    {
        printf("error usage!\nusage: client filename");
        exit(EXIT_FAILURE);
    }
    if((fd=open(argv[1],O_RDONLY))==-1)
    {
        perror("open");
        exit(EXIT_FAILURE);
    }
    while((len=read(fd,buf,128))>0)
    {
        write(1,buf,len-1);
    }
    close(fd);
}
```

客户端代码中，进程打开同一文件，从文件中读出数据，显示在标准输出设备上。每个客户端进程会读取一条数据，由于服务器进程写入的是随机数，因此每个客户端进程读到的数据都不一样。

分别编译服务器进程和客户端进程后运行，while 的条件为 1，服务器程序将会一直运行，因此客户端程序运行结束后，需要使用 kill 命令终止服务器进程的执行。客户端程序每执行一次将会读取一条数据，运行结果如下：

```
root@ubuntu:~# gcc commu-file-server.c -o server
root@ubuntu:~# gcc commu-file-client.c -o client
root@ubuntu:~# ./server test&
[1] 3999
root@ubuntu:~# ./client test
1285529497root@ubuntu:~# ./client test
2057940085root@ubuntu:~# ./client test
1149292523root@ubuntu:~# kill -9 3999
[1]+  已杀死               ./server test
```

使用文件作为工具实现进程间通信有以下几点需要注意：

（1）通信双方的进程必须具有相应的权限。在示例程序 7.1 中，服务器进程创建了通信用的文件，它需要具有该文件的写权限，并给其他用户分配文件的读权限。如果在程序中加入控制，使客户端进程和服务器进程同属一个进程组，那么可以只为同组用户分配读权限，禁止其他用户访问文件。

（2）多个客户端程序可以同时打开文件，从文件中读取数据。客户端程序和服务器程序可以同时打开文件，所以客户端进程如果打开文件的时间不合适，服务器进程正好将读写指针重新设置在了文件的起始处，那么客户端进程有可能读不到数据。

（3）当多个客户端进程打开文件读取数据时，记录随机数的文件就成了竞争资源，而服务器进程和这多个客户端进程必须互斥地使用文件才能保证所读数据的正确性。因此在实际使用这种方式进行进程间通信时，还需要使用某种方法来避免多个进程同时使用文件，例如可以给文件加锁或使用信号量来控制进程读写文件。

7.1.2 命名管道实现进程间通信

管道也可以实现服务器进程和客户端进程的通信，由于通信的进程间通常不存在亲缘关系，所以这一节中选择命名管道来实现服务器和客户端的通信。具体做法是：服务器进程将数据数写入管道，客户端进程从管道中读出数据并显示在标准输出设备上。示例程序 7.2 是使用命名管道实现进程间通信的例子，其中示例程序 7.2-1 为服务器程序代码，示例程序 7.2-2 为客户端程序代码。

[示例程序 7.2-1 commu-fifo-server.c]
```c
#include<fcntl.h>
#include<stdio.h>
#include<stdlib.h>
#include<string.h>
#include<time.h>

main(int argc, char * argv[])
{
    int fd;
    int i;
    time_t now;
    long randata;
    char * message;
    char temp[64]={0};
    if(argc!=2)
    {
        printf("errror usage!\nusage: server fifoname\n");
        exit(EXIT_FAILURE);
    }
    unlink(argv[1]);
    if(mkfifo(argv[1],0644)==-1)
    {
        perror("mkfifo");
        exit(EXIT_FAILURE);
```

```c
        if((fd=open(argv[1],O_WRONLY))==-1)
        {
            perror("open");
            exit(EXIT_FAILURE);
        }
        while(1)
        {
            srandom(time(&now));
            randata=random();
            i=62;
            temp[63]='\0';
            while(randata>0)
            {
                temp[i--]=randata%10+48;
                randata/=10;
            }
            message=temp+i+1;
            if(write(fd,message,strlen(message))==-1)
            {
                perror("write");
                exit(EXIT_FAILURE);
            }
            sleep(1);
        }
    }
```

在服务器代码中,进程按照命令行参数指定的文件名称创建命名管道,并分配相应的权限,保证客户端进程有足够的权限访问命名管道。管道创建成功后,服务器进程产生随机数写入管道中,等待客户端进程来读取。

```c
[示例程序 7.2-2 commu-fifo-client.c]
#include<stdio.h>
#include<stdlib.h>
#include<fcntl.h>

main(int argc, char * argv[])
{
    int fd,len;
    char buf[128];
    if(argc!=2)
    {
        printf("error usage!\nusage: client filename");
        exit(EXIT_FAILURE);
    }
```

```
    if((fd=open(argv[1],O_RDONLY))==-1)
    {
        perror("open");
        exit(EXIT_FAILURE);
    }
    if((len=read(fd,buf,128))>0)
    {
        write(1,buf,len-1);
    }
    close(fd);
}
```

客户端进程打开指定的管道,从管道读端读取数据显示在标准输出设备上。这种方式的客户端程序与示例程序 7.1-2 的客户端程序类似,不同之处在于由于服务器进程一直在后台运行,因此只要客户端进程循环读入数据,客户端程序就无法停止。因此在本例中,客户端程序只读取数据一次。分别将服务器和客户端程序编译后,运行结果如下所示:

```
root@ubuntu:~# gcc commu-fifo-server.c -o server
root@ubuntu:~# gcc commu-fifo-client.c -o client
root@ubuntu:~# ./server test&
[1] 4019
root@ubuntu:~# ./client test
1151872root@ubuntu:~#
[1]+  断开的管道           ./server test
```

使用命名管道实现进程间通信有以下几点需要注意:

(1) 双方进程要具有使用命名管道的相应权限。在示例 7.2 中,命名管道文件由服务器程序创建,并给其他用户分配了读权限,保证客户端程序能够使用命名管道的读端。

(2) 命名管道虽有文件之名,却无文件之实,它实际上是内核区的一块队列缓冲区。只有读写进程打开了管道后,管道中的数据才有意义。当管道不再被使用,留在管道里的数据将不复存在,这一点与使用文件通信不同。

(3) 管道是一个队列,多个客户端进程不能同时去读取管道中的数据。服务器进程从管道的写端写入数据,排在读端的队首读进程从管道读端将管道前 128 个字节的数据取走。因此只有写进程不断地写入数据,才能保证每个客户端进程都能取到数据。

(4) 示例程序 7.2 中,服务器程序和客户端程序分别连接管道的写端和读端,因此不存在冲突。write 和 read 函数都是原子操作,这样一来,不存在 write 执行到一半时被 read 函数打断的情况,因此不会读到不完整的数据。

7.2 共享内存

7.2.1 什么是共享内存

在 7.1.2 节的示例程序中,服务器进程使用 write 函数将数据从内存复制到命名管道对应的内核缓冲区中,客户端进程使用 read 函数从管道中读出数据。在这个过程中,服务器和客户端进程各自读、写内存一次,并且需要从访问用户空间的状态切换到访问内核空间的状态。有没有办法能让读写操作的次数减少,或者让读写操作只在用户空间运行,让进程通信的效率得以提升呢?有!答案是使用共享内存。

共享内存是 System V 的一种进程间通信机制,它的存在不依赖于使用它的进程是否存在,可以把它看作是系统的一种 IPC 资源。进程可以使用共享内存的 ID 连接到某共享内存段,获得指向此段的指针来使用共享内存。

共享内存的使用原理如图 7.1 所示。在图中可以看到,共享内存机制允许两个或更多的进程共享使用同一段物理内存,具有使用权限的进程可以将共享内存映射为自己空间的一部分。因此,图中的共享内存段既是进程 P1 地址空间的一部分,也是进程 P2 地址空间的一部分。这样一来,共享内存就成为一种公用资源,所有使用了该共享内存的进程都可以方便地读出其中的数据,也可以将数据写入共享内存。在上一节所讲的 C/S 结构的例子中,如果服务器进程和客户端进程使用共享内存传输数据,只需要让服务器进程将数据写入共享内存,客户端进程从共享内存中读出数据即可。使用这一方式通信时,只对内存写一次、读一次,与使用文件或管道通信的方式相比较,通信速度快,适合传输大量数据。

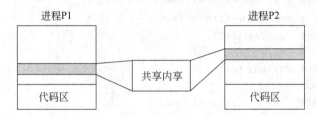

图 7.1 共享内存的通信原理

由于共享内存要占用大量的内存空间,因此系统对共享内存的大小做了限制,这些关于共享内存的信息可以在 /usr/include/linux/shm.h 头文件中查到,如下所示。

```
#define SHMMIN 1                              /* min shared seg size (bytes) */
#define SHMMNI 4096                           /* max num of segs system wide */
#define SHMMAX (ULONG_MAX - (1UL<<24))        /* max shared seg size (bytes) */
#define SHMALL (ULONG_MAX - (1UL<<24))        /* max shm system wide (pages) */
#define SHMSEG SHMMNI                         /* max shared segs per process */
```

每个共享内存都有一个 shmid_ds 类型的结构与之对应,这个结构用来记录共享内存的一些属性,至少包括以下的几个属性,这些属性是关于共享内存使用权限的一些属性。

```
struct shmid_ds
{
    uid_t shm_perm.uid;
    uid_t shm_perm.gid;
    mode_t shm_perm.mode;
    ...
};
```

7.2.2 共享内存相关系统调用

多个进程使用共享内存实现进程间通信的过程如图 7.2 所示。多个进程使用共享内存时,首先要由某一个进程创建共享内存,在创建共享内存时,将会为共享内存赋予权限用以控制共享内存可以被哪些进程使用。创建共享内存之后,通信的进程就可以将共享内存连接到自己的地址空间中,使用各种对内存操作的函数或系统调用来使用共享内存。当通信结束后,使用共享内存的进程要将共享内存从地址空间中剥离出来,并且由创建共享内存者将不再使用的共享内存删除。

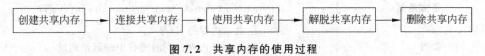

图 7.2 共享内存的使用过程

1. 创建共享内存——shmget

shmget 函数用来创建共享内存,函数接口规范说明如表 7.1 所示。

表 7.1 shmget 函数的接口规范说明

函数名称	shmget
函数功能	创建共享内存
头文件	#include<sys/shm.h>
函数原型	int shmget(key_t key, size_t size, int shmflg);
参数	key:用于创建共享内存的键值 size:共享内存的大小(字节数) shmflg:共享内存的权限
返回值	>0:共享内存的 ID 号 -1:出错

创建共享内存时,通常将参数 size 取系统页长大小的倍数。参数 shmflg 用于设置共享内存的使用权限,通常 shmflg 表示为 IPC_xxx|mode 的形式。其中 mode 和使用 open 函数时的权限设置方法相同,当 mode 为 0 时表示不检查权限,IPC_xxx 用来设置 IPC 资源的创建方式,可使用以下的几个值,它们记录在头文件 bits/ipc.h 中。

```
/* Mode bits for 'msgget', 'semget', and 'shmget' */
#define IPC_CREAT    01000        /* Create key if key does not exist */
#define IPC_EXCL     02000        /* Fail if key exists    */
#define IPC_NOWAIT   04000        /* Return error on wait  */
```

通常,共享内存由通信进程中的某个进程创建,当某个用户进程创建了共享内存,那么该用户所创建的其他进程对该共享内存都有写入的权限,其他用户创建的进程只能对共享内存做读操作。进程要访问已有的共享内存时,也要先调用 shmget 函数,表示需要引用此共享内存。引用共享内存时,将参数 size 设置为 0。

创建了共享内存段之后暂时还不能直接使用它,需要将它连接到进程的地址空间后才能使用。

2. 连接共享内存——shmat

连接共享内存使用 shmat 函数,其函数接口规范说明如表 7.2 所示。

表 7.2 shmat 函数的接口规范说明

函数名称	shmat
函数功能	连接共享内存
头文件	#include<sys/shm.h>
函数原型	int shmat(int shmid, void * shmaddr, int flag);
参数	shmid:共享内存的 ID 号 shmaddr:共享内存在当前进程中的起始地址 flag:访问共享内存的方式
返回值	>0:共享内存的起始地址 -1:失败

连接共享内存时,共享内存被加入到进程的地址空间中,成为地址空间的一部分。参数 shmaddr 用来说明如何设定共享内存在进程地址空间中的起始地址,它可以被设置为以下几个取值:

- shmaddr==0:表示将此共享内存段连接到由内核选择的第一个可用地址上。这种方式是推荐使用的方式,通常系统内核比程序设计人员更了解进程地址空间的结构和硬件结构。
- shmaddr≠0 并且 flag 中未指定 SHM_RND 标识:表示将此共享内存段连接到 shmaddr 所指定的地址上。
- shmaddr≠0 并且 flag 中指定了 SHM_RND 标识:表示将共享内存段连接到 shmaddr 向下取到的最近的一个 SHMLBA 的地址上。SHM_RND 表示地址取整,即 SHMLBA 取"低边界地址的整倍数"。

flag 用来控制对共享内存的访问方式,如果指定了 SHM_RDONLY 位,表示以只读的方式使用共享内存段。若未设置,则表示以读写的方式使用此共享内存段。

当 shmat 函数调用成功时,除了会返回共享内存的实际起始地址之外,还会将共享内存相应的 shmid_ds 结构中的 shm_nattach 计数器值加 1。

共享内存连接到进程的地址空间中后,进程可以像使用自己的变量一样通过地址来使用共享内存,之前所介绍过的 read、write 等函数都可以实现对共享内存的读写操作。

3. 解脱共享内存——shmdt

共享内存使用完毕后,要从进程的地址空间中解脱出来才可以删除,解脱共享内存使用函数 shmdt,函数接口规范说明如表 7.3 所示。

表 7.3 shmdt 函数的接口规范说明

函数名称	shmdt
函数功能	解脱共享内存

续表

头文件	#include<sys/shm.h>
函数原型	int shmdt(void * shmaddr);
参数	shmaddr：共享内存的起始地址
返回值	0：成功 −1：失败

shmdt 函数中使用的参数 shmaddr 是在调用 shmat 函数时的返回值，是共享内存在进程地址空间中的地址。shmdt 函数除了会将共享内存从进程地址空间中解脱出来，还会将共享内存所对应的 shmid_ds 结构中的 shm_nattach 计数器值减1。当共享内存段对应的 shm_nattach 计数器值为 0 时，可将该共享内存删除。

4. 操作共享内存——shmctl

shmctl 函数常用来删除指定的共享内存，除此之外，shmctl 函数还可以对共享内存执行多种操作，其函数接口规范说明如表 7.4 所示。

表 7.4 shmctl 函数的接口规范说明

函数名称	shmctl
函数功能	操作共享内存
头文件	#include<sys/shm.h>
函数原型	int shmctl(int shmid, int cmd, struct shmid_ds * buf);
参数	shmid：共享内存的 ID 号 cmd：要执行的操作 buf：根据 cmd 不同，buf 有不同的含义
返回值	0：成功 −1：失败

在 shmctl 函数中，参数 buf 的含义随着 cmd 的变化有所不同，参数 cmd 可以是表 7.5 中的某一种操作。

表 7.5 shmctl 函数中 cmd 的取值范围和 buf 的含义

cmd	操作	buf
IPC_STAT	获取共享内存段的 shmid_ds 结构	存放 shm_id 数据的结构体变量指针
IPC_SET	设定共享内存段的 shm_perm.uid、shm_perm.gid、shm_perm.mode	新数值的地址
IPC_RMID	从系统中删除共享内存段	无意义
SHM_LOCK	将共享内存段锁定在内存中	无意义
SHM_UNLOCK	解锁共享内存段	无意义

从表 7.5 中可以看出 shmctl 函数可以获取或设定共享内存段的属性，或删除、锁定共享内存。本章使用的操作是 IPC_RMID 删除共享内存段。后两种操作只有 Linux 和

Solaris 系统支持,使用时要注意运行平台是否能支持该操作。

7.2.3 共享内存实现进程间通信

本节使用共享内存实现 7.1 节中服务器进程与客户端进程通信的例子。服务器进程创建共享内存,设定相应权限允许客户端进程访问共享内存,随后将信息写入共享内存,等待客户端读出。当共享内存不再使用时,由服务器进程将共享内存删除。客户端进程引用共享内存,读出服务器所写的数据,输出在标准设备上,随后解脱共享内存。

服务器程序代码如示例程序 7.3-1 所示,客户端代码如示例程序 7.3-2 所示。

[示例程序 7.3-1 commu-shm-server.c]

```c
#include<stdio.h>
#include<stdlib.h>
#include<sys/shm.h>
#include<time.h>
#include<string.h>

#define SHM_KEY 99                //设定创建共享内存的键值

main()
{
    int seg_id;
    char *mem_ptr;
    time_t now;
    int i,times=8;
    long randata;
    char *message,temp[64];

    seg_id=shmget(SHM_KEY,100,IPC_CREAT|0777);
    if(seg_id==-1)
    {
        perror("shmget");
        exit(EXIT_FAILURE);
    }
    mem_ptr=shmat(seg_id,NULL,0);
    if(mem_ptr==NULL)
    {
        perror("shmat");
        exit(EXIT_FAILURE);
    }
    while(times>0)
    {
        srandom(time(&now));
        randata=random();
```

```
            i=62;temp[63]='\0';
            while(randata>0)
            {
                temp[i--]=randata%10+48;
                randata/=10;
            }
            message=temp+i+1;
            strcpy(mem_ptr,message);
            sleep(1);
            times--;
        }
        shmctl(seg_id,IPC_RMID,NULL);
}
```

在服务器程序中,使用宏定义了生成共享内存的键值为 99,随后创建共享内存,大小为 100 个字节,权限为所有人都可读可写可执行。随后服务器进程使用 shmat 函数连接共享内存,连接成功后,指针 mem_ptr 记录了共享内存的起始地址。接下来在 while 循环中,生成随机数,写入共享内存中,总共写入 8 个随机数。读写共享内存的操作结束后,调用 shmctl 函数,将其参数 cmd 设置为 IPC_RMID,buf 设置为 NULL,删除共享内存。

[示例程序 7.3-2 commu-shm-client.c]

```
#include<stdio.h>
#include<stdlib.h>
#include<sys/shm.h>

#define SHM_KEY   99            //定义引用共享内存的键值

main()
{
    int seg_id;
    char * mem_ptr;

    if((seg_id=shmget(SHM_KEY,00,0777))==-1)
    {
        perror("shmget");
        exit(1);
    }
    mem_ptr=shmat(seg_id,NULL,0);
    if(mem_ptr==NULL)
    {
        perror("shmat");
        exit(1);
    }
    printf("The randam number is:%s\n",mem_ptr);
```

```
        shmdt(mem_ptr);
}
```

在客户端程序中,将整数 99 定义为引用共享内存的键值,调用 shmget 引用服务器进程创建的共享内存(引用共享内存时,设定的键值必须与创建时的键值相等才能正确引用到已创建的共享内存)。随后调用 shmat 连接共享内存,当连接成功时,输出指针 mem_ptr 所指内存的信息。最后,解脱共享内存。程序运行情况如下所示:

```
root@ubuntu:~# gcc commu-shm-server.c -o server
root@ubuntu:~# gcc commu-shm-client.c -o client
root@ubuntu:~# ./server&
[1] 2954
root@ubuntu:~# ./client
The randam number is:1242973753
root@ubuntu:~# ./client
The randam number is:1697955767
root@ubuntu:~# ./client
The randam number is:20855984
root@ubuntu:~#
[1]+  完成                  ./server
```

从运行结果中可以看到,在服务器程序运行期间,客户端程序运行了三次,因此在屏幕上输出了三行随机数。

使用共享内存实现进程间通信有以下几点需要注意:

(1) 通信进程要具有使用共享内存的权限。共享内存和文件类似,使用时需要进程具有相应的权限才可以使用,因此服务器进程在创建共享内存时要设置相应的组用户权限或其他用户权限,保证客户端进程能够访问共享内存。

(2) 多个客户端进程可以同时从共享内存段中读取数据。当多个客户端进程需要获取随机数时,每个具有权限的客户端进程都可以将共享内存段连接到自己的地址空间中,因此可以读取到共享内存中的数据。

(3) 当客户端进程读取共享内存中的数据时,如果服务器进程正好也在向共享内存中写入数据,那么客户端进程有可能读到不一致的数据。因此读、写操作必须互斥进行,这需要对共享内存辅以控制手段,可以使用信号量来对共享内存加锁,保证客户端进程和服务器进程互斥使用共享内存。

7.2.4 三种通信方式的比较

从示例程序 7.3 可以看到,共享内存也可以实现在服务器和客户端进程间传送数据,到现在为止,已经实现了使用文件、管道和共享内存实现进程间通信,这三种方式在不同的方面各有优劣。

1. 访问速度

文件:服务器进程将数据从内存中写入磁盘,客户端进程从磁盘中读出数据。

命名管道:服务器进程将数据写入命名管道时,需要从用户模式切换到内核模式,客户端进程使用系统调用读出管道中的数据时,也需要由内核模式到用户模式的转换。

共享内存:连接共享内存后,服务器进程将数据写入共享内存段,客户端进程从共享内存中读出数据。

从理论上来看,使用共享内存的访问速度是最快的,但在操作系统的内存管理机制中,虚拟内存系统允许用户空间中的段交换到磁盘上,当有内存段的交换发生时,访问速度会有明显的降低,所以使用共享内存在实际情况下不一定是最快的。但总体来看,只访问用户空间的速度要高于访问时在内核空间和用户空间切换的情况,而需要访问磁盘的方式速度是最慢的。

2. 使用范围

命名管道和共享内存只能实现在同一台主机上的进程进行通信,而文件经过传输后可以实现不同主机中进程的通信。

3. 通信资源的使用权限

三种方式都可以提供标准 UNIX 文件系统的权限控制,可以保证通信数据的安全。

4. 通信资源的竞争

命名管道是由内核管理的缓冲区队列,因此在用户空间中不存在多进程读写的竞争。共享内存和文件方式存在着读、写进程对资源的竞争,为了保证数据的正确性,保持互斥的使用竞争资源,这两种方式需要程序设计人员添加文件锁或者使用信号量来协调读、写双方的操作。

通过以上的比较能够看到各种通信方式都有自己适用的场合,因此在 Linux 系统中保留了多种通信方式以满足不同条件下进程间通信。

7.3 信 号 量

7.3.1 信号量及相关系统调用

使用共享内存实现进程间通信时,由于读、写进程同时使用共享内存会造成冲突,必须辅以其他机制来保证读、写进程互斥地使用共享内存,信号量就是一种可供使用的机制。

信号量是一个计数器,它可以被系统中的任何有权限的进程所访问,进程间可以使用这个计数器来协调对于共享内存和其他资源的访问。

在类 UNIX 操作系统的内核中每个信号量由一个无名结构来实现,它主要包含以下成员:

```
struct
{
    unsigned short    semval;            //信号量的值
    pid_t             sempid;            //最后一次操作信号量的进程 ID 号
    unsigned short    semncnt;           //等待信号量值增大的进程数量
    unsigned short    semzcnt;           //等待信号量值为 0 的进程数量
    ...
}
```

可以使用 semctl 函数来获取或者设置结构中的各成员值。

进程访问竞争资源的那部分代码被称为临界区,被访问的竞争资源称为临界资源。如果只有一个临界资源,为了保证多个进程互斥地使用它,任何时刻最多只能有一个进程进入临界区执行访问临界资源的代码。加入信号量进行控制之后,将信号量初值设定为临界资源的数量,进程访问临界资源的过程需要执行以下几步操作:

(1) 测试与该临界资源对应的信号量;

(2) 如果信号量值大于 0,则表明此进程可以访问临界资源。进程将信号量值减 1,随后进入临界区,执行访问临界资源的代码;

(3) 如果信号量值不大于 0,则表明临界资源正在被别的进程使用。阻塞当前进程,直到信号量值为正数,唤醒等待此临界资源的阻塞进程队列的队首进程。被唤醒的队首进程,转去执行第(1)步。

当进程不再使用临界资源,退出临界区时,将信号量值加 1,如果有阻塞的进程正等待使用临界资源,唤醒排在阻塞队列队首的进程。

以上的操作就是操作系统中所讲的 PV 操作,PV 操作必须是原子操作,对信号量的测试和修改信号量值的操作不能被中断,因此通常信号量机制是在内核中实现的。Linux 系统中,信号量是一种内核变量,即使没有进程正在使用信号量,它们也是存在于系统之中的。

在进程中使用信号量时,首先使用 semget 函数获取信号量集合;随后使用 semctl 函数为信号量赋初值;semop 函数可以用来对信号量执行 PV 操作;信号量不再使用时可以调用 semctl 函数删除信号量集合。以下讲解这些函数的使用方法。

1. 创建信号量集合——semget

当进程要使用信号量时,首先要创建一个信号量集合,可使用函数 semget,其接口规范说明如表 7.6 所示。

表 7.6 semget 函数的接口规范说明

函数名称	semget
函数功能	创建信号量集合
头文件	#include<sys/sem.h>
函数原型	int semget(key_t key, int nsems, int flag);
参数	key:用于获取信号量的键值 nsems:集合中信号量的个数 flag:使用信号量集合的权限
返回值	>0:信号量集合的 ID 号 -1:失败

使用 semget 创建信号量集合时,参数 nsems 用来指定集合中信号量的个数。与共享内存相类似,这里创建的信号量集合可以供通信双方进程使用,通信各方的某一个进程创建了信号量集合之后,其他进程通过引用的方式来使用该信号量集合。创建和引用都

使用 semget 函数，创建时必须指定集合中信号量的个数，引用时将 nsems 指定为 0。参数 flag 的使用方式和创建共享内存时权限的指定方式相同。

2. 操作信号量集合——semctl

semctl 函数用于对信号量或信号量集合进行操作，函数接口规范说明如表 7.7 所示。

表 7.7　semctl 函数的接口规范说明

函数名称	semctl
函数功能	操作信号量集合
头文件	#include<sys/sem.h>
函数原型	int semctl(int semid, int semnum, int cmd [,union semun arg]);
参数	semid：信号量集的 ID 号 semnum：信号量编号 cmd：要执行的操作 arg：根据 cmd 不同，arg 有不同的含义
返回值	非 -1：cmd 不同，含义不同 -1：失败

其中，semnum 用于说明对哪一个信号量进行操作，取值范围从 0 到集合中信号量个数减 1；第四个参数是可选的，在 cmd 使用某些操作时，arg 可以不写，如果要使用 arg，那么其类型 union semun 在有些系统中必须自行实现，且类型定义是固定的，其定义如下：

```
union semun
{
    int val;
    struct semid_ds  * buf;
    unsigned short   * array;
}
```

从定义可以看出 semun 是一个共用体的类型，在使用时，任一时刻只有一个成员的值是有意义的。

semctl 和 shmctl 类似，参数 cmd 可以选择表 7.8 中的取值来进行操作。

表 7.8　semctl 函数中 cmd 的取值范围和 arg 的含义

cmd	操　　作	arg
IPC_STAT	获取信号量集合的 semid_ds 结构	arg.buf 所指结构存放取出的数据
IPC_SET	设定信号量集合的 sem_perm.uid、sem_perm.gid、sem_perm.mode	按 arg.buf 所指结构中的数据进行设置
IPC_RMID	从系统中删除信号量集合	不用
GETVAL	返回编号为 semnum 的信号量的 semval 值	不用
SETVAL	设置编号为 semnum 的信号量的 semval 值	arg.val 记录待设置的值
GETALL	取集合中所有信号量的值	arg.array 指向存放所有信号量值的数组

续表

cmd	操作	arg
SETALL	设置集合中所有信号量的值	arg.array 所指数组存放信号量值
GETPID	返回编号为 semnum 的信号量的 sempid 值	不用
GETNCNT	返回编号为 semnum 的信号量的 semncnt 值	不用
SETZCNT	返回编号为 semnum 的信号量的 semzcnt 值	不用

对于以上的取值,除了 GETALL 操作之外,使用其他所有的 GET 操作调用 semctl 成功时都返回相应的值,其他命令如果执行成功返回 0。

在示例程序 7.4 中,函数 init_sem 将 ID 号为 semid 的信号量集合中编号为 semnum 的信号量初始值设为 val。函数首先实现了 union semun 类型,随后将 val 赋给变量 initval,通过调用 semctl 实现给信号量赋初值。

[示例程序 7.4 init_sem]

```
init_sem(int semid,int semnum,int val)
{
    union semun
    {
        int val;
        struct semid_ds * buf;
        unsigned short * array;
    }initval;
    initval.val=val;
    if(semctl(semid,semnum,SETVAL,initval)==-1)
    {
        perror("semctl");
        exit(EXIT_FAILURE);
    }
}
```

3. 信号量 PV 操作——semop

semop 函数以原子操作的方式自动地执行一系列的操作,可以通过调用这个函数给竞争资源加锁或解锁,或者实现 PV 操作。semop 函数的接口规范说明如表 7.9 所示。

表 7.9 semop 函数的接口规范说明

函数名称	semop
函数功能	信号量 PV 操作
头文件	#include<sys/sem.h>
函数原型	int semop(int semid,struct sembuf semarray[], size_t nops);

续表

参数	semid：信号量集的 ID 号 semarray：存放操作的数组 nops：操作的步数
返回值	0：成功 -1：失败

其中，参数 nops 表示这一系列的操作有几步；参数 semarray 数组用来存放具体的操作是什么，它的每一个数组元素就代表一步操作，其类型定义如下：

```
struct sembuf
{
    unsigned short  sem_num;        //信号量的序号
    short           sem_op;         //正数、0 或负数
    short           sem_flg;        //IPC_NOWAIT,SEM_UNDO
}
```

每一步操作都要设置以上三个成员的值，表示以 sem_flag 的方式对第 sem_num 个信号量做操作 sem_op。具体操作由 sem_op 的值决定，它可以取正数、0 或负数。不同值的含义和对应的操作如下：

sem_op
- \>0：进程释放的资源数量，给信号量值加上 sem_op 的值
- <0：进程要申请的资源数量
  - 资源够用：从信号量值中减去 sem_op 的值
  - 资源不够：
    - 指定了 IPC_NOWAIT：出错返回
    - 未指定 IPC_NOWAIT：进程挂起
- =0：进程希望等待到该信号量值变成 0
  - 信号量为 0：立即退回
  - 信号量非 0：
    - 指定了 IPC_NOWAIT：出错返回
    - 未指定 IPC_NOWAIT：进程挂起

上述操作中进程挂起后，可因为以下事件被唤醒：
(1) 此信号量值有变化，且变化满足进程的要求。
(2) 此信号量被从系统中删除了。
(3) 进程响应了某个信号，从信号处理程序中返回。

sem_flg 可被设置为 IPC_NOWAIT、SEM_UNDO。设定为前者表示当信号量不满足进程的要求，导致进程需要挂起时，不挂起进程，直接返回错误。设定为后者表示，由内核记录本次操作对信号量的调整。这样做的目的是当进程调用 exit 函数退出时，内核会根据记录的调整量对信号量做出修改。

示例程序 7.5 是使用 semop 函数实现对共享资源加锁的函数示例。

[示例程序 7.5 lockforwrite]
```
lockforwrite(int semid)
{
    struct sembuf action[2];
    action[0].sem_num=0;
    action[0].sem_flg=SEM_UNDO;
```

```c
        action[0].sem_op=0;
        action[1].sem_num=1;
        action[1].sem_flg=SEM_UNDO;
        action[1].sem_op=+1;
        if(semop(semid,action,2)==-1)
        {
            perror("semop");
            exit(EXIT_FAILURE);
        }
    }
```

示例程序 7.5 中,由于对竞争资源的读、写操作是冲突的,因此需要使用信号量来协调读、写操作。其中 0 号信号量表示给共享内存加读锁,1 号信号量表示给共享内存加写锁。在为写操作而锁定竞争资源时,其操作过程为:

(1) 在 action 数组中设置第一步操作:检查 0 号信号量的值是否为 0,确保没有读进程在使用竞争资源,当 0 号信号量值为 0 时,继续下一步。

(2) 在 action 数组中设置第二步操作:将 1 号信号量值加 1,表明写进程要使用竞争资源。

(3) 调用 semop 函数,执行 action 中定义的操作。

执行以上操作时,如果 0 号信号量值不为 0,则挂起当前进程,直到 0 号信号量的值为 0 再给竞争资源加上写锁。

当竞争资源访问结束后,可以使用示例程序 7.6 释放竞争资源上的写锁。在这个函数中只设置了一步操作,即将 1 号信号量的值减 1,表示一个写进程不再使用竞争资源。

[示例程序 7.6 unlockafterwrite]
```c
unlockafterwrite(int semid)
{
    struct sembuf action[1];
    action[0].sem_num=1;
    action[0].sem_flg=SEM_UNDO;
    action[0].sem_op=-1;
    if(semop(semid,action,1)==-1)
    {
        perror("semop");
        exit(EXIT_FAILURE);
    }
}
```

7.3.2 使用信号量控制对共享内存的访问

本节使用信号量来控制共享内存互斥地被读、写进程使用。仍然使用服务器/客户端模式的程序作为示例:服务器端进程向共享内存写入数据,客户端进程从共享内存中读出数据。在 7.2.3 节程序的基础上增设两个信号量,0 号信号量表示对共享内存做读操作的进程数,1号信号量表示对共享内存做写操作的进程数。其代码见示例程序7.7。其中示例程序7.7-1为服务器代码,示例程序7.7-2为客户端代码。

[示例程序7.7-1 commu-sem-server.c]
```c
#include<stdio.h>
#include<stdlib.h>
#include<sys/shm.h>
#include<sys/sem.h>
#include<time.h>
#include<string.h>
#include<sys/types.h>

#define SHM_KEY 99                              //创建共享内存的键值
#define SEM_KEY 111                             //创建信号量的键值

union semun                                     //实现union semun类型
{
    int val;
    struct semid_ds *buf;
    unsigned short *array;
};
int seg_id,semid;

init_sem(int semid,int semnum,int val)          //信号量值初始化
{
    union semun initval.val;
    initval.val=val;
    if(semctl(semid,semnum,SETVAL,initval)==-1) //设置信号量初值
    {
        perror("semctl");
        exit(EXIT_FAILURE);
    }
}


int get_semval(int semid,int semnum)            //获取信号量值
{
    int val;
    if((val=semctl(semid,semnum,GETVAL))==-1)
    {
        perror("semctl");
        exit(EXIT_FAILURE);
    }
    return val;
}
```

```c
lockforwrite(int semid)                              //写共享内存前加锁
{
    struct sembuf action[2];
    action[0].sem_num=0;
    action[0].sem_flg=SEM_UNDO;
    action[0].sem_op=0;
    action[1].sem_num=1;
    action[1].sem_flg=SEM_UNDO;
    action[1].sem_op=+1;
    if(semop(semid,action,2)==-1)
    {
        perror("semop");
        exit(EXIT_FAILURE);
    }
}

unlockafterwrite(int semid)                          //写共享内存后解锁
{
    struct sembuf action[1];
    action[0].sem_num=1;
    action[0].sem_flg=SEM_UNDO;
    action[0].sem_op=-1;
    if(semop(semid,action,1)==-1)
    {
        perror("semop");
        exit(EXIT_FAILURE);
    }
}

main()
{
    char *mem_ptr;
    time_t now;
    int i,times=8;
    long randata;
    char *message,temp[64];

    seg_id=shmget(SHM_KEY,100,IPC_CREAT|0777);       //创建共享内存
    if(seg_id==-1)
    {
        perror("shmget");
        exit(EXIT_FAILURE);
    }
    mem_ptr=shmat(seg_id,NULL,0);                    //连接共享内存
```

```c
    if(mem_ptr==NULL)
    {
        perror("shmat");
        exit(EXIT_FAILURE);
    }

    semid=semget(SEM_KEY,2,IPC_CREAT|IPC_EXCL|0666);    //创建信号量集
    if(semid==-1)
    {
        perror("semget");
        exit(EXIT_FAILURE);
    }
    init_sem(semid,0,0);                                //初始化 0 号信号量值为 0
    init_sem(semid,1,0);                                //初始化 1 号信号量值为 0

    while(i>0)
    {
        srandom(time(&now));
        randata=random();                               //生成随机数
        i=62;temp[63]='\0';
        while(randata>0)                                //将随机数转换为字符型
        {
            temp[i--]=randata%10+48;
            randata/=10;
        }
        message=temp+i+1;
        printf("Lock for write now ...\n");
        lockforwrite(semid);                            //共享内存加写锁
        printf("sem value of read=%d,sem_value of write=%d\n",
                get_semval(semid,0),get_semval(semid,1));
        strcpy(mem_ptr,message);                        //将随机数写入共享内存
        sleep(1);
        unlockafterwrite(semid);                        //解开写锁
        printf("Unlock now\n");
        i--;
        printf("sem value of read=%d,sem_value of write=%d\n\n",
                get_semval(semid,0),get_semval(semid,1));
    }
    shmctl(seg_id,IPC_RMID,NULL);                       //删除共享内存
    semctl(semid,0,IPC_RMID,NULL);                      //删除信号量
}
```

示例程序 7.7-1 中，服务器进程创建共享内存及信号量集合，并且将共享内存连接入自己的地址空间，将两个信号量的初值都赋为 0，表示当前没有读进程或写进程操作共享

内存。随后服务器进程生成随机数,写入共享内存前,调用 lockforwrite 函数为写操作锁定共享内存。该函数首先检查是否有读进程正在读共享内存,即等待 0 号信号量为 0 时才能继续执行后续代码。当没有读进程读共享内存时,将 1 号信号量值加 1,表示有一个写进程在写共享进程。写共享内存操作结束后,将 1 号信号量减 1,表示一个写进程结束了对共享内存的操作。最后删除共享内存和信号量集合。为了方便查看服务器进程和客户端进程对两个信号量值的修改过程,程序在修改信号量值后获取并输出了两个信号量的值。

示例程序 7.7-2 为客户端代码。

[示例程序 7.7-2 commu-sem-client.c]
```c
#include<stdio.h>
#include<stdlib.h>
#include<sys/shm.h>
#include<sys/sem.h>
#include<string.h>
#include<sys/types.h>

#define SHM_KEY 99
#define SEM_KEY 111

union semun
{
    int val;
    struct semid_ds * buf;
    unsigned short * array;
};

int get_sem(int semid,int semnum)
{
    int val;
    if((val=semctl(semid,semnum,GETVAL))==-1)
    {
        perror("semctl");
        exit(EXIT_FAILURE);
    }
    return val;
}

lockforread(int semid)
{
    struct sembuf action[2];
    action[0].sem_num=1;
    action[0].sem_flg=SEM_UNDO;
```

```c
        action[0].sem_op=0;
        action[1].sem_num=0;
        action[1].sem_flg=SEM_UNDO;
        action[1].sem_op=+1;
        if(semop(semid,action,2)==-1)
        {
            perror("semop");
            exit(EXIT_FAILURE);
        }
    }

    unlockafterread(int semid)
    {
        struct sembuf action[1];
        action[0].sem_num=0;
        action[0].sem_flg=SEM_UNDO;
        action[0].sem_op=-1;
        if(semop(semid,action,1)==-1)
        {
            perror("semop");
            exit(EXIT_FAILURE);
        }
    }

    main()
    {
        int seg_id,semid;
        char * mem_ptr;

        seg_id=shmget(SHM_KEY,100,0777);           //引用共享内存
        if(seg_id==-1)
        {
            perror("shmget");
            exit(1);
        }
        mem_ptr=shmat(seg_id,NULL,0);              //连接共享内存
        if(mem_ptr==NULL)
        {
            perror("shmat");
            exit(1);
        }

        semid=semget(SEM_KEY,2,0);                 //引用信号量集合
```

```c
        if(semid==-1)
        {
            perror("semget");
            exit(1);
        }

        lockforread(semid);                            //共享内存加读锁
        printf("read value=%d, write value=%d\n", get_sem(semid,0),
             get_sem(semid,1));
        printf("The number is:%s\n",mem_ptr);          //读共享内存
        unlockafterread(semid);                        //解开读锁
        printf("read value=%d, write value=%d\n", get_sem(semid,0),
             get_sem(semid,1));

        shmdt(mem_ptr);                                //解脱共享内存
    }
```

在示例程序 7.7-2 中，客户端进程通过相同的键值，引用了服务器进程创建的共享内存和信号量集合。随后测试 1 号信号量是否为 0，查看是否有写进程在操作共享内存。如果共享内存可为客户端进程所用，则修改 0 号信号量，将其值加 1，表示多了一个客户端进程读共享内存，读取并输出数据后，将 0 号信号量值减 1，表示读进程不再使用共享内存。最后客户端进程解脱共享内存，程序结束。

分别在两个终端中执行服务器和客户端进程。按照程序设定，服务器进程每次产生 8 个随机数，以覆盖的方式写入共享内存。客户端进程每次运行时读出当时保存在共享内存中的随机数。从两个信号量的值可以看到读、写进程交互运行的情况。以下是服务器进程的运行结果，其中以注释的方式标注出了客户端进程运行的时间。

```
root@ubuntu:~#./sem-server
Lock for write now ...
sem value of read=0,sem_value of write=1
Unlock now
sem value of read=0,sem_value of write=0

Lock for write now ...
sem value of read=0,sem_value of write=1
Unlock now
sem value of read=0,sem_value of write=0

Lock for write now ...
sem value of read=0,sem_value of write=1
Unlock now
sem value of read=1,sem_value of write=0          //读端正在读取

Lock for write now ...
```

```
sem value of read=0,sem_value of write=1
Unlock now
sem value of read=0,sem_value of write=0

Lock for write now ...
sem value of read=0,sem_value of write=1
Unlock now
sem value of read=1,sem_value of write=0          //读端正在读取

Lock for write now ...
sem value of read=0,sem_value of write=1
Unlock now
sem value of read=0,sem_value of write=0

Lock for write now ...
sem value of read=0,sem_value of write=1
Unlock now
sem value of read=0,sem_value of write=0

Lock for write now ...
sem value of read=0,sem_value of write=1
Unlock now
sem value of read=0,sem_value of write=0
```

另一个终端中显示的客户端进程运行结果如下：

```
root@ubuntu:~#./sem-client
read value=1,write value=0
The number is:940498544
read value=0,write value=1
root@ubuntu:~#./sem-client
read value=1,write value=0
The number is:24220052
read value=0,write value=1
```

从这个例子中可以看到，使用信号量可以协调有冲突的进程互斥地使用竞争资源，本例将读、写锁加在共享内存这一竞争资源上，而之前介绍过的使用文件实现进程间通信的示例，也可以使用信号量对其进行改造，控制读、写进程互斥地使用文件。

7.3.3 信号量机制总结

从示例程序 7.7 可以看出，信号量是一种进程间通信的机制，通常它不能直接传送信息，大多用来作为其他通信机制的辅助手段。当信号量用于多进程对竞争资源的访问时，可将它看成是一个计数器。一般而言，信号量的初值可以是任一正值，此值用来说明可用的共享资源数量。在信号量的控制下，为了获取共享资源，进程需要做以下操作：

(1) 测试控制共享资源的信号量。

(2) 若信号量的值大于进程要求的资源数量，表示进程可使用该资源；进程将信号量值减掉申请的资源数。

(3) 若信号量的值小于进程要求的该资源数，则进程进入阻塞状态，直到信号量值大于申请资源数时，进程被唤醒，转去执行第(1)步。

当进程释放共享资源时，要给该信号量值加上释放的资源数量。如果有进程正在阻塞等待此信号量，则唤醒它们。

Linux 系统中的信号量机制和操作系统原理中所讲的信号量非常类似，其相同点表现在以下几个方面：

(1) 信号量这种通信机制是为了协调多个进程对竞争资源的使用。

(2) 信号量机制中的 semop 操作对应于操作系统原理中的 PV 操作。

(3) 为了确保对信号量的测试及加减操作是原子操作，信号量机制是在内核中实现的。

除了相同点之外，它们之间也存在着一些不同，主要表现在以下几个方面：

(1) 在 Linux 系统中，信号量机制的最小单位是信号量集合，并非单个整数值，信号量集合中的信号量数目在创建该集合时指定。

(2) 在 Linux 系统中，创建信号量集合与对信号量赋初值这两个操作是分开的，并非是合在一起的原子操作。这是 Linux 系统信号量机制的致命缺点；当进程修改信号量值的时刻正好介于创建了信号量集合但尚未给信号量赋初值时，进程无法获得正确的信号量值。

(3) 有些程序在终止时并没有释放已经分配给它的信号量集合，在调用 semop 操作时设置 SEM_UNDO 标识，可由内核来维护信号量的值。

7.4 System V IPC

7.4.1 Linux 中的进程通信机制

实现进程间通信(Inter-Processes Communication，IPC)是设计多进程程序时需要考虑的一个问题。进程通信的目的有很多，有可能是为了传输数据，也可能是为了多进程同步，或者是某个进程向其他进程发送控制信息等。目前为止，我们已经学习了多种在 Linux 系统中实现进程间通信的机制，如图 7.3 中所示。

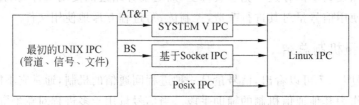

图 7.3 Linux 系统的进程间通信机制

从图 7.3 中能看出，Linux 操作系统大部分的进程间通信机制都是从 UNIX 继承而来的，Linux 的通信机制包括管道和信号这类传统的通信机制；广义来说，文件也可以看作一种进程间的通信机制；消息队列、共享内存和信号量被称为 System V IPC 通信机制，它们是贝尔实验室对 UNIX 早期的进程间通信方法进行改进和扩充得到的通信机制；POSIX IPC 也包括消息队列、共享内存和信号量；套接字也是 Linux 进程间通信机制的一种，它是由加州伯克利大学在 UNIX 通信机制基础上改进的，可用于网络通信。以上这些不同的通信方式适用的场合也有所不同，不同的场合可以使用的通信机制也不同，如图 7.4 所示。

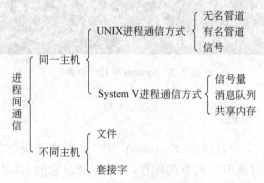

图 7.4　不同场合下适用的进程间通信机制

从图 7.4 中可以看到当不同主机要实现进程通信时，可以选用文件作为传输工具或者通过套接字连接通信的进程。在同一主机内，可以使用匿名管道、命名管道、信号、信号量、消息队列以及共享内存来进行通信。前面的章节已经详细介绍了使用匿名管道、命名管道和信号实现通信的方法。本章重点介绍 System V 的三种通信机制，套接字这一通信机制将放在第 10 章进行介绍。

7.4.2　System V IPC 概述

System V IPC 分为消息队列、共享内存和信号量三种机制，从功能、作用和适用场合来看，它们各有不同。

消息队列是一个消息的链式队列，在这一方式中，通信双方通过读写消息来实现通信：有足够权限的进程可以向消息队列中添加消息，具有读权限的进程可以读取队列中的消息。

共享内存是多个进程可以访问的同一块内存空间，从理论上来说是最快的一种 IPC 机制，适合传输大量的数据。使用共享内存时，通常要与其他通信机制结合使用，才能保证多个进程访问共享内存时的同步互斥问题。

信号量主要用作进程间以及同一进程的不同线程之间通信时的同步手段。

以上三种通信机制都是用于同一主机的进程间进行信息的传输或同步。在 Shell 环境中，使用 ipcs 命令可以显示当前系统中这三种 IPC 资源的情况，如图 7.5 所示。

从图 7.5 中可以看到，三种 IPC 机制按照类别显示，每个 IPC 资源都包含有键值、ID 值、属主、权限和大小等属性。在 Shell 环境下，使用 ipcmk 命令可以创建 IPC 资源，使用 ipcrm 命令可以删除 IPC 资源。

```
-------- 消息队列 ---------
键        msqid    拥有者  权限    已用字节数  消息
-------- 共享内存段 --------
键        shmid    拥有者  权限    字节        连接数  状态
0x00000000 622592   hr     600     524288      2      目标
0x00000000 655361   hr     600     16777216    2
0x00000000 1638402  hr     600     524288      2      目标
0x00000000 983043   hr     600     524288      2      目标
0x00000000 1081348  hr     600     524288      2      目标
0x00000000 1179653  hr     600     524288      2      目标
0x00000000 1540102  hr     600     524288      2      目标
0x00000000 1343495  hr     600     524288      2      目标
0x00000000 1376264  hr     600     67108864    2      目标
-------- 信号量数组 --------
键        semid    拥有者  权限    nsens
```

图 7.5 System V IPC 资源

7.4.3 IPC 的标识符和键

正如在示例程序 7.7 中看到的，System V IPC 资源在使用前首先需要创建，当 IPC 对象被创建以后，所有对该 IPC 对象的操作，都需要通过它的 ID 号来进行。而进程间通信至少涉及两个进程，只有其中一方可以创建 IPC 对象，另一方只能对 IPC 对象进行引用，这时就需要通过某种办法，保证通信的多个进程访问的是同一个 IPC 对象。

消息队列、共享内存和信号量三种 IPC 在创建和引用时流程都是相同的，具体过程为：创建 IPC 资源时，约定一个键值；各自调用 get（msgget、shmget 和 semget）函数创建或引用 IPC 对象，随后返回其 ID 值，ID 值是一个非负整数，它是 IPC 对象的内部名；由于调用 get 函数时使用相同的键值将得到相同的 ID 值，所以每个 IPC 对象都与一个 ID 值相关联，使用同一个键值可以确保通信的各个进程访问的是同一个 IPC 对象。因此可以将键用来作为 IPC 对象的外部名。

在本节所要实现的服务器/客户端模式的多进程程序中，可以使用以下方法使多个有合作关系的进程在同一 IPC 上会合。

（1）服务器进程可以指定使用宏 IPC_PRIVATE 创建一个新的 IPC 对象，可以将此 ID 值保存在文件或其他载体中，以供客户端进程使用。这种方法的缺点是服务器进程要将 ID 值写入文件中，客户端进程要从文件中读出 ID 值，又会出现进程对竞争资源的访问。对于有亲缘关系的进程来说，可以不使用文件保存 IPC 的 ID 值。父进程使用 IPC_PRIVATE 创建 IPC 对象后，获得的 ID 值在调用 fork 后可以被子进程使用，子进程也可以将这个 ID 值作为参数调用 exec 族函数传给新的程序。

（2）可以在某个公用的头文件中记录用于创建 IPC 对象的键。服务器进程使用此键创建一个新的 IPC 对象，客户端进程使用此键引用对应的 IPC 对象。在这种方法中，由于该键是一个固定值，有可能创建时与该键对应的 IPC 对象已经存在了，这时服务器进程创建 IPC 对象就会出错，必须先删除原有的 IPC 对象才能再创建。

（3）合作的多方进程认同同一个路径名和项目 ID（0～255 的字符值），调用 ftok 函数将这两个值转换为一个键值，随后使用该键创建 IPC 对象。ftok 函数的作用就是将路径名和项目值转换成一个键值,其函数接口规范说明如表 7.10 所示。

表 7.10　ftok 函数的接口规范说明

函数名称	ftok
函数功能	根据路径名和项目 ID 生成键
头文件	#include<sys/ipc.h>
函数原型	key_t ftok(char * path, int id);
参数	path：路径名 id：项目 ID
返回值	≥-1：成功 -1：失败

表 7.10 中所列出的函数类型 key_t 是一种基本系统数据类型,通常在头文件 sys/types.h 中定义为长整型。参数 path 必须是一个已经存在的文件。

此方法也存在着缺点,根据 ftok 函数生成键的规则,当使用不同的路径名、相同的项目 ID 时,有可能生成相同的键值。

以上三种方式都可以保证通信的多个进程获得相同的 IPC 对象 ID 值,不管使用的是哪种方法,都可以调用 get 函数通过键值和标志值创建相应的 IPC 对象。为了保证成功创建对象,至少需要满足以下两个条件中的一个：

(1) 键值是 IPC_PRIVATE。

(2) 键值当前未与某一个已经存在的 IPC 对象关联,并且标志值中指定了 IPC_CREAT 位。

对于客户端进程,当需要访问 IPC 对象时,可以使用 get 函数来获得 IPC 对象的 ID 值。此时,get 函数所使用的键值必须与创建时的键值相同,并且不能在标志值中指定 IPC_PRIVATE。

由于宏 IPC_PRIVATE 是一个特殊的键值,在每次引用后其值将会有所变化,因此访问已有的 IPC 对象时,不能通过指定键值为 IPC_PRIVATE 这一方法来实现。使用 IPC_PRIVATE 创建的 IPC 对象可以在有亲缘关系的进程间使用,或通过其他方法获知创建对象时的值,再使用此值来访问 IPC 对象。

7.5　消息队列

7.5.1　消息队列的概念

消息队列是进程间通信的一种机制,它是存放在内核空间中的消息的链式队列,默认情况下,整个系统中最多允许有 16 个消息队列同时存在。消息队列的示意图如图 7.6 所示。

从图中可以看出消息队列的结构与数据结构中链队列的结构类似,使用消息队列时

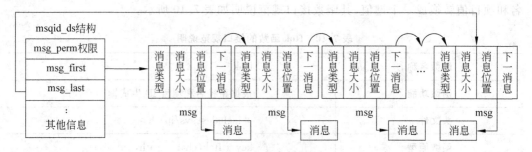

图 7.6 消息队列的示意图

也符合先进先出(FIFO)原则。由于消息队列在进行操作时可以基于类型,因此 FIFO 原则只适用于同类型的消息。

图 7.6 中的 msqid_ds 结构是关于消息队列的内核数据结构,在这个结构中保存着消息队列当前的状态信息,XSI 标准规定它至少包括以下的内容:

```
struct msqid_ds
{
    struct ipc_perm msg_perm;     /* structure describing operation permission */
    time_t          msg_stime;    /* time of last msgsnd command */
    time_t          msg_rtime;    /* time of last msgrcv command */
    time_t          msg_ctime;    /* time of last change */
    msgqnum_t       msg_qnum;     /* number of messages currently on queue */
    msglen_t        msg_qbytes;   /* max number of bytes allowed on queue */
    pid_t           msg_lspid;    /* pid of last msgsnd() */
    pid_t           msg_lrpid;    /* pid of last msgrcv() */
    ...
};
```

该类型定义位于 bits/msq.h 头文件中,其中 msg_perm 保存了消息队列的存取权限、队列的用户 ID、组 ID 等信息,具体内容可查看 ipc_perm 类型的定义。

7.5.2 消息队列相关系统调用

使用消息队列实现进程间通信的原理如图 7.7 所示:发送方创建消息队列,随后发送消息;接收方引用发送方创建的消息队列,接收消息;消息队列使用完毕后,删除消息队列。

图 7.7 消息队列通信的原理

1. 创建消息队列——msgget

创建消息队列使用 msgget 函数,该函数接口规范说明如表 7.11 所示。

表 7.11 msgget 函数的接口规范说明

函数名称	msgget
函数功能	创建消息队列
头文件	#include<sys/msg.h>
函数原型	int msgget(key_t key, int flag);
参数	key：生成消息队列 ID 号所使用的键 flag：消息队列的使用权限
返回值	>-1：消息队列的 ID 号 -1：失败

调用 msgget 函数创建消息队列时，参数 key 可以使用 7.4.3 节中讲述的几种方法，参数 flag 的设置和 shmget、semget 函数方法相同，可使用的参数见 7.2.2 节。

2. 发送消息——msgsnd

消息队列创建成功后，可使用 msgsnd 函数发送消息，该函数接口规范说明如表 7.12。

表 7.12 msgsnd 函数的接口规范说明

函数名称	msgsnd
函数功能	发送一个消息到消息队列
头文件	#include<sys/msg.h>
函数原型	int msgsnd(int msqid, void * ptr, size_t nbytes, int flag);
参数	msqid：消息队列的 ID 号 ptr：指向待发送消息的指针 nbytes：消息的大小 flag：当消息队列已满时，如何处理
返回值	0：成功 -1：失败

调用 msgsnd 函数，表示要将指针 ptr 所指的、长度为 nbytes 的消息发送到 ID 号为 msqid 的消息队列中去，如果该消息队列已满，则按照 flag 所设置的方式处理。

参数 ptr 所指向的对象类型需要由用户来定义，在该类型定义中，必须包含消息的类型（正数）和消息的数据，因此它是一个结构体类型。例如以下的类型定义是允许使用的：

```
struct mymsg
{
    long  msgtype;
    char  msgtext[256];
}
```

在这个类型定义中，发送的消息长度为 256 字节，可以使用 msgtype 成员来区分不同类型的消息。

另一个参数 flag 用于设置在消息队列已满时，msgsnd 函数做出怎样的反应。当 flag 被设置为 IPC_NOWAIT 时，若消息队列已满，则使用 msgsnd 立即出错；flag 设置为 0 时，消息队列如果已满，调用 msgsnd 的进程被挂起，直到消息队列可接收该消息或该队列被删除或进程捕捉到信号，从信号处理程序中返回。

msgsnd 函数调用成功时，相关消息队列的 msqid_ds 结构中的某些属性也会相应地做出修改。

3. 接收消息——msgrcv

消息发出后，接收方进程可以使用 msgrcv 函数接收消息。该函数接口规范说明如表 7.13 所示。

表 7.13 msgrcv 函数的接口规范说明

函数名称	msgrcv
函数功能	从消息队列接收一个消息
头文件	#include<sys/msg.h>
函数原型	int msgrcv(int msqid, void * ptr, size_t nbytes, long type, int flag);
参数	msqid：消息队列的 ID 号 ptr：指向待发送消息的指针 nbytes：消息的大小 type：消息类型 flag：当消息队列为空时，如何处理
返回值	>0：消息中数据部分的长度 -1：失败

在 msgrcv 函数中，参数 ptr 的含义与 msgsnd 中的类似，也需要用户自行定义相应的消息类型。参数 nbytes 指明接收的消息的长度，当消息长度大于 nbytes 时，若 flag 中设置了 MSG_NOERROR，则截短该消息；如未设置，则出错返回，消息仍在队列中。参数 type 用来指定接收消息的类型：

- type=0 时，返回队列中的第一个消息。
- type>0 时，返回队列中类型为 type 的第一个消息。
- type<0 时，返回队列中消息类型值小于或等于-type 的消息，如果这种消息有多个，则取类型值最小的消息。

参数 flag 用来设置当队列为空时，msgrcv 函数如何处理，当 flag 设置为 IPC_NOWAIT 时，若没有符合条件的消息，则 msgrcv 返回-1；如 flag 未设置，则进程阻塞直到有了满足条件的消息或从系统中删除了该队列或进程捕捉到一个信号并从信号处理程序返回。

4. 操作消息队列——msgctl

当队列使用完毕后，可使用函数 msgctl 来删除消息队列，该函数接口规范说明如表 7.14 所示。

表 7.14 msgctl 函数的接口规范说明

函数名称	msgctl
函数功能	操作消息队列
头文件	#include<sys/msg.h>
函数原型	int msgctl(int msqid, int cmd, struct msqid_ds * buf);
参数	msqid：消息队列的 ID 号 cmd：待执行的操作 buf：存放消息队列属性的内存地址
返回值	0：成功 —1：失败

msgctl 函数和 shmctl、semctl 函数类似，可以对消息队列做多种操作，cmd 可以设置为以下的几个操作：

- IPC_STAT：获取消息队列的 msqid_ds 结构，将其存放在由 buf 指向的结构中。
- IPC_SET：按 buf 所指结构中的值设定此队列相关结构中的 msg_perm.uid、msg_perm.gid、msg_perm.mode、msg_perm.qbytes。
- IPC_RMID：从系统中删除消息队列及其中的数据。

7.5.3 使用消息队列实现进程间通信

本节使用消息队列的相关系统调用来实现进程间的通信。示例程序 7.8 是一对发送/接收信息的程序，其中示例程序 7.8-1 是发送方的代码，示例程序 7.8-2 是接收方的代码。

[示例程序 7.8-1 msg_sender.c]
```c
#include<stdlib.h>
#include<stdio.h>
#include<unistd.h>
#include<string.h>
#include<sys/ipc.h>
#include<sys/msg.h>

#define MAX_TEXT 512                             //消息的最大长度

struct msg_st                                    //消息类型定义
{
    int msg_type;
    char msg_text[MAX_TEXT];
};

int main()
{
```

```c
            struct msg_st senddata;
            int key,msgid;
            char buf[80];
            if((key=ftok(".",512))==-1)                    //生成键值
            {
                perror("ftok");
                exit(EXIT_FAILURE);
            }
            if((msgid=msgget(key,IPC_CREAT|0666))==-1)     //创建消息队列
            {
                perror("msgget");
                exit(EXIT_FAILURE);
            }
            while(1)
            {
                printf("Enter the message to send:");
                fflush(stdin);
                scanf("%s",buf);
                senddata.msg_type=1;
                strcpy(senddata.msg_text,buf);

                if((msgsnd(msgid,(void *)&senddata,MAX_TEXT,0))==-1)   //发送消息
                {
                    perror("msgsnd");
                    exit(EXIT_FAILURE);
                }
                if(strcmp(buf,"That's the end!")==0)     break;
            }
            return 0;
        }
```

示例程序 7.8-1 中,发送方程序首先定义了消息的类型,随后调用 ftok 函数生成一个键值用于创建消息队列,调用 msgget 函数创建消息队列之后,发送方进程从键盘输入信息,向消息队列发送消息。示例程序 7.8-2 中,接收方程序定义了与发送方相同的消息类型,随后使用 msgget 引用发送方创建的消息队列,接收消息;接收完毕后,接收方删除消息队列。

[示例程序 7.8-2 msg_receiver.c]
```c
#include<stdlib.h>
#include<stdio.h>
#include<unistd.h>
#include<string.h>
#include<sys/ipc.h>
#include<sys/msg.h>
```

```c
#define MAX_TEXT 512                              //消息的最大长度

struct msg_st                                    //消息类型
{
    int msg_type;
    char msg_text[MAX_TEXT];
};

int main()
{
    struct msg_st recdata;
    int key, msgid;
    if((key=ftok(".",512))==-1)                  //生成键值
    {
        perror("ftok");
        exit(EXIT_FAILURE);
    }
    if((msgid=msgget(key,0666))==-1)             //引用消息队列
    {
        perror("msgget");
        exit(EXIT_FAILURE);
    }
    while(1)
    {
        if(msgrcv(msgid,(void *)&recdata,512,0,0)==-1)   //接收消息
        {
            perror("msgrcv");
            exit(EXIT_FAILURE);
        }
        printf("message received is :%s\n",recdata.msg_text);

        if(strcmp(recdata.msg_text,"That's the end!")==0)
            break;
    }
    if(msgctl(msgid,IPC_RMID,0)==-1)             //删除消息队列
    {
        perror("msgctl");
        exit(EXIT_FAILURE);
    }
    return 0;
}
```

消息队列与共享内存不同之处在于：内核要保证消息队列 FIFO 的性质，因此当有多个接收方进程接收消息队列中的数据时，不会产生冲突，由内核来协调它们的执行顺序。另外，由于发送方发送的消息添加在队尾，接收方从队首接收消息，因此读、写操作也不存在冲突。

7.6 小　　结

　　进程间通信是系统级程序在实现时需要解决的一个问题,Linux 系统提供了多种进程间通信的机制。本章通过一个服务器/客户端的程序实例着重介绍了使用文件、管道和共享内存机制如何实现进程间的通信。随后引入信号量机制,解决了多进程使用共享内存通信时的同步互斥问题。

　　随后的章节介绍了 Linux 操作系统中的进程间通信机制及各种机制的适用场合。管道、信号机制在之前的章节已做了介绍,套接字机制将在后面的章节中学习,本章主要介绍 System V IPC 的使用。7.4 节中介绍了 System V IPC 的基本情况,并说明了如何使用 ftok 函数获得键值,可使用该键值创建所需要的 IPC 对象。

　　本章最后介绍了消息队列这一通信机制,这种机制也是经常会使用到的一种同一主机内进程间通信的机制。

习　　题

一、填空题

1. Linux 支持的 3 种 System V 进程间通信机制是_____、_____和_____。
2. 创建一个 System V IPC 资源时,需要指定_____值和使用该资源的_____。
3. 消息队列是一条由消息连接而成的_____,它保存在内核中,可通过消息队列的_____来访问。
4. 信号量用来控制多个进程对_____的访问。
5. 理论上来看,最快的通信机制是_____。
6. 列出系统内 IPC 资源的命令是_____,删除某个 IPC 资源的命令是_____。

二、简答题

1. 进程间通信有哪些方式?通信有哪些目的?
2. 请简述共享内存的工作原理。
3. 信号量机制是否可以单独胜任进程间数据通信的工作?

三、编程题

1. 在示例程序 7.1 的基础上,编写程序实现使用信号量机制来协调读、写进程对记录随机数文件的访问。
2. 使用消息队列编写两个通信的程序,发送方将在当前工作目录中执行 ls -l 的结果发送给接收方,接收方将结果显示在屏幕上。
3. 使用共享内存编写两个通信的程序,发送方将在当前工作目录中执行 ls -l 的结果发送给接收方,接收方将结果显示在屏幕上。
4. 编写程序用信号量来解决读者写者问题,其中读者、写者均为一组进程。

第 8 章

线　程

进程是操作系统中资源管理的最小单位,是程序执行的最小单位。20 世纪 80 年代中期,操作系统中引入了线程的概念。引入线程后,进程仍作为拥有资源的独立单位,但不再是独立调度和分派的基本单位,不需要进行频繁地切换;线程作为系统调度和分派的基本单位,而不是资源分配的基本单位,因此线程可以轻装运行,并进行频繁的调度和切换,使系统获得更好的并发度。

8.1　线程概述

8.1.1　线程的定义

线程,又称为轻量级进程(Lightweight Process,LWP),是计算机中独立运行的最小单位,运行时占用很少的系统资源。由于每个线程占用的 CPU 时间是由系统分配的,因此可以把线程看作是操作系统分配 CPU 时间的基本单元。在用户看来,多个线程是同时执行的,但从操作系统角度来看,各个线程是交替执行的,系统不停地在各个线程之间切换,每个线程只有在系统分配给它的时间片内才能获得 CPU 的使用权,执行线程中的代码。

一个进程可以拥有一个或多个线程,同一进程的多个线程共享同一地址空间,因此代码段、数据段是共享的。如果定义了一个函数(存储在代码段),各线程都可以进行调用,如果定义了一个全局变量(存储在数据段),各个线程都可以访问到。除此之外,线程还共享以下进程资源和环境:

(1) 文件描述符表。
(2) 每种信号的处理方式。
(3) 当前工作目录。
(4) 用户 ID 和组 ID。

线程也拥有其私有的数据信息,包括:

(1) 线程号(也称为线程 ID),每个线程都有一个唯一的线程号与之对应。
(2) 寄存器,包括程序计数器和栈指针。
(3) 堆栈。
(4) 信号屏蔽字。
(5) 调度优先级。

（6）线程私有的存储空间。

8.1.2　用户级线程和内核级线程

Linux是一种多线程、多任务操作系统，它符合IEEE POXIS标准，其线程分为两种：用户级线程（User-Level Thread）和内核级线程（Kernel-Level Thread），内核级线程又称为内核支持的线程或轻量级进程。在Linux中，这两种线程分别使用在/usr/include/asm_i386/processor.h中所定义的结构struct thread_struct，以及在/usr/include/pthread/init pthread.h中所定义的结构struct pthread进行描述。

用户级线程是由进程负责调度管理，不需要内核支持而在用户程序中实现的线程，不依赖于操作系统内核，通常，用户态线程在线程切换时要比内核级线程的速度快。用户级线程对程序员来说是可见的，而对内核来说是未知的，用户空间的线程库通常用以管理用户级线程，线程库提供对线程创建、调度和管理的支持。

内核级线程是由操作系统支持和管理，在内核空间实现线程创建、调度和管理，内核维护进程及线程的上下文信息以及线程切换。由于内核参与了用户态进程的调度，因此就涉及了内核态与用户态上下文的切换。通常所说的内核态线程切换速度慢就是由于这个原因导致的。一个内核级线程由于I/O操作而阻塞，不会影响其他线程的运行。

用户级线程与内核级线程的区别：

（1）用户级线程是操作系统内核不可感知的；而内核级线程是操作系统内核可感知的。

（2）用户级线程的创建、撤销和调度不需要操作系统内核的支持；而内核支持线程的创建、撤销和调度都需要操作系统内核提供支持。

（3）用户级线程执行系统调用指令时将导致其所属进程被中断；而内核级线程执行系统调用指令时，只导致该线程被中断。

（4）在只有用户级线程的操作系统内，CPU调度以进程为单位，处于运行状态的进程中的多个线程，由用户程序控制线程的运行；在有内核支持线程的操作系统内，CPU调度则以线程为单位，由操作系统的线程调度程序负责线程的调度。

（5）用户级线程的程序实体是运行在用户态下的程序；而内核级线程的程序实体则是可以运行在任何状态下的程序。

8.1.3　线程与进程的对比

Linux操作系统是支持多线程的，一个进程可以拥有一个或多个线程，多个线程可以同时运行。为什么在支持多进程的情况下又引入多线程呢？这是因为多线程相对于多进程，具有以下优点：

（1）在多进程情况下，每个进程都拥有自己独立的地址空间，而在多线程情况下，同一进程内的子线程资源共享进程的地址空间。因此，创建一个新的进程时就要耗费CPU时间来为其分配系统资源，这是一种"昂贵"的多任务工作方式；而创建一个新的线程花费的时间则要少很多，它是一种"节俭"的多任务操作方式。

（2）在系统调度方面，由于进程地址空间独立，而线程共享地址空间，线程间的切换速度要比进程间的切换速度快很多。

（3）在通信机制方面，进程间的数据空间相对独立，彼此通信要以专门的通信方式进行，通信时必须经过操作系统，同一进程内的多个线程共享数据空间，一个线程的数据可以直接提供给其他线程使用，而不必经过操作系统，因此线程间的通信更加方便和省时。

进程是操作系统管理资源的基本单元，而线程是系统调度的基本单元。进程和线程在应用层面的 API 函数又有很多相似之处。表 8.1 列出了 Linux 操作系统中进程和线程基本操作应用对比。

表 8.1　进程/线程基本操作应用对比

应用功能	线　　程	进　　程
创建	pthread_create	fork、vfork
退出	return、pthread_exit	exit、return、_exit
等待	pthread_join	wait、waitpid
取消/终止	pthead_cancel	abort
读取 ID	pthread_self	getpid
调度策略	SCHED_OTHRE、SCHED_FIFO、SCHED_RR	SCHED_OTHER、SHCED_FIFO、SCHED_RR
通信机制	信号量、信号、互斥锁、条件变量、读写锁	匿名管道、命名管道、信号、消息队列、信号量、共享内存

8.2　线程基本操作

Linux 系统支持 POSIX 多线程接口，称为 pthread（POSIX Thread 的简称）。编写 Linux 下的多线程应用程序，需要使用头文件 pthread.h。

8.2.1　线程创建

如果线程可在进程执行期间的任意时刻被创建，并且线程的数量事先不需要指定，这样的线程称为动态线程。线程的创建可使用 pthread_create() 函数来完成。

pthread_create 函数接口规范说明如表 8.2 所示。

表 8.2　pthread_create 函数的接口规范说明

函数名称	pthread_create
函数功能	创建一个新的线程
头文件	#include <pthread.h>
函数原型	int pthread_create(pthread_t * thread, const pthread_attr_t * attr, void *(* start_routine)(void *), void * arg);

参数	thread：指向线程标识符的指针，用来存储线程标识符 attr：设置线程属性，主要设置与栈相关的属性。一般情况下，该参数设置为 NULL，新的线程将使用系统默认的属性 start_routine：是线程运行函数的起始地址，即在此线程中运行哪段代码 arg：运行函数的参数地址
返回值	如果线程创建成功，返回 0。如果创建失败，则返回出错编号 创建成功时，由 thread 指向的内存单元被设置为新创建线程的线程 ID

说明：线程标识符在某个进程中是唯一的，也就是说，如果父子进程中创建多个线程，线程标识符有可能相同。

注意：pthread 不是 Linux 系统默认的库，而是 POSIX 线程库。在 Linux 中将其作为一个库来使用，因此在编译时需要加上-lpthread（或-pthread）以显式链接该库。

在 pthread.h 中还声明了 pthread_self 函数，用于获取当前线程自身的 ID，该函数的接口规范说明如表 8.3 所示。

表 8.3　pthread_self 函数的接口规范说明

函数名称	pthread_self
函数功能	获取线程 ID
头文件	#include <pthread.h>
函数原型	pthread_t pthread_self(void);
参数	无
返回值	>0：返回调用线程的 ID

在示例程序 8.1 中，使用 pthread 线程库创建一个新线程，在主线程（也称为父进程）和新线程中分别显示进程 ID 和线程 ID。

```
[示例程序 8.1 exp_printid.c]
#include<stdio.h>
#include<stdlib.h>
#include<sys/types.h>
#include<unistd.h>
#include<pthread.h>

void printids(const char * s)
{
    pid_t   pid;
    pthread_t   tid;

    pid=getpid();
    tid=pthread_self();
    printf("%s pid is %u,tid is %lu (0x%lx)\n", s, pid, tid,tid);
```

```
}

void* thr_fn(void * arg)
{
    printids("new thread:");
    return((void*)0);
}

int main()
{
    int    ret;
    pthread_t ntid;

    ret=pthread_create(&ntid, NULL, thr_fn, NULL);
    if(ret!=0)
    {
        printf("can't create thread\n");
        exit(1);
    }
    printids("main thread:");
    sleep(2);
    exit(0);
}
```

编译后运行,得到程序的运行结果如下:

```
root@ubuntu:~#./exp_printid
main thread: pid is 2887,tid is 139658671326976 (0x7f04d17e8700)
new thread: pid is 2887,tid is 139658663016192 (0x7f04d0ffb700)
```

从运行结果可以看出,主线程和新线程的进程 ID 值相同,都是 2887;主线程和新线程的线程 ID 不同,它们的值很大,是一个线程结构的地址。

注意:在示例中,使用了 pthread 的数据结构:pthread_t,这个结构用来标识线程 ID。

在示例程序 8.2 中,使用 pthread_create() 函数创建新线程,新创建的线程和主线程各循环打印 10 次。

[示例程序 8.2 exp_create.c]
```
#include<stdio.h>
#include<stdlib.h>
#include<pthread.h>
void thread(void)
{
    int i;
    for(i=0;i<10;i++)
```

```c
        printf("This is a pthread.TID: %lu\n",pthread_self());
}
int main(void)
{
    pthread_t id;
    int i,ret;
    ret=pthread_create(&id,NULL,(void *)thread,NULL);
    if(ret!=0)
    {
        printf("Create pthread error!\n");
        exit(1);
    }
    for(i=0;i<10;i++)
        printf("This is the main process.TID:%lu\n",pthread_self());
    pthread_join(id,NULL);
    return (0);
}
```

编译后运行,得到程序的运行结果如下:

```
root@ubuntu:~#./exp_create
This is the main process.TID:139973092792064
This is the main process.TID:139973092792064
This is a pthread.TID: 139973084468992
This is a pthread.TID: 139973084468992
This is a pthread.TID: 139973084468992
This is a pthread.TID: 139973084468992
This is a pthread.TID: 139973084468992
This is the main process.TID:139973092792064
This is the main process.TID:139973092792064
This is the main process.TID:139973092792064
This is the main process.TID:139973092792064
This is the main process.TID:139973092792064
This is the main process.TID:139973092792064
This is the main process.TID:139973092792064
This is the main process.TID:139973092792064
This is a pthread.TID: 139973084468992
This is a pthread.TID: 139973084468992
This is a pthread.TID: 139973084468992
This is a pthread.TID: 139973084468992
This is a pthread.TID: 139973084468992
```

从运行结果可以看出,线程之间是交替执行的。

8.2.2 线程退出/等待

1. 线程退出操作

线程通过调用 pthread_exit()函数终止执行,就如同进程在结束时调用 exit 函数一样。这个函数的作用是,终止调用它的线程并返回一个指向某个对象的指针,这个指针不能是局部变量的指针,因为局部变量会在线程出现严重问题时消失。该接口规范说明如表 8.4 所示。

表 8.4 pthread_exit 函数的接口规范说明

函数名称	pthread_exit
函数功能	结束调用线程
头文件	#include <pthread.h>
函数原型	void pthread_exit(void * retval);
参数	retval:void 类型的指针,指向退出信息
返回值	无

新创建的线程从执行用户定义的函数处开始执行,直到出现以下情况时退出:
(1) 调用 pthread_exit 函数退出。
(2) 其他线程调用 pthread_cancel 函数取消该线程,且该线程可被取消。
(3) 创建线程的进程退出或者整个函数结束。
(4) 其中的一个线程执行了 exec 类函数执行新的代码,替换当前进程所有地址空间。
(5) 当前线程代码执行完毕。

注意:使用 pthread_exit 系统调用可以结束一个线程,其结束方式与进程调用 exit() 函数类似。此函数只有一个参数,即线程退出状态。

2. 线程等待操作

一般情况下,为了有效同步子线程,在主线程中,都将等待子线程结束,显式地等待线程结束可以使用 pthread_join 函数。该接口规范说明如表 8.5 所示。

表 8.5 pthread_join 函数的接口规范说明

函数名称	pthread_join
函数功能	等待另一个线程结束
头文件	#include <pthread.h>
函数原型	int pthread_join(pthread_t thread, void **retval);
参数	thread:要等待线程的 pid retval:用来存储被等待线程的返回值
返回值	0:成功 错误号:失败

在示例程序 8.3 中主线程调用 pthread_create 函数创建了两个线程,并使用 pthread_join 函数接收这两个线程的退出状态。

[示例程序 8.3 exp_exit.c]
```
#include<stdio.h>
```

```c
#include<stdlib.h>
#include<pthread.h>
void * print_message_function(void * ptr)
{
    char * data="study linux";
    char * message;
    message = (char * ) ptr;
    printf("%s \t", message);
    printf("PID: %ld \n", pthread_self());
    pthread_exit ((void * ) data);
}
void main(void)
{
    pthread_t thread1, thread2;
    char * message1 = "Thread 1";
    char * message2 = "Thread 2";
    int ret1, ret2;
    void * pth_join_ret1;
    void * pth_join_ret2;

    ret1=pthread_create( &thread1, NULL, print_message_function,
                    (void * )"thread one_here");
    ret2=pthread_create( &thread2, NULL, print_message_function,
                    (void * ) message2);
    pthread_join(thread1, &pth_join_ret1);
    pthread_join(thread2, &pth_join_ret2);

    printf("Thread 1 returns: %d\n",ret1);
    printf("Thread 2 returns: %d\n",ret2);
    printf("pthread_join 1 returns: %s\n",(char * )pth_join_ret1);
    printf("pthread_join 2 returns: %s\n",(char * )pth_join_ret2);
    exit(0);
}
```

编译后运行,得到程序的运行结果如下:

```
root@ubuntu:~#./exp_exit
Thread 2         PID: 140713554876160
thread one_here  PID: 140713563268864
Thread 1 returns: 0
Thread 2 returns: 0
pthread_join 1 returns: study linux
pthread_join 2 returns: study linux
```

3. 其他操作

线程退出时最重要的问题是资源释放的问题,特别是对一些临界资源的处理。临界资源在一段时间内只能被一个线程所持有,当线程要使用临界资源时须提出请求,如果该资源未被使用则申请成功,否则等待。临界资源使用完毕后要释放以便其他线程可以使用,例如,某线程要写一个文件,在写文件时,不允许其他线程对该文件执行写操作,否则会导致文件数据混乱。这里的文件就是一种临界资源。临界资源为一个线程所独占,当一个线程退出时,如果不放弃占有的临界资源,则该资源会被认为仍被已经退出的线程所使用,永远不会得到释放,如果另一个线程在等待使用这个临界资源,它就可能无限等待下去,这就形成了死锁,而这往往是灾难性的。

为此,Linux 提供了一对函数:pthread_cleanup_push 和 pthread_cleanup_pop 函数为用户自动释放资源。这两个函数的接口规范说明如表 8.6 和表 8.7 所示。

表 8.6 pthread_cleanup_push 函数的接口规范说明

函数名称	pthread_cleanup_push
函数功能	注册清理函数
头文件	#include <pthread.h>
函数原型	void pthread_cleanup_push(void (*routine)(void *));
参数	routine:要注册的函数
返回值	无

表 8.7 pthread_cleanup_pop 函数的接口规范说明

函数名称	pthread_cleanup_pop
函数功能	弹出清理函数
头文件	#include <pthread.h>
函数原型	void pthread_cleanup_pop(int execute);
参数	execute 为 0 表示函数弹出时不执行,非 0 为执行
返回值	无

这两个清理函数在以下情况会被执行:

(1) 当一个线程被取消时,这些清理函数会以与 push 注册时相反的顺序被执行,且执行后从栈中被移除。

(2) 通过调用函数 pthread_exit() 终止线程时,这两个清理函数会被调用,如果使用 return 语句来终止线程,则不会调用这些清理函数。

(3) 当调用 pthread_cleanup_pop() 函数且其参数为非零时,就调用栈顶的清理函数执行,且执行完后,将该清理函数从栈中移除。

这两个函数是以宏形式提供的:

```
#include<pthread.h>
#define pthread_cleanup_push(routine,arg) \
{ struct _pthread_cleanup_buffer _buffer; \
```

```
        _pthread_cleanup_push(&_buffer, (routine), (arg));

    #define pthread_cleanup_pop(execute) \
        _pthread_cleanup_pop(&_buffer, (execute)); \
}
```

注意：pthread_cleanup_push()带有一个"{"，而 pthread_cleanup_pop()带有一个"}"，因此这两个函数必须成对出现，且必须位于程序的同一级别的代码段中才能通过编译，如示例程序 8.4 所示。

[示例程序 8.4 exp_cleanup.c]
```c
#include<stdio.h>
#include<stdlib.h>
#include<pthread.h>

void* clean(void* arg)
{
    printf("cleanup:%s\n", (char*)arg);
    return (void*)0;
}

void* thread_func1(void* arg)
{
    printf("thread_func1 start\n");
    pthread_cleanup_push((void*)clean, "thread1 first handler");
    pthread_cleanup_push((void*)clean, "thread1 second handler");
    printf("thread1 push complete\n");
    if (arg)
    {
        return ((void*)1);
    }

    pthread_cleanup_pop(1);
    pthread_cleanup_pop(1);
    return (void*)1;
}

void* thread_func2(void* arg)
{
    printf("thread_func2 start\n");
    pthread_cleanup_push((void*)clean, "thread2 first handler");
    pthread_cleanup_push((void*)clean, "thread2 second handler");
    printf("thread2 push complete\n");
    if (arg)
    {
```

```
        pthread_exit((void*)2);
    }

    pthread_cleanup_pop(0);
    pthread_cleanup_pop(0);
    return (void*)1;
}

int main(int argc, char** argv)
{
    int ret;
    void * pth_join_ret=0;
    pthread_t ptid1,ptid2;

    ret=pthread_create(&ptid1, NULL, thread_func1, (void*)1);
    if (ret !=0)
    {
       printf("pthread1 create failed\n");
        exit(1);
    }

    ret=pthread_create(&ptid2, NULL, thread_func2, (void*)1);
    if (ret !=0)
    {
       printf("pthread2 create failed\n");
        exit(1);
    }

    ret=pthread_join(ptid1, &pth_join_ret);
    if (ret !=0)
    {
       printf("pthread_join 1 failed\n");
        exit(1);
    }
    printf("pthread1 exit, code is %d\n", (int)pth_join_ret);

    ret=pthread_join(ptid2, &pth_join_ret);
    if (ret !=0)
    {
        printf("pthread_join 1 failed\n");
        exit(1);
    }
    printf("pthread2 exit, code is %d\n", (int)pth_join_ret);
```

```
            printf("test over!\n");

            return 0;
}
```

编译后运行,得到程序的运行结果如下:

```
root@ubuntu:~#./exp_cleanup
thread_func2 start
thread2 push complete
cleanup:thread2 second handler
cleanup:thread2 first handler
thread_func1 start
thread1 push complete
pthread1 exit, code is 1
pthread2 exit, code is 2
test over!
```

从运行结果可以看出,当 push 和 pop 之间的代码有 return 时,即使 pop 的参数为 1,也不执行 push 中的清除函数。

8.2.3 线程终止

Linux 允许一个线程终止另外一个线程的执行,即一个线程可以向另外一个线程发出终止请求。根据不同的设置,接收到这个终止请求的线程可以忽略这个请求,也可以立即终止或者延长一段时间后终止。一个线程能够被取消并终止执行需要满足以下条件:

(1) 线程是否可以被取消,创建线程时默认设置是可以被取消。

(2) 线程处于可取消点才能被取消。也就是说,即使一个线程被设置为可以取消状态,另一个线程发起取消操作,该线程也不一定马上终止,只能在可取消点才能终止。

可以设置线程为立即取消或只能在取消点被取消。

要取消一个线程,可以使用 pthread_cancel 函数。与取消线程相关的接口规范说明如表 8.8~表 8.11 所示。

表 8.8 pthread_cancel 函数的接口规范说明

函数名称	pthread_cancel
函数功能	取消一个线程
头文件	#include <pthread.h>
函数原型	int pthread_cancel(pthread_t thread);
参数	thread:要取消的线程的 pid
返回值	0:成功 错误号:失败

表 8.9 pthread_setcancelstate 函数的接口规范说明

函数名称	pthread_setcancelstate
函数功能	设置可取消状态
头文件	#include <pthread.h>
函数原型	int pthread_setcancelstate(int state, int * oldstate);
参数	state：设置的取消状态 oldstate：保存上一次取消状态的指针
返回值	0：成功 错误号：失败

表 8.10 pthread_setcanceltype 函数的接口规范说明

函数名称	pthread_setcanceltype
函数功能	设置取消类型
头文件	#include <pthread.h>
函数原型	int pthread_setcanceltype(int type, int * oldtype);
参数	type：要设置的取消类型 oldtype：指针类型，保存上一次取消的类型
返回值	成 0：成功 错误号：失败

表 8.11 pthread_testcancel 函数的说明

函数名称	pthread_testcancel
函数功能	检查本线程是否处于 Cancled 状态，如果是，则进行取消动作，否则直接返回
头文件	#include <pthread.h>
函数原型	void pthread_testcancel(void);
参数	无
返回值	无

pthread_cancel 函数请求取消执行线程，仅当目标线程的可取消状态为 PTHREAD_CANCEL_ENABLE 时，才可进行取消。

参数 state 的合法值为：

- PTHREAD_CANCEL_DISABLE，针对目标线程的取消请求将处于未决状态。除非该线程修改自己的状态，否则不会被取消。
- PTHREAD_CANCEL_ENABLE，针对目标线程的取消请求将被传递。创建一个线程时，默认状态是 PTHREAD_CANCEL_ENABLE。

参数 type 的合法值为：

- PTHREAD_CANCEL_ASYNCHRONOUS，表示线程在接到取消请求后立刻执行取消操作。
- PTHREAD_CANCEL_DEFERRED，表示线程在接收到取消请求后，一直等待直到线程执行了 pthread_join、pthread_cond_wait、pthread_cond_timedwait、pthread_testcancel、sem_wait 或 sigwait 函数中的其中一个才执行取消操作。在创建一个线程时,其可取消的类型设置默认状态是 PTHREAD_CANCEL_DEFERRED。

如果禁用了线程的可取消状态,则该线程的可取消类型的设置不会立即生效,所有取消请求都保留为未决状态。

线程终止如示例程序 8.5 所示。

[示例程序 8.5 exp_cancel.c]

```c
#include<stdio.h>
#include<pthread.h>
#include<stdio.h>
#include<errno.h>
#include<stdlib.h>
#include<unistd.h>

void * thread_func(void * ignored_argument)
{
    int ret;

    ret=pthread_setcancelstate(PTHREAD_CANCEL_DISABLE, NULL);
    if (ret !=0)
    {
        printf("pthread setcancelstate failed\n");
        exit(1);
    }
    printf("thread_func(): started; cancellation disabled\n");
    sleep(5);
    printf("thread_func(): about to enable cancellation\n");

    ret=pthread_setcancelstate(PTHREAD_CANCEL_ENABLE, NULL);
    if (ret !=0)
    {
        printf("pthread setcancelstate failed\n");
        exit(1);
    }

    sleep(1000);
    printf("thread_func(): not canceled!\n");
    return NULL;
}
int main(void)
{
    pthread_t thr;
    void * res;
    int ret;
```

```c
        ret=pthread_create(&thr, NULL, &thread_func, NULL);
        if (ret !=0)
        {
                printf("pthread create failed\n");
                exit(1);
        }

        sleep(2);

        printf("main(): sending cancellation request\n");
        ret=pthread_cancel(thr);
        if (ret !=0)
        {
                printf("pthread cancel failed\n");
                exit(1);
        }

        ret=pthread_join(thr, &res);
        if (ret !=0)
        {
                printf("pthread cancel failed\n");
                exit(1);
        }

        if (res==PTHREAD_CANCELED)
            printf("main(): thread was canceled\n");
        else
            printf("main(): thread wasn't canceled (shouldn't happen!)\n");
        exit(EXIT_SUCCESS);
}
```

编译后运行,得到程序的运行结果如下:

```
root@ubuntu:~#./exp_cancel
thread_func(): started; cancellation disabled
main(): sending cancellation request
thread_func(): about to enable cancellation
main(): thread was canceled
```

从程序运行结果可以看出:当一个禁止取消的线程,收到一个取消信号时,此信号会被放入未决队列,直到该线程开启取消。

8.2.4 线程挂起

当使用线程执行特定的处理时,可能需要临时性地停止某个线程的处理,稍后再恢复该线程。使用 sleep 函数,可以在特定长度的时间内将线程的执行挂起。与线程挂起相关的接口规范说明如表 8.12～表 8.14 所示。

表 8.12 sleep 函数的接口规范说明

函数名称	sleep
函数功能	睡眠当前线程直到超时
头文件	#include <unistd.h>
函数原型	unsigned int sleep(unsigned int seconds);
参数	seconds：要睡眠的秒数
返回值	0：成功 >0：睡眠时被另一个信号打断（返回剩余的秒数）

表 8.13 usleep 函数的接口规范说明

函数名称	usleep
函数功能	睡眠当前线程直到超时
头文件	#include <unistd.h>
函数原型	int usleep(useconds_t usec);
参数	usec：挂起时间，单位是微秒
返回值	0：成功 -1：出错，并且 errno 被设置

表 8.14 nanosleep 函数的接口规范说明

函数名称	nanosleep
函数功能	睡眠当前线程直到超时
头文件	#include <time.h>
函数原型	int nanosleep(const struct timespec * req, struct timespec * rem);
参数	req：请求挂起的时间 rem：被信号打断后的剩余时间
返回值	0：成功 -1：出错，并且 errno 被设置

示例程序 8.6 中分别使用 sleep 的三种方式实现了线程睡眠 5 秒。

[示例程序 8.6 exp_sleep.c]

```
#include<stdio.h>
#include<unistd.h>
#include<time.h>

struct timespec tt={5,100};

int main(void)
{
    printf("start!\n");
    sleep(5);
```

```
        printf("end!\n");
        printf("start!\n");
        for(int i=0;i<10;i++)
            usleep(500000);
        printf("end!\n");
        printf("start\n");
        
        nanosleep(&tt,NULL);
        printf("end!\n");
        
        return 0;
}
```

编译后运行,得到程序的运行结果如下:

```
root@ubuntu:~#./exp_sleep
start
end
start
end
start
end
```

8.2.5 线程的分离

在任何一个时间点上,线程是可结合的(joinable),或者是分离的(detached)。一个可结合的线程能够被其他线程回收其资源和杀死;在被其他线程回收资源之前,它的存储器资源是不释放的。相反,一个分离的线程是不能被其他线程回收或杀死的,它的存储器资源在它终止时由系统自动释放。

线程的分离状态决定一个线程以什么样的方式来终止自己。在默认情况下线程是非分离状态的,在这种情况下,原有的线程等待创建的线程结束。只有当 pthread_join()函数返回时,创建的线程才算终止,才能释放已占用的系统资源。而分离线程如果没有被其他的线程所等待,当该线程运行结束,线程就终止了,同时也会立刻释放系统资源。线程分离使用 pthread_detach()实现,该接口规范说明如表 8.15 所示。

表 8.15 pthread_detach 函数的接口规范说明

函数名称	pthread_detach
函数功能	使线程处于分离状态
头文件	#include <pthread.h>
函数原型	int pthread_detach(pthread_t threadID);
参数	threadID:要分离的线程 id
返回值	0:成功 错误号:失败

线程分离如示例程序 8.7 所示。

[示例程序 8.7 exp_detach.c]
```c
#include<stdio.h>
#include<pthread.h>
#include<unistd.h>

void* thread1(void * arg)
{
    while (1)
    {
        usleep(100 * 1000);
        printf("thread1 running...!\n");
    }
    printf("Leave thread1!\n");

    return NULL;
}

int main(int argc, char** argv)
{
    pthread_t tid;

    pthread_create(&tid, NULL, (void*)thread1, NULL);
    pthread_detach(tid);                      //使线程处于分离状态
    sleep(1);

    printf("Leave main thread!\n");
    pthread_exit(NULL);
    return 0;
}
```

编译后运行,得到程序的运行结果如下:

```
root@ubuntu:~#./exp_sleep
thread1 running...!
thread1 running...!
thread1 running...!
thread1 running...!
thread1 running...!
thread1 running...!
thread1 running...!
thread1 running...!
thread1 running...!
Leave main thread!
```

程序运行结果说明：pthread_detach 函数只是使该线程结束时，资源由系统回收，而不必在其他线程中调用 pthread_join 函数回收。

8.2.6 线程的一次性初始化

1. 为什么要进行一次性初始化

有些 POSIX 变量只能进行一次初始化，例如互斥变量，如果进行多次初始化程序就会出现错误。

在传统的顺序编程中，一次性初始化通常使用布尔变量来管理。控制变量被静态初始化为 0，任何依赖于初始化的代码都能测试该变量。如果变量值仍然为 0，则它能实行初始化，然后将变量置为 1，以后检查的代码将跳过初始化。

但是在多线程程序设计中，如果多个线程并发地执行初始化序列代码，可能有两个线程发现控制变量为 0，并且都实行初始化，而该过程本该仅仅执行一次。

如果需要对一个 POSIX 变量静态的初始化，可以使用互斥量对该变量的初始化进行控制。如果需要对变量进行动态初始化，POSIX 提供了 pthread_once 函数，该函数能实现对变量的一次性动态初始化，其详细说明如表 8.16 所示。

表 8.16　pthread_once 函数的接口规范说明

函数名称	pthread_once
函数功能	一次性初始化
头文件	#include <pthread.h>
函数原型	int pthread_once(pthread_once_t * once_control, void (* init_routine)(void));
参数	once_control：决定 init_routine 函数是否执行 init_routine：初始化要执行的函数
返回值	0：成功 错误号：失败

2. 如何进行一次性初始化

（1）首先定义一个 pthread_once_t 类型的变量，使用宏 PTHREAD_ONCE_INIT 对该变量初始化。然后创建一个与控制变量相关的初始化函数：

```
pthread_once_t once_control=PTHREAD_ONCE_INIT;
void init_routine()
{
    //初始化互斥量
    //初始化读写锁
    ……
}
```

（2）调用 pthread_once 函数。该函数使用初值为 PTHREAD_ONCE_INIT 的 once_control 变量保证 init_routine 函数在同一进程执行序列中仅执行一次。在多线程编程环境下，尽管 pthread_once 函数调用会出现在多个线程中，由使用互斥锁和条件变量保证

init_routine 函数仅执行一次。

pthread_once 的执行状态有三种：NEVER(0)、IN_PROGRESS(1)和 DONE (2)，使用 once_control 来表示 pthread_once 的执行状态：

- 如果 once_control 初值为 0，那么 pthread_once 函数从未执行过，init_routine 函数会执行。
- 如果 once_control 初值设为 1，则由于所有 pthread_once 函数都必须等待其中一个线程激发"已执行一次"信号，因此所有 pthread_once 函数都会陷入永久的等待中，init_routine 函数就无法执行。
- 如果 once_control 初值设为 2，则表示 pthread_once 函数已执行过一次，从而所有 pthread_once 函数都会立即返回，init_routine 函数就没有机会执行，当 pthread_once 函数成功返回，once_control 就会被设置为 2。

在示例程序 8.8 中创建的两个子线程执行同一个函数对全局变量 count 进行初始化，给 count 加 1 后打印输出。

[示例程序 8.8 exp_once.c]
```c
#include<stdio.h>
#include<assert.h>
#include<pthread.h>
#include<unistd.h>

static int count=0;
static pthread_once_t once=PTHREAD_ONCE_INIT;
void thread_init(){
    count=5;
    printf("[Child %ld] init i(%d)\n",pthread_self(),count);
}


void * theThread(void * param)
{
    pthread_once(&once,&thread_init);
    count++;
    printf("[Child %ld] loop i(%d)\n",pthread_self(),count);
    pthread_exit(&count);
    return NULL;
}


int main(int argc,char * argv[])
{
    pthread_t tid1, tid2;
    pthread_create(&tid1, NULL, &theThread, NULL);
    sleep(3);
```

```
    pthread_create(&tid2, NULL, &theThread, NULL);
    void * status=NULL;
    int rc=pthread_join(tid1, &status);
    assert(rc==0);
    if (status !=PTHREAD_CANCELED && status !=NULL)
    {
        printf("Returned value from thread1: %d\n", * (int * )status);
    }

    rc=pthread_join(tid2, &status);
    assert(rc==0);
    if (status !=PTHREAD_CANCELED && status !=NULL)
    {
        printf("Returned value from thread2: %d\n", * (int * )status);
    }
    return 0;
}
```

编译后运行,得到程序的运行结果如下:

```
root@ubuntu:~#./exp_once
[Child 139639258564352] init i(5)
[Child 139639258564352] loop i(6)
Returned value from thread1: 6
[Child 139639247980288] loop i(7)
Returned value from thread2: 7
```

从执行结果可以看出初始化函数 thread_init 函数只执行了一次。

8.2.7 线程的私有数据

在单线程程序中,经常要用到"全局变量"以实现多个函数间共享数据。在多线程环境下,由于数据空间是共享的,因此全局变量也为所有线程所共有。但有时应用程序设计中有必要提供线程私有的全局变量,仅在某个线程中有效,但却可以跨多个函数访问,例如程序可能需要每个线程维护一个链表,而使用相同的函数操作,此时就可以创建线程私有数据(Thread-Specific Data,TSD)来解决。

在线程内部,私有数据可以被线程的各个接口访问,但对其他线程屏蔽。线程私有数据采用了一键多值技术,即一个 key 对应多个值。访问数据都是通过键值来访问的。使用线程私有数据时,需要对每个线程创建一个关联的 key,POSIX 中操作线程私有数据通过以下 4 个函数来实现。

1. 创建一个键

使用私有数据时,首先需要创建一个私有数据键,可通过 pthread_key_create 函数实现,该函数的接口规范说明如表 8.17 所示。

表 8.17 pthread_key_create 函数的接口规范说明

函数名称	pthread_key_create
函数功能	创建一个对同一进程内所有线程都可见的线程私有数据键
头文件	#include <pthread.h>
函数原型	int pthread_key_create(pthread_key_t *key, void (*destructor)(void *));
参数	key：线程私有数据键 destructor：线程退出时调用的函数
返回值	0：成功 错误号：失败

该函数执行时，首先从 Linux 的 TSD 池中分配一项，然后将其值赋给 key 供以后访问使用。函数的第一个参数 key 为指向键值的指针，第二个参数为一个函数指针，如果指针不为空，则在线程退出时将以 key 所关联的数据为参数调用指针 destructor 所指的函数，释放分配的缓冲区。无论哪个线程调用 pthread_key_create 函数，所创建的 key 都是所有线程可访问的，但各个线程可根据自己的需要往 key 中填入不同的值，这就相当于提供了一个同名而不同值的全局变量，即一键多值。

2. 设置线程私有数据

pthread_setspecific 函数为指定键值设置线程私有数据，该函数的接口规范说明如表 8.18 所示。

表 8.18 pthread_setspecific 函数的接口规范说明

函数名称	pthread_setspecific
函数功能	为指定键值设置线程私有数据
头文件	#include <pthread.h>
函数原型	int pthread_setspecific(pthread_key_t key, const void *value);
参数	key：线程私有数据键 value：和 key 关联起来的数据的地址
返回值	0：成功 错误号：失败

该函数将指针 value 的值(指针值而非其指向的内容)与 key 相关联。使用 pthread_setspecific 函数为一个键指定新的线程数据时，线程必须释放原有的数据用以回收空间。

3. 读取线程私有数据

pthread_getspecific 函数从指定键值读取线程私有数据，该函数的接口规范说明如表 8.19 所示。

表 8.19 pthread_getspecific 函数的接口规范说明

函数名称	pthread_getspecific
函数功能	从指定键读取线程的私有数据

续表

头文件	#include <pthread.h>
函数原型	void * pthread_getspecific(pthread_key_t key);
参数	key：需要获取数据的键
返回值	0：成功 错误号：失败

4. 删除一个键

pthread_key_delete 函数用于删除线程的私有数据键，该函数的接口规范说明如表 8.20 所示。

表 8.20 pthread_key_delete 函数的接口规范说明

函数名称	pthread_key_delete
函数功能	删除线程私有数据键
头文件	#include <pthread.h>
函数原型	int pthread_key_delete(pthread_key_t key);
参数	key：线程私有数据键
返回值	0：成功 错误号：失败

注意：pthread_key_delete 函数并不检查当前是否有线程正使用该 TSD，也不会调用清理函数（destr_function），而只是将 TSD 释放以供下一次调用 pthread_key_create 函数使用，如示例程序 8.9 所示。

```
[示例程序 8.9 exp_specific.c]
#include<stdio.h>
#include<pthread.h>

pthread_key_t key;

void echomsg(void * t)
{
    printf("destructor executed int thread %u, param=%u\n",
        pthread_self(),((int *)t));
}

void * child1(void * arg)
{
    int i=10;
    int tid=pthread_self();
    printf("\nset key value %d in thread %u\n",i,tid);
```

```c
        pthread_setspecific(key,&i);
        printf("thread one sleep 2 until thread two finish\n");
        sleep(2);
        printf("\nthread %u returns %d,add is %u\n",tid,
                * ((int * ) pthread_getspecific(key)),
                (int * )pthread_getspecific(key));
}

void * child2(void * arg)
{
        int temp=20;
        int tid=pthread_self();
        printf("\nset key value %d in thread %u\n",temp,tid);
        pthread_setspecific(key,&temp);
        printf("thread one sleep 2 until thread two finish\n");
        sleep(1);
        printf("\nthread %u returns %d,add is %u\n",tid,
                * ((int * ) pthread_getspecific(key)),
                (int * )pthread_getspecific(key));
}

int main(void)
{
        pthread_t tid1,tid2;
        pthread_key_create(&key,echomsg);
        pthread_create(&tid1,NULL,(void * )child1,NULL);
        pthread_create(&tid2,NULL,(void * )child2,NULL);
        pthread_join(tid1,NULL);
        pthread_join(tid2,NULL);
        pthread_key_delete(key);
        return 0;
}
```

编译后运行,得到程序的运行结果如下:

```
root@ubuntu:~#./exp_specific
set key value 10 in thread 3112802048
thread one sleep 2 until thread two finish
set key value 20 in thread 3104409344
thread one sleep 2 until thread two finish
thread 3104409344 returns 20,addr is 3104407344
destructor executed int thread 3104409344,param=3104407344
thread 3112802048 returns 10,addr is 3112800048
destructor executed int thread 3112802048,param=3112800048
```

从运行结果来看,各线程对自己的私有数据操作互不影响,也就是说,虽然全局变量同名,但访问的内存空间并不是同一个。

8.3 线程属性

每个 POSIX 线程由一个相连的属性对象来表示特性。线程的属性对象能与多个线程相连,POSIX 具有创建、配置和删除属性对象的函数。线程可以分组,并将相同属性与组中所有成员相连。当属性对象的其中一个特性改变时,组中所有实体将会具有新的特性。线程属性类型用 pthread_attr_t 表示,pthread_attr_t 定义在文件/usr/include/bits/pthreadtypes.h 中。该结构体的定义如下:

```
typedef struct
{
    int               detachstate;        //线程的分离状态
    int               schedpolicy;        //线程调度策略
    structsched_param schedparam;         //线程的调度参数
    int               inheritsched;       //线程的继承性
    int               scope;              //线程的作用域
    size_t            guardsize;          //线程栈末尾警戒缓冲区大小
    int               stackaddr_set;      //线程的栈设置
    void*             stackaddr;          //线程栈的位置
    size_t            stacksize;          //线程栈的大小
}pthread_attr_t;
```

各个字段的含义如下:

- detachstate:表示新创建的线程是否与进程中其他的线程脱离同步。detachstate 的缺省值为 PTHREAD_CREATE_JOINABLE 状态,这个属性也可以用 pthread_detach 函数来设置。如果将 detachstate 设置为 PTHREAD_CREATE_DETACH 状态,则 detachstate 不能再恢复到 PTHREAD_CREATE_JOINABLE 状态。
- schedpolicy:表示新线程的调度策略。主要包括 SCHED_OTHRE(正常,非实时),SCHED_RR(实时,时间片轮转法)和 SCHED_FIFO(实时,先进先出)3 种,缺省为 SCHED_OTHER,后两种调度策略仅对超级用户有效。
- schedparam:是一个 struct sched_param 结构,其中有一个整型变量的成员 sched_priority 表示线程的运行优先级。这个参数仅当调度策略为实时(即 SCHED_RR 或 SCHED_FIFO)时才有效,缺省为 0。
- inheritsched:有两种值可供选择,分别是 PTHREAD_EXPLICIT_SCHED 和 PTHREAD_INHERIT_SCHED,前者表示新线程显式指定调度策略和调度参数(即 attr 中的值),后者表示继承调用者线程的值。缺省为 PTHREAD_EXPLICIT_SCHED。

- scope：表示线程间竞争 CPU 的范围，也就是线程优先级的范围。POSIX 的标准中定义了两个值，PTHREAD_SCOPE_SYSTEM 和 PTHREAD_SCOPE_PROCESS，前者表示与系统中所有线程一起竞争 CPU，后者表示仅与同进程中的线程竞争 CPU。
- guardsize：警戒堆栈的大小。
- stackaddr_set：线程栈的设置。
- stackaddr：线程栈的地址。
- stacksize：线程栈的大小。

线程的属性值不能直接设置，须使用相关函数进行操作。Linux 提供了这些状态的设置和获取函数，下面分别进行详细介绍。

8.3.1 线程属性对象

1. 初始化/销毁线程

在使用一个线程属性对象之前，必须对其进行初始化，可以使用 pthread_attr_init 函数完成对线程属性对象的初始化；在使用完一个线程属性对象后，必须对其进行销毁，可以使用 pthread_attr_destroy 函数完成对属性对象的销毁。这两个函数的接口规范说明如表 8.21 所示。

表 8.21　pthread_attr_init/pthread_attr_destroy 函数的接口规范说明

函数名称	pthread_attr_init/pthread_attr_destroy
函数功能	初始化线程属性/销毁线程属性
头文件	#include <pthread.h>
函数原型	int pthread_attr_init(pthread_attr_t * attr); int pthread_attr_destroy(pthread_attr_t * attr);
参数	attr：指向线程属性对象的指针
返回值	0：成功 -1：失败

2. 线程的继承性

函数 pthread_attr_getinheritsched 和 pthread_attr_setinheritsched 分别用来获取和设置线程的继承性，这两个函数的接口规范说明如表 8.22 所示。

表 8.22　pthread_attr_getinheritsched/pthread_attr_setinheritsched 函数的接口规范说明

函数名称	pthread_attr_getinheritsched/pthread_attr_setinheritsched
函数功能	获得/设置线程的继承性
头文件	#include <pthread.h>
函数原型	int pthread_attr_getinheritsched(const pthread_attr_t * attr,int * inheritsched); int pthread_attr_setinheritsched(pthread_attr_t * attr,int inheritsched);

续表

参数	attr：指向线程属性对象的指针 inheritsched：指向线程继承性的指针或线程的继承性
返回值	0：成功 —1：失败

继承性 intinheritsched 取值可以是：

- PTHREAD_INHERIT_SCHED：表示新线程将继承创建线程的调度策略和参数。
- PTHREAD_EXPLICIT_SCHED：表示使用在 schedpolicy 和 schedparam 属性中显式设置的调度策略和参数。

如果要显式设置一个线程的调度策略或参数，则必须在设置之前将 inheritsched 属性设置为 PTHREAD_EXPLICIT_SCHED。

3. 线程的调度

函数 pthread_attr_setschedpolicy 和 pthread_attr_getschedpolicy 分别用来设置和得到线程的调度策略，这两个函数的接口规范说明如表 8.23 所示。

表 8.23　pthread_attr_getschedpolicy/pthread_attr_setschedpolicy 函数的接口规范说明

函数名称	pthread_attr_getschedpolicy/pthread_attr_setschedpolicy
函数功能	获得/设置线程的调度策略
头文件	#include <pthread.h>
函数原型	int pthread_attr_getschedpolicy(const pthread_attr_t * attr, int * policy); int pthread_attr_setschedpolicy(pthread_attr_t * attr, int policy);
参数	attr：指向线程属性对象的指针 policy：调度策略或指向调度策略的指针
返回值	0：成功 —1：失败

调度策略 policy 的取值可以是：

- SCHED_FIFO：实时任务调度策略，先来先服务。一旦占用 CPU 则一直运行，直到有更高优先级任务到达或自愿阻塞自己。
- SCHED_RR：实时任务调度策略，时间片轮转法。当任务的时间片用完，系统将重新分配时间片，并置于就绪队列尾。放在队列的末尾保证了所有具有相同优先级的 RR 任务的调度公平。
- SCHED_OTHER：非实时任务调度策略，一旦占用 CPU，则一直运行，直到任务完成。

4. 线程的调度参数

函数 pthread_attr_getschedparam 和 pthread_attr_setschedparam 分别用来设置和得到线程的调度参数，这两个函数的接口规范说明如表 8.24 所示。

表 8.24 pthread_attr_getschedparam/pthread_attr_setschedparam 函数的接口规范说明

函数名称	pthread_attr_getschedparam/pthread_attr_setschedparam
函数功能	获得/设置线程的调度参数
头文件	#include <pthread.h>
函数原型	int pthread_attr_getschedparam(const pthread_attr_t * attr,struct sched_param * param); int pthread_attr_setschedparam(pthread_attr_t * attr,const struct sched_param * param);
参数	attr：指向线程属性对象的指针 param：sched_param 结构或指向该结构的指针
返回值	0：成功 -1：失败

结构体 sched_param 定义在文件/usr/include/bits/sched.h 中，该结构体定义如下：

```
struct sched_param
{
    int sched_priority;
};
```

其中 sched_priority 是一个优先权值，数值越大优先权越高。系统支持的最大和最小优先权值可以分别使用 sched_get_priority_max 函数和 sched_get_priority_min 函数获得。

8.3.2 设置/获取线程 detachstate 属性

线程的分离状态决定一个线程以什么样的方式来终止自己。在默认情况下线程是非分离状态的，这种情况下，原有的线程等待创建的线程结束。只有当 pthread_join 函数返回时，创建的线程才算终止，才能释放自己占用的系统资源。对于分离线程，如果没有被其他的线程等待，当它运行结束了，线程也就终止了，马上释放系统资源。如果在创建线程时就知道不需要了解线程的终止状态，则可以设置 pthread_attr_t 结构中的 detachstate 线程属性，让线程以分离状态启动。

POSIX 提供了 pthread_attr_setdetachstate 和 pthread_attr_getdetachstate 这两个函数用于对 detachstate 属性进行操作，这两个函数的接口规范说明如表 8.25 所示。

表 8.25 pthread_attr_setdetachstate/pthread_attr_getdetachstate 函数的接口规范说明

函数名称	pthread_attr_setdetachstate/pthread_attr_getdetachstate
函数功能	获取/修改线程的分离状态属性
头文件	#include <pthread.h>
函数原型	int pthread_attr_setdetachstate(pthread_attr_t * attr,int detachstate); int pthread_attr_getdetachstate(const pthread_attr_t * attr,int * detachstate);

续表

参数	attr：指向线程属性对象的指针 detachstate：线程的分离状态属性或指向线程分离状态的指针
返回值	0：成功 -1：失败

pthread_attr_setdetachstate 系统调用用于设置已经初始化的属性对象 attr 中的参数 detachstate 属性。detachstate 的合法值包括：

- PTHREAD_CREATE_DETACHED，以分离状态启动线程，使得使用 attr 创建的线程处于分离状态。线程终止时，系统将自动回收与带有此状态的线程相关联的资源，这类线程不能被其他线程等待。
- PTHREAD_CREATE_JOINABLE，正常启动线程，使得使用 attr 创建的线程处于可连接状态。线程终止时，不会回收与带有此状态的线程相关联的资源。如果要回收系统，则应用程序必须在其他线程调用 pthread_detach 函数或 pthread_join 函数。

detachstate 的默认值是 PTHREAD_CREATE_JOINABLE。

8.3.3 设置与获取线程栈相关属性

线程包含了表示进程内执行环境必需的信息，其中包括进程中标识线程的 ID、一组寄存器值、栈、调度优先级与策略、信号屏蔽字、errno 变量以及线程私有数据。在有大数据量处理的应用中，就需要在栈空间分配一个大的内存块，但是线程栈空间的最大值在线程创建的时候就已经确定，如果栈的大小超过了该值，系统将访问未授权的内存块。这时可通过修改线程的栈空间大小来改变，POSIX 提供了 4 个函数用于设置和获取线程栈的相关属性。

1. 获取线程堆栈大小

pthread_attr_getstacksize 函数用于获取线程堆栈大小，该函数的接口规范说明如表 8.26 所示。

表 8.26 pthread_attr_getstacksize 函数的接口规范说明

函数名称	pthread_attr_getstacksize
函数功能	获取线程堆栈大小
头文件	#include <pthread.h>
函数原型	int pthread_attr_getstacksize(const pthread_attr_t *attr, size_t *stacksize);
参数	attr：指向线程属性对象的指针 stacksize：线程的堆栈大小，一般是页大小的整数倍
返回值	0：成功 错误号：失败

2. 设置线程堆栈大小

pthread_attr_setstacksize 函数用于设置线程堆栈大小，该函数的接口规范说明如表 8.27 所示。

表 8.27　pthread_attr_setstacksize 函数的接口规范说明

函数名称	pthread_attr_setstacksize
函数功能	设置线程堆栈大小
头文件	#include <pthread.h>
函数原型	int pthread_attr_setstacksize(pthread_attr_t * attr, size_t stacksize);
参数	attr：指向线程属性对象的指针 stacksize：线程的栈保护区大小
返回值	0：成功 错误号：失败

stacksize 的合法值包括：

- PTHREAD_STACK_MIN：该选项指定使用此属性对象创建的线程用户栈大小将使用默认堆栈大小，此值是某个线程所需的最小堆栈大小。
- 具体的大小值：定义使用线程的用户堆栈大小的数值，该值必须大于等于 PTHREAD_STACK_MIN。

3. 获取线程堆栈地址

pthread_attr_getstackaddr 函数用于获取线程堆栈地址，该函数的接口规范说明如表 8.28 所示。

表 8.28　pthread_attr_getstackaddr 函数的接口规范说明

函数名称	pthread_attr_getstackaddr
函数功能	获取线程堆栈地址
头文件	#include <pthread.h>
函数原型	int pthread_attr_getstackaddr(pthread_attr_t * attr, void **stackaddr);
参数	attr：指向线程属性对象的指针 stackaddr：指向堆栈的指针，用于存储返回获取的栈地址
返回值	0：成功 错误号：失败

4. 设置线程堆栈地址

pthread_attr_setstackaddr 函数用于设置线程堆栈地址，该函数的接口规范说明如表 8.29 所示。

表 8.29　pthread_attr_setstackaddr 函数的接口规范说明

函数名称	pthread_attr_setstackaddr
函数功能	设置线程堆栈地址
头文件	#include <pthread.h>
函数原型	int pthread_attr_setstackaddr(pthread_attr_t * attr, void * stackaddr);

参数	attr：指向线程属性对象的指针 stackaddr：指向堆栈的指针，表示设置的线程堆栈地址
返回值	0：成功 错误号：失败

设置与获取线程属性如示例程序 8.9 所示。

[示例程序 8.9 exp_attr.c]
```c
#define _GNU_SOURCE            //为了获取 pthread_getattr_np() 函数声明
#include<pthread.h>
#include<stdio.h>
#include<stdlib.h>
#include<unistd.h>
#include<errno.h>

#define handle_error_en(en, msg) \
    do { errno=en; perror(msg); exit(EXIT_FAILURE); } while (0)

static void display_pthread_attr(pthread_attr_t * attr, char * prefix)
{
    int s, i;
    size_t v;
    void * stkaddr;
    struct sched_param sp;

    s=pthread_attr_getdetachstate(attr, &i);
    if (s !=0)
        handle_error_en(s, "pthread_attr_getdetachstate");
    printf("%sDetach state        =%s\n", prefix,\
        (i==PTHREAD_CREATE_DETACHED) ? "PTHREAD_CREATE_DETACHED" : \
        (i==PTHREAD_CREATE_JOINABLE) ? "PTHREAD_CREATE_JOINABLE" : \
        "???");

    s=pthread_attr_getscope(attr, &i);
    if (s !=0)
        handle_error_en(s, "pthread_attr_getscope");
    printf("%sScope               =%s\n", prefix, \
        (i==PTHREAD_SCOPE_SYSTEM)  ? "PTHREAD_SCOPE_SYSTEM" : \
        (i==PTHREAD_SCOPE_PROCESS) ? "PTHREAD_SCOPE_PROCESS" : \
        "???");

    s=pthread_attr_getinheritsched(attr, &i);
```

```c
        if (s!=0)
            handle_error_en(s, "pthread_attr_getinheritsched");
        printf("%sInherit scheduler=%s\n", prefix,          \
               (i==PTHREAD_INHERIT_SCHED)? "PTHREAD_INHERIT_SCHED" :  \
               (i==PTHREAD_EXPLICIT_SCHED) ? "PTHREAD_EXPLICIT_SCHED" :  \
               "???");
        s=pthread_attr_getschedpolicy(attr, &i);
        if (s!=0)
            handle_error_en(s, "pthread_attr_getschedpolicy");
        printf("%sScheduling policy=%s\n", prefix,          \
               (i==SCHED_OTHER)? "SCHED_OTHER" :             \
               (i==SCHED_FIFO)? "SCHED_FIFO" :               \
               (i==SCHED_RR)? "SCHED_RR" :                   \
               "???");


        s=pthread_attr_getschedparam(attr, &sp);
        if (s!=0)
            handle_error_en(s, "pthread_attr_getschedparam");
        printf("%sScheduling priority =%d\n", prefix, sp.sched_priority);

        s=pthread_attr_getguardsize(attr, &v);
        if (s!=0)
            handle_error_en(s, "pthread_attr_getguardsize");
        printf("%s Guard size =%d bytes\n", prefix, v);

        s=pthread_attr_getstack(attr, &stkaddr, &v);
        if (s!=0)
            handle_error_en(s, "pthread_attr_getstack");
        printf("%sStack address=%p\n", prefix, stkaddr);
        printf("%sStack size=0x%zx bytes\n", prefix, v);
}

static void * thread_start(void * arg)
{
    int s;
    pthread_attr_t gattr;

    s=pthread_getattr_np(pthread_self(), &gattr);
    if (s!=0)
        handle_error_en(s, "pthread_getattr_np");

    printf("Thread attributes:\n");
    display_pthread_attr(&gattr, "\t");
```

```c
    exit(EXIT_SUCCESS);        //结束所有线程
}

int main(int argc, char * argv[])
{
    pthread_t thr;
    pthread_attr_t attr;
    pthread_attr_t * attrp;
    int s;
    attrp=NULL;

    if (argc >1) {
        int stack_size;
        void * sp;

        attrp=&attr;

        s=pthread_attr_init(&attr);
        if (s!=0)
            handle_error_en(s, "pthread_attr_init");

        s=pthread_attr_setdetachstate(&attr, PTHREAD_CREATE_DETACHED);
        if (s!=0)
            handle_error_en(s, "pthread_attr_setdetachstate");

        s=pthread_attr_setinheritsched(&attr, PTHREAD_EXPLICIT_SCHED);
        if (s!=0)
            handle_error_en(s, "pthread_attr_setinheritsched");

        stack_size = strtoul(argv[1], NULL, 0);

        s=POSIX_memalign(&sp, sysconf(_SC_PAGESIZE), stack_size);
        if (s!=0)
            handle_error_en(s, "POSIX_memalign");

        printf("POSIX_memalign() allocated at %p\n", sp);

        s=pthread_attr_setstack(&attr, sp, stack_size);
        if (s!=0)
            handle_error_en(s, "pthread_attr_setstack");
    }
```

```
        s=pthread_create(&thr, attrp, &thread_start, NULL);
        if (s!=0)
            handle_error_en(s, "pthread_create");

        if (attrp!=NULL) {
            s=pthread_attr_destroy(attrp);
            if (s!=0)
                handle_error_en(s, "pthread_attr_destroy");
        }
        pause();                    //当其他线程调用 exit()时结束
}
```

编译后运行,得到程序的运行结果如下:

```
root@ubuntu:~#./exp_attr
Thread attributes:
    Detach state            =PTHREAD_CREATE_JOINABLE
    Scope                   =PTHREAD_SCOPE_SYSTEM
    Inherit scheduler       =PTHREAD_INHERIT_SCHED
    Scheduling policy       =SCHED_OTHER
    Scheduling priority     =0
    Guard size              =4096 bytes
    Stack address           =0x7f8c57ad4000
    Stack size              =0x801000 bytes
```

再次运行:

```
root@ubuntu:~#./exp_attr    0x300000
POSIX_memalign() allocated at 0x7fa6f307e000
Thread attributes:
    Detach state            =PTHREAD_CREATE_DETACHED
    Scope                   =PTHREAD_SCOPE_SYSTEM
    Inherit scheduler       =PTHREAD_EXPLICIT_SCHED
    Scheduling policy       =SCHED_OTHER
    Scheduling priority     =0
    Guard size              =0 bytes
    Stack address           =0x7fa6f307e000
    Stack size              =0x300000 bytes
```

运行结果表明该程序成功地修改了线程栈的大小。

8.4 线程应用举例

示例程序 8.10 用来动态统计输入的字符个数。

[示例程序 8.10 exp_count.c]

```c
#include<stdio.h>
#include<pthread.h>
#include<unistd.h>
#include<string.h>

char text[4096]={0};
int flag=0;
void * mythread(void * arg)
{
    int v = * (int * ) arg;
    while(1)
    {
        if(flag==1)
        {
            printf("current length of text is : %d\n",strlen(text));
            flag=0;
        }
        usleep(10000);
    }
}

int main()
{
    int i=5;
    pthread_t tid;
    char buf[128];
    
    pthread_create(&tid,NULL,mythread,&i);
    
    while(1)
    {
        memset(buf,0,sizeof(buf));
        gets(buf);
        //    printf("******\n");
        strcat(text,buf);
        flag=1;
    }
    return 0;
}
```

程序首先创建了一个线程,不断统计公共缓冲区的字符个数并输出。主线程接收用户输入。当主线程依次输入完成后,修改 flag,子线程得以打印出已输入的字符总个数。

编译后运行,得到程序的运行结果如下:

```
root@ubuntu:~#./exp_count
duo
current length of text is : 3
xian
current length of text is : 7
cheng
current length of text is : 12
……
```

示例程序 8.11 首先初始化了一个活动线程数为 3 的线程池,然后向其中添加了 10 个任务。等待这三个线程将这 10 个任务执行完成后,销毁线程池。

[示例程序 8.11 exp_attr.c]
```c
#include<stdio.h>
#include<stdlib.h>
#include<unistd.h>
#include<sys/types.h>
#include<pthread.h>
#include<assert.h>

typedef struct worker
{
    void * (*process) (void * arg);        //回调函数,任务运行时会调用此函数
    void * arg;                             //回调函数的参数
    struct worker * next;
} CThread_worker;


//线程池结构
typedef struct
{
    pthread_mutex_t queue_lock;
    pthread_cond_t queue_ready;
    CThread_worker * queue_head;           //链表结构,线程池中所有等待任务
    int shutdown;
    pthread_t * threadid;                  //线程池中允许的活动线程数目
    int max_thread_num;
    int cur_queue_size;                    //当前等待队列的任务数目
} CThread_pool;

int pool_add_worker(void * (*process) (void * arg), void * arg);
void * thread_routine(void * arg);


static CThread_pool * pool=NULL;
```

```c
void pool_init(int max_thread_num)
{
    pool=(CThread_pool *) malloc (sizeof(CThread_pool));

    pthread_mutex_init(&(pool->queue_lock), NULL);
    pthread_cond_init(&(pool->queue_ready), NULL);

    pool->queue_head=NULL;

    pool->max_thread_num=max_thread_num;
    pool->cur_queue_size=0;

    pool->shutdown=0;

    pool->threadid= (pthread_t *) malloc (max_thread_num
                       * sizeof(pthread_t));
    int i=0;
    for (i=0; i<max_thread_num; i++)
    {
        pthread_create (&(pool->threadid[i]), NULL, thread_routine,NULL);
    }
}

//向线程池中加入任务
int pool_add_worker(void *(*process) (void *arg), void *arg)
{
    //构造一个新任务
    CThread_worker *newworker= (CThread_worker *) malloc
                                (sizeof(CThread_worker));
    newworker->process=process;
    newworker->arg=arg;
    newworker->next=NULL;

    pthread_mutex_lock (&(pool->queue_lock));

    CThread_worker *member=pool->queue_head;
    if (member!=NULL)
    {
        while (member->next!=NULL)
            member=member->next;
        member->next=newworker;
    }
    else
```

```c
    {
        pool->queue_head=newworker;
    }

    assert(pool->queue_head!=NULL);

    pool->cur_queue_size++;
    pthread_mutex_unlock(&(pool->queue_lock));
    pthread_cond_signal(&(pool->queue_ready));
    return 0;
}

//销毁线程池
int pool_destroy()
{
    if (pool->shutdown)
        return -1;
    pool->shutdown=1;

    //唤醒所有等待线程
    pthread_cond_broadcast(&(pool->queue_ready));

    //阻塞等待线程退出
    int i;
    for (i=0; i<pool->max_thread_num; i++)
        pthread_join(pool->threadid[i], NULL);
    free(pool->threadid);

    //销毁等待队列
    CThread_worker *head=NULL;
    while (pool->queue_head!=NULL)
    {
        head=pool->queue_head;
        pool->queue_head=pool->queue_head->next;
        free(head);
    }
    //销毁条件变量和互斥量
    pthread_mutex_destroy(&(pool->queue_lock));
    pthread_cond_destroy(&(pool->queue_ready));

    free(pool);

    pool=NULL;
```

```c
    return 0;
}

void * thread_routine(void * arg)
{
    printf("starting thread 0x%x\n", pthread_self());
    while (1)
    {
        pthread_mutex_lock(&(pool->queue_lock));

        while (pool->cur_queue_size==0 && !pool->shutdown)
        {
            printf("thread 0x%x is waiting\n", pthread_self());
            pthread_cond_wait(&(pool->queue_ready), &(pool->queue_lock));
        }

        if (pool->shutdown)
        {
            pthread_mutex_unlock(&(pool->queue_lock));
            printf("thread 0x%x will exit\n", pthread_self());
            pthread_exit(NULL);
        }

        printf("thread 0x%x is starting to work\n", pthread_self());

        assert(pool->cur_queue_size!=0);
        assert(pool->queue_head!=NULL);

        pool->cur_queue_size--;
        CThread_worker * worker=pool->queue_head;
        pool->queue_head=worker->next;
        pthread_mutex_unlock(&(pool->queue_lock));


        (*(worker->process)) (worker->arg);
        free(worker);
        worker=NULL;
    }
    pthread_exit(NULL);
}

void * myprocess(void * arg)
{
```

```c
        printf("threadid is 0x%x, working on task %d\n", pthread_self(),
            * (int * ) arg);
    sleep(1);
    return NULL;
}

int main(int argc, char * * argv)
{
    pool_init(3);

    //连续向池中投入 10 个任务
    int * workingnum= (int * ) malloc(sizeof (int) * 10);
    int i;
    for (i=0; i<10; i++)
    {
        workingnum[i]=i;
        pool_add_worker(myprocess, &workingnum[i]);
    }

    sleep(5);
    //销毁线程池
    pool_destroy();
    free(workingnum);
    return 0;
}
```

编译后运行,得到程序的运行结果如下:

```
root@ubuntu:~#./exp_attr
starting thread 0xc82cc700
thread 0xc82cc700 is starting to work
threadid is 0xc82cc700, working on task 0
starting thread 0xc72ca700
thread 0xc72ca700 is starting to work
threadid is 0xc72ca700, working on task 1
starting thread 0xc7acb700
thread 0xc7acb700 is starting to work
threadid is 0xc7acb700, working on task 2
thread 0xc82cc700 is starting to work
threadid is 0xc82cc700, working on task 3
thread 0xc72ca700 is starting to work
threadid is 0xc72ca700, working on task 4
thread 0xc7acb700 is starting to work
threadid is 0xc7acb700, working on task 5
```

```
thread 0xc82cc700 is starting to work
threadid is 0xc82cc700, working on task 6
thread 0xc72ca700 is starting to work
threadid is 0xc72ca700, working on task 7
thread 0xc7acb700 is starting to work
threadid is 0xc7acb700, working on task 8
thread 0xc82cc700 is starting to work
threadid is 0xc82cc700, working on task 9
thread 0xc72ca700 is waiting
thread 0xc7acb700 is waiting
thread 0xc82cc700 is waiting
thread 0xc72ca700 will exit
thread 0xc7acb700 will exit
thread 0xc82cc700 will exit
```

8.5 小　　结

使用线程明显的好处之一是提高了应用程序的响应速度，线程主要用于需要同时进行多个服务的程序中。线程同进程一样，具有创建、退出、取消和等待等基本操作，可以独立完成特定事务的处理。本章主要介绍了线程基本概念、线程系统调用的使用方法及线程属性的相关知识。完整地理解 Linux 线程操作非常重要，读者需要对线程函数的使用熟练掌握。

习　　题

一、填空题

1. 在 POSIX 中，线程是使用_____函数创建的，如果需要结束一个线程，需要调用_____函数。

2. 线程可以分为_____态线程和_____态线程。其中，_____态线程又称为轻量级进程。

3. 如果线程可以在进程执行期间的任意时刻被创建，并且不需要事先指定线程的数量，这样的线程被称为_____线程。

4. 引入线程这一概念之后，_____是分配资源的基本单位，_____是进行调度的基本单位。

5. 同一进程中的多个线程共享进程的_____和_____。

6. 每个 POSIX 线程有一个相连的_____来表示特性。

二、简答题

1. 多线程与多进程相比有哪些优势？

2. 线程有哪些结束的方式？请简单说明。

三、编程题

1. 编写一个多线程多进程的程序,要求创建 3 个子进程,每个子进程都分别创建 2 个线程,进程和线程的功能不做要求,可只提供简单的功能。

2. 编写一个程序,在主线程中创建一个新线程,在主线程中得到新线程的各个属性,并在主线程中将它们打印输出。

3. 使用多线程编写矩阵乘法程序。

(1) 给定两个矩阵 A 和 B,其中矩阵 A 为 m 行、k 列,B 为 k 行、n 列,A 和 B 的矩阵乘积为 C,C 为 m 行、n 列。

(2) 对于该程序,计算每个 $C_{i,j}$ 是一个独立的工作线程,即使用 M×N 个工作线程完成。

第 9 章 线程间的同步机制

线程特点之一就是实现了资源的共享性,资源共享中的同步问题是多线程编程的重点及难点。Linux 操作系统提供了多种方式处理线程间的同步问题,其中最常用的有互斥锁、条件变量读写锁和异步信号等方式。本章重点介绍这 4 种同步技术及其应用。

9.1 互 斥 锁

9.1.1 互斥锁基本原理

顾名思义,互斥锁提供了对临界资源以互斥方式进行访问的同步机制,即以排他的方式防止临界资源被破坏。

简单来说互斥锁类似于一个布尔变量,它只有"锁定"和"打开"两种状态,在使用临界资源时线程先申请互斥锁,如果此时互斥锁处于"打开"状态,则立刻占有该锁,将状态置为"锁定"。此时如果再有其他线程使用该临界资源时发现互斥锁处于"锁定"状态,则阻塞该线程,直到持有该互斥锁的线程释放该锁。通过这样的机制保证在使用临界资源时数据不会被另一个线程破坏。

9.1.2 互斥锁基本操作

1. 互斥锁的初始化

在使用互斥锁之前需要对其进行初始化,因为互斥锁是在多个线程之间保证共享资源的正确性,所以初始化的互斥锁是一个全局变量(保证在多个线程之间是同一把锁),pthread_mutex_init 函数用于初始化互斥锁,该函数的接口规范说明如表 9.1 所示。

表 9.1 pthread_mutex_init 函数的接口规范说明

函数名称	pthread_mutex_init
函数功能	初始化互斥锁
头文件	#include <pthread.h>
函数原型	int pthread_mutex_init(pthread_mutex_t * restrict mutex,const pthread_mutexattr_t * restrict attr);

参数	restrict：需要被初始化的互斥锁指针 attr：指向描述互斥锁属性的指针
返回值	0：成功 非 0：失败

说明：pthread_mutex_init 函数第二个参数 attr 是指向描述互斥锁属性的指针，如果该参数为 NULL 则表示使用默认属性，互斥锁的属性值及含义如表 9.2 所示。

表 9.2 互斥锁属性

属性	含义
PTHREAD_MUTEX_TIMED_NP	普通锁，当一个线程加锁后，其他线程无法获得锁，并形成等待队列
PTHREAD_MUTEX_RECURSIVE_NP	嵌套锁，允许一个线程对同一个锁多次加锁，并通过 unlock 解锁。如果是不同线程的请求，则在解锁时重新竞争
PTHREAD_MUTEX_ERRORCHECK_NP	检错锁，在同一线程请求同一锁时返回 EDEADLK，否则执行的动作与类型 PTHREAD_MUTEX_TIMED_NP 相同
PTHREAD_MUTEX_ADAPTIVE_NP	适应锁，释放后重新竞争

2. 互斥锁的销毁

互斥锁在系统中也占有一定的资源，因此当一个互斥锁已经使用完成，就需要对它进行销毁操作，pthread_mutex_destroy 函数用于销毁互斥锁，该函数的接口规范说明如表 9.3 所示。

表 9.3 pthread_mutex_destroy 函数的接口规范说明

函数名称	pthread_mutex_destroy
函数功能	销毁互斥锁
头文件	#include <pthread.h>
函数原型	int pthread_mutex_destroy(pthread_mutex_t * mutex);
参数	mutex：需要销毁的互斥锁对象的指针
返回值	0：成功 非 0：失败

3. 申请互斥锁

在需要使用临界资源时需要先申请锁，保证当前线程抢到锁以后再对临界资源进行操作，pthread_mutex_lock 函数用于申请锁，该函数的接口规范说明如表 9.4 所示。

表 9.4 pthread_mutex_lock 函数的接口规范说明

函数名称	pthread_mutex_lock
函数功能	申请互斥锁

续表

头文件	#include <pthread.h>
函数原型	int pthread_mutex_lock(pthread_mutex_t * mutex);
参数	mutex：指向互斥锁对象的指针
返回值	0：成功 非0：失败

使用该函数加锁时，如果 mutex 已经被锁住，当前尝试加锁的线程就会被阻塞，直到互斥锁被其他线程释放，申请到锁为止。

在有些场景下希望线程在没有申请到锁的时候立即返回，POSIX 提供了 pthread_mutex_trylock 函数实现，该函数的接口规范说明如表 9.5 所示。

表 9.5 pthread_mutex_trylock 函数的接口规范说明

函数名称	pthread_mutex_trylock
函数功能	申请互斥锁
头文件	#include <pthread.h>
函数原型	int pthread_mutex_trylock(pthread_mutex_t * mutex);
参数	mutex：指向互斥锁对象的指针
返回值	0：成功 非0：失败

注意：加锁时，无论哪种类型的锁，都不可能被两个不同的线程同时获得。在同一进程中的线程，如果加锁后没有解锁，则其他线程将无法再获得该锁。

4. 释放互斥锁

当线程离开临界区的时候需要释放已经获得的互斥锁，以便需要使用该临界资源的其他线程能够正常使用。pthread_mutex_unlock 函数用于释放互斥锁，该函数的接口规范说明如表 9.6 所示。

表 9.6 pthread_mutex_unlock 函数的接口规范说明

函数名称	pthread_mutex_unlock
函数功能	释放互斥锁
头文件	#include <pthread.h>
函数原型	int pthread_mutex_unlock(pthread_mutex_t * mutex);
参数	mutex：指向互斥锁对象的指针
返回值	0：成功 非0：失败

9.1.3 互斥锁应用实例

学习了互斥锁的相关概念及基本操作,下面通过示例程序 9.1 对互斥锁的使用进行具体说明。

[示例程序 9.1 exp_mutex.c]
```c
#include<stdio.h>
#include<stdlib.h>
#include<pthread.h>

pthread_mutex_t mutex;
int sum=0;

typedef struct FuncArg
{
    int start;
    int end;
}FuncArg;

void * thread_handler(void * arg)
{
    int start=((FuncArg *)arg)->start +1;
    int end=((FuncArg *)arg)->end;

    for (; start<=end; ++start)
    {
        pthread_mutex_lock(&mutex);       //申请锁
        sum +=start;                      //临界区操作
        pthread_mutex_unlock(&mutex);     //释放锁
    }

    return 0;
}

int main(int argc, char * argv[])
{
    pthread_t thids[4];
    FuncArg arg[4];
    pthread_mutex_init(&mutex, NULL);     //初始化互斥锁

    int len=10000 / 4;

    for (int i=0; i<4; ++i)
    {
        arg[i].start=len * i;
```

```
            arg[i].end=len * (i+1);
            pthread_create(&thids[i], NULL, thread_handler, &arg[i]);
        }

        for (int i=0; i<4; ++i)
        {
            int * ret;
            pthread_join(thids[i], (void * *)&ret);
        }

        pthread_mutex_destroy(&mutex);              //销毁互斥锁
        printf("sum=%d\n", sum);

        return EXIT_SUCCESS;
    }
```

示例程序 9.1 通过多线程求 1~10000 的和。编译后运行,得到程序的运行结果如下:

```
root@ubuntu:~# ./exp_mutex
sum=50005000
```

对于示例程序 9.1,读者可以将相关互斥锁的操作注释掉,再次运行对比一下有互斥锁和没有互斥锁的区别。

9.2 条件变量

在对线程进行操作时需要在一定条件下互斥地访问临界资源。比如有一个缓存区(字符数组),当缓存区为空时 A 线程向其中写入"Hello Linux",当缓存区中有数据时 B 线程将其取出并打印在屏幕上。这种情况下,单纯地使用互斥锁显然无法完全满足要求。这个时候就需要使用 Linux 提供的另一个同步机制——条件变量。

9.2.1 条件变量基本原理

条件变量类似于 if 语句,它有"真""假"两个状态。在条件变量的使用过程中一个线程等待条件为"真",另一个线程在使用完临界资源之后将条件设置为"真",唤醒阻塞在等待条件变量为"真"的线程,执行其任务。在这个过程中必须保证在并发/并行的条件下使得条件变量"真""假"状态正确转换,所以条件变量一般需要和互斥锁配合使用实现对资源的互斥访问。

9.2.2 条件变量基本操作

1. 初始化条件变量

与互斥锁一样,条件变量在使用前也需要对其进行初始化,pthread_cond_init 函数用于条件变量的初始化,该函数的接口规范说明如表 9.7 所示。

表 9.7　pthread_cond_init 函数的接口规范说明

函数名称	pthread_cond_init
函数功能	初始化条件变量
头文件	#include <pthread.h>
函数原型	int pthread_cond_init(pthread_cond_t * cv, const pthread_condattr_t * cattr);
参数	cv：指向要初始化的条件变量的指针 cattr：指向条件变量属性的指针，指定条件变量的一些属性，如果为 NULL 则表明使用默认属性初始化该条件变量
返回值	0：成功 非 0：失败

2. 阻塞等待条件变量

Linux 中使用 pthread_cond_wait 函数来阻塞等待信号量为"真"，该函数的接口规范说明如表 9.8 所示。

表 9.8　pthread_cond_wait 函数的接口规范说明

函数名称	pthread_cond_wait
函数功能	等待条件变量被设置
头文件	#include <pthread.h>
函数原型	int pthread_cond_wait(pthread_cond_t * cond, pthread_mutex_t * mutex);
参数	cond：需要等待的条件变量 mutex：与条件变量相关的互斥锁
返回值	0：成功 非 0：失败

同时 Linux 也提供了 pthread_cond_timedwait 函数，它可以指定超时时间，该函数接口规范说明如表 9.9 所示。

表 9.9　pthread_cond_timedwait 函数的接口规范说明

函数名称	pthread_cond_timedwait
函数功能	在指定的时间之内阻塞等待条件变量
头文件	#include <pthread.h>
函数原型	int pthread_cond_timedwait(pthread_cond_t * cond, pthread_mutex_t * mutex, const struct timespec * abstime);
参数	cond：需要等待的条件变量 mutex：与条件变量绑定的互斥锁 abstime：struct timespec 类型的指针变量，传入超时时间，该变量是一个绝对时间，即以从 1970-01-01 00:00:00 以来的秒数来表示
返回值	0：成功 非 0：失败

3. 通知等待该条件变量的线程

POSIX 提供两个函数用来唤醒等待的线程，pthread_cond_signal 函数用来唤醒其中一个等待线程，pthread_cond_broadcast 函数用来唤醒等待的所有线程，这两个函数的接口规范说明如表 9.10 和表 9.11 所示。

表 9.10　pthread_cond_signal 函数的接口规范说明

函数名称	pthread_cond_signal
函数功能	唤醒一个等待线程
头文件	#include <pthread.h>
函数原型	int pthread_cond_signal(pthread_cond_t * __cond);
参数	cond：需要通知的条件变量的指针
返回值	0：成功 非 0：失败

表 9.11　pthread_cond_broadcast 函数的接口规范说明

函数名称	pthread_cond_broadcast
函数功能	唤醒所有等待线程
头文件	#include <pthread.h>
函数原型	int pthread_cond_ broadcast (pthread_cond_t * __cond);
参数	cond：需要广播通知的条件变量的指针
返回值	0：成功 非 0：失败

4. 销毁条件变量

条件变量在使用结束后需要将其销毁，pthread_cond_destroy 函数用于销毁条件变量，该函数的接口规范说明如表 9.12 所示。

表 9.12　pthread_cond_destroy 函数的接口规范说明

函数名称	pthread_cond_destroy
函数功能	销毁条件变量
头文件	#include <pthread.h>
函数原型	int pthread_cond_destroy(pthread_cond_t * __cond);
参数	cond：需要销毁的条件变量
返回值	0：成功 非 0：失败

9.2.3　条件变量应用实例

掌握了条件变量的基本原理及基本操作后，示例程序 9.2 使用条件变量完成本节开始时提出的问题。

[示例程序 9.2 exp_cond.c]

```c
#include<stdio.h>
#include<stdlib.h>
#include<pthread.h>
#include<string.h>
#include<unistd.h>

pthread_mutex_t mutex;                          //互斥锁
pthread_cond_t empty;                           //为空的条件变量
pthread_cond_t notempty;                        //非空的条件变量

char buf[32];

void * producer(void * arg)
{
    while(1)
    {
        printf("producer is runing!\n");
        pthread_mutex_lock(&mutex);
        pthread_cond_wait(&empty, &mutex);      //等待缓存区为空
        memcpy(buf, "Hello Linux", 11);         //写入数据
        pthread_cond_signal(&notempty);         //等待缓冲区非空
        pthread_mutex_unlock(&mutex);
    }

    return 0;
}

void * consume(void * arg)
{
    while(1)
    {
        printf("consume is runing!\n");
        pthread_mutex_lock(&mutex);
        pthread_cond_wait(&notempty, &mutex);   //等待缓存区不为空
        printf("recv data : %s\n", buf);
        memset(buf, 0, 32);
        sleep(1);
        pthread_cond_signal(&empty);            //等待缓冲区为空
        pthread_mutex_unlock(&mutex);
    }
```

```c
        return 0;
}

int main(int argc, char * argv[])
{
        pthread_t thid1, thid2;
        pthread_mutex_init(&mutex, NULL);               //初始化互斥锁
        pthread_cond_init(&empty, NULL);                //初始化为空时的条件变量
        pthread_cond_init(&notempty, NULL);             //初始化不为空时的条件变量

        pthread_create(&thid1, NULL, producer, NULL);
        pthread_create(&thid2, NULL, consume, NULL);

        sleep(1);
        pthread_cond_signal(&empty);                    //为空

        int * ret1, * ret2;
        pthread_join(thid1, (void * *)&ret1);
        pthread_join(thid2, (void * *)&ret2);

        pthread_mutex_destroy(&mutex);                  //销毁互斥锁
        pthread_cond_destroy(&empty);                   //销毁条件变量
        pthread_cond_destroy(&notempty);                //销毁条件变量

        return EXIT_SUCCESS;
}
```

编译后运行,得到程序的运行结果如下:

```
root@ubuntu:~#./exp_cond
consume is runing!
producer is runing!
producer is runing!
recv data : Hello Linux
consume is runing!
producer is runing!
recv data : Hello Linux
consume is runing!
producer is runing!
recv data : Hello Linux
consume is runing!
producer is runing!
recv data : Hello Linux
......
```

从程序运行结果可以看出，consume 线程取数据时，缓冲区为空，该线程被阻塞，等待 producer 线程向当缓存区写入数据，producer 线程写入字符串"Hello Linux"之后，consume 线程被唤醒并从缓存区中取出数据将其打印在屏幕上，之后这两个线程交替运行。

9.3 读写锁

读写锁与互斥锁类似。多个线程可以在读时同时获得读写锁，但在写的时候只有一个线程能获得锁，即读写锁允许对一个被保护的共享资源并发的读和独占的写。读写锁提高了被互斥锁读保护的资源并发执行的程度。

9.3.1 读写锁基本原理

读写锁将共享资源的访问者分为读者和写者，读者只对共享资源进行读访问，写者只对共享资源进行写操作。在互斥机制中，读者和写者都需要独立独占互斥量以独占共享资源，在读写锁机制下，允许同时有多个读者读访问共享资源，只有写者才需要独占资源。相比互斥机制，读写机制由于允许多个读者同时读访问共享资源，进一步提高了多线程的并发度。

读写锁操作主要分为两种情况：

（1）写者竞争到锁资源。在写者加锁，正在写的情况下，所有试图竞争这个锁的读者或写者线程都会被阻塞。

（2）读者竞争到锁资源。在读者加锁，正在读的情况下，为了体现并行性，当有新读者试图读取并且申请加锁的时候，将被允许。也就是说，一块共享数据可以同时被多个读者读取。但当有读者试图写时，将被阻塞。直到所有的读者线程释放锁为止。

9.3.2 读写锁基本操作

1. 初始化读写锁

pthread_rwlock_init 函数用于初始化读写锁，该函数的接口规范说明如表 9.13 所示。

表 9.13 pthread_rwlock_init 函数的接口规范说明

函数名称	pthread_rwlock_init
函数功能	初始化读写锁
头文件	#include <pthread.h>
函数原型	int pthread_rwlock_init (pthread_rwlock_t * __restrict __rwlock, const pthread_rwlockattr_t * __restrict__attr);
参数	__restrict __rwlock：指向要初始化的读写锁的指针 __restrict__attr：指向属性对象的指针，该属性对象定义要初始化的读写锁的特性，如果为 NULL 则使用默认属性
返回值	0：成功 非 0：失败

成功初始化后,读写锁的状态为非锁定的。

2. 读取读写锁中的锁

pthread_rwlock_rdlock 函数以阻塞方式获取读写锁,该函数的接口规范说明如表 9.14 所示。

表 9.14 pthread_rwlock_rdlock 函数的接口规范说明

函数名称	pthread_rwlock_rdlock
函数功能	以阻塞方式在读写锁上获取读锁(读锁定) 如果没有写者持有该锁,并且没有写者阻塞在该锁上,则调用线程会获取读锁。如果调用线程未获取读锁,则该线程被阻塞直到它获取了该锁
头文件	#include <pthread.h>
函数原型	int pthread_rwlock_rdlock(pthread_rwlock_t * __rwlock);
参数	__rwlock:读写锁指针
返回值	0:成功 非 0:失败

如果一个线程写锁定了读写锁,调用 pthread_rwlock_rdlock 函数的线程将无法读锁定读写锁,并将被阻塞,直到线程可以读锁定这个读写锁为止。如果一个线程写锁定了读写锁后又调用 pthread_rwlock_rdlock 函数来读锁定同一个读写锁,结果将无法预测。

3. 读取非堵塞读写锁中的锁

pthread_rwlock_trylock 函数以非阻塞方式获取读写锁,该函数的接口规范说明如表 9.15 所示。

表 9.15 pthread_rwlock_tryrdlock 函数的接口规范说明

函数名称	pthread_rwlock_tryrdlock
函数功能	以非阻塞的方式在读写锁上获取读锁 如果有任何的读者持有该锁或有写者阻塞在该读写锁上,则立即失败返回
头文件	#include <pthread.h>
函数原型	int pthread_rwlock_ tryrdlock(pthread_rwlock_t * __rwlock);
参数	__rwlock:读写锁指针
返回值	0:成功 非 0:失败

当已有线程写锁定读写锁,或是有试图写锁定的线程被阻塞时,pthread_rwlock_tryrdlock 函数失败返回。

4. 写入读写锁中的锁

pthread_rwlock_wrlock 函数以阻塞方式写入读写锁中的锁,该函数的接口规范说明如表 9.16 所示。

表 9.16 pthread_rwlock_wrlock 函数的接口规范说明

函数名称	pthread_rwlock_wrlock
函数功能	以阻塞方式在读写锁上获取写锁(写锁定) 如果没有写者持有该锁,并且没有读者持有该锁,则调用线程会获取写锁 如果调用线程未获取写锁,则该线程被阻塞直到它获取了写锁
头文件	#include <pthread.h>
函数原型	int pthread_rwlock_wrlock(pthread_rwlock_t * __rwlock);
参数	__rwlock:读写锁指针
返回值	0:成功 非0:失败

如果没有线程读或写锁定读写锁__rwlock,当前线程将写锁定读写锁__rwlock。否则线程将被阻塞,直到没有线程锁定这个读写锁为止。

5. 写入非堵塞读写锁中的锁

pthread_rwlock_trywrlock 函数以非阻塞方式写入读写锁中的锁,该函数的接口规范说明如表 9.17 所示。

表 9.17 pthread_rwlock_trywrlock 函数的接口规范说明

函数名称	pthread_rwlock_try wrlock
函数功能	以非阻塞的方式来在读写锁上获取写锁 如果有任何的读者持有该锁或有写者阻塞在该读写锁上,则立即失败返回
头文件	#include <pthread.h>
函数原型	int pthread_rwlock_try wrlock(pthread_rwlock_t * __rwlock);
参数	__rwlock:读写锁指针
返回值	0:成功 非0:失败

6. 释放读写锁

pthread_rwlock_unlock 函数解除锁定的读写锁,该函数的接口规范说明如表 9.18 所示。

表 9.18 pthread_rwlock_unlock 函数的接口规范说明

函数名称	pthread_rwlock_unlock
函数功能	释放读写锁
头文件	#include <pthread.h>
函数原型	int pthread_rwlock_unlock(pthread_rwlock_t * __rwlock);
参数	__rwlock:读写锁指针
返回值	0:成功 非0:失败

7. 销毁读写锁

pthread_rwlock_destroy 函数用于销毁一个读写锁,该函数的接口规范说明如表 9.19 所示。

表 9.19 pthread_rwlock_destroy 函数的接口规范说明

函数名称	pthread_rwlock_destroy
函数功能	用于销毁一个读写锁,并释放由 pthread_rwlock_init 函数自动申请的相关资源
头文件	#include <pthread.h>
函数原型	int pthread_rwlock_destroy(pthread_rwlock_t * __rwlock);
参数	__rwlock:读写锁指针
返回值	0:成功 非 0:失败

9.3.3 读写锁应用实例

在示例程序 9.3 中,创建了 4 个线程,其中两个线程用来写入数据,两个线程用来读取数据。当某个线程进行读操作时,其他线程允许读操作,但不允许写操作;当某个线程进行写操作时,其他线程都不允许读或写操作。

[示例程序 9.3 exp_rwlock.c]
```c
#include<stdio.h>
#include<unistd.h>
#include<pthread.h>

pthread_rwlock_t rwlock;                        //读写锁
int num=1;

//读操作,其他线程允许读操作,但不允许写操作
void * fun1(void * arg)
{
    while(1)
    {
        pthread_rwlock_rdlock(&rwlock);
        printf("first read num:%d\n",num);
        pthread_rwlock_unlock(&rwlock);
        sleep(1);
    }
}

//读操作,其他线程允许读操作,但不允许写操作
void * fun2(void * arg)
{
    while(1)
```

```c
        {
            pthread_rwlock_rdlock(&rwlock);
            printf("second read num:%d\n",num);
            pthread_rwlock_unlock(&rwlock);
            sleep(2);
        }
}

//写操作,其他线程都不允许读或写操作
void * fun3(void * arg)
{
    while(1)
    {
        pthread_rwlock_wrlock(&rwlock);
        num++;
        printf("write thread one\n");
        pthread_rwlock_unlock(&rwlock);
        sleep(1);
    }
}

//写操作,其他线程都不允许读或写操作
void * fun4(void * arg)
{
    while(1)
    {
        pthread_rwlock_wrlock(&rwlock);
        num++;
        printf("write thread two\n");
        pthread_rwlock_unlock(&rwlock);
        sleep(2);
    }
}

int main(void)
{
    pthread_t ptd1, ptd2, ptd3, ptd4;

    pthread_rwlock_init(&rwlock, NULL);   //初始化一个读写锁

    //创建线程
    pthread_create(&ptd1, NULL, fun1, NULL);
    pthread_create(&ptd2, NULL, fun2, NULL);
    pthread_create(&ptd3, NULL, fun3, NULL);
```

```
    pthread_create(&ptd4, NULL, fun4, NULL);

    //等待线程结束,回收其资源
    pthread_join(ptd1,NULL);
    pthread_join(ptd2,NULL);
    pthread_join(ptd3,NULL);
    pthread_join(ptd4,NULL);

    pthread_rwlock_destroy(&rwlock);       //销毁读写锁

    return 0;
}
```

编译后运行,得到程序的运行结果如下:

```
root@ubuntu:~#./exp_rwlock
write thread two
write thread one
second read num:3
first read num:3
write thread one
first read num:4
write thread two
second read num:5
write thread one
first read num:6
write thread one
first read num:7
write thread two
write thread one
second read num:9
first read num:9
write thread one
first read num:10
......
```

9.4 线程与信号

信号是一种 IPC 通信的形式,一般在 UNIX、类 UNIX 或 POSIX 兼容的系统中使用。信号是一种异步通知进程或同一进程中某个指定线程的方式。

进程内创建线程时,新线程将继承进程(主线程)的信号屏蔽字,但新线程的未决信号集被清空(以防同一信号被多个线程处理)。线程的信号屏蔽字是私有的(定义当前线程要求阻塞的信号集),即线程可独立地屏蔽某些信号。这样,应用程序可控制哪些线程响应哪些信号。

信号处理函数被进程内所有线程共享。这意味着尽管单个线程可阻止某些信号,但当线程修改某信号相关的处理行为后,所有线程都共享该处理行为的改变。这样,当线程选择忽略某信号,而其他线程可恢复信号的默认处理行为或为信号设置新的处理函数,从而撤销原先的忽略行为。即对某个信号处理函数,以最后一次注册的处理函数为准,从而保证同一信号被任意线程处理时行为相同。此外,若某信号的默认动作是停止或终止,则不管该信号发往哪个线程,整个进程都会停止或终止。

9.4.1 线程信号管理

1. 向线程发送信号

pthread_kill 函数用于向线程发送一个信号,该函数的接口规范说明如表 9.20 所示。

表 9.20 pthread_kill 函数的接口规范说明

函数名称	pthread_kill
函数功能	向同一个进程中指定的线程(包括自己)发送信号
头文件	#include <signal.h>
函数原型	int pthread_kill (pthread_t __threadid, int __signo);
参数	__threadid:传送信号的目标线程 ID __signo:表示要传送给线程的信号,如果为 0,则用于检测该线程是否存在,而不发送信号
返回值	0:成功 非 0:失败

2. 调用线程的信号掩码

pthread_sigmask 函数用于更改或检查线程的信号掩码,该函数的接口规范说明如表 9.21 所示。

表 9.21 pthread_sigmask 函数的接口规范说明

函数名称	pthread_sigmask
函数功能	更改或检查调用线程的信号掩码
头文件	#include <signal.h>
函数原型	int pthread_sigmask (int __how, const __sigset_t * __restrict __newmask, __sigset_t * __restrict __oldmask);
参数	__how:更改调用线程的信号掩码 __newmask:为 NULL 时 how 没有意义,非 NULL 时通过 how 指示如何修改线程阻塞信号集 __oldmask:当前线程阻塞集
返回值	0:成功 非 0:失败

第一个参数 how 定义如何更改调用线程的信号掩码,取值有如下三种。
- SIG_BLOCK:将第二个参数所描述的集合添加到当前进程阻塞的信号集中。

- SIG_UNBLOCK：将第二个参数所描述的集合从当前进程阻塞的信号集中删除。
- SIG_SETMASK：不管之前的阻塞信号，仅设置当前进程组合的集合为第二个参数描述的对象。

9.4.2 线程信号应用实例

示例程序 9.4 使用 pthread_kill 系统调用检测一个线程是在系统中存活。

[示例程序 9.4 exp_kill.c]

```c
#include<stdio.h>
#include<stdlib.h>
#include<pthread.h>
#include<errno.h>

void * func1()
{
    sleep(1);
    printf("thread 1(id: %u)quit.\n",pthread_self());
    pthread_exit((void *)0);
}

void * func2()
{
    sleep(5);
    printf("thread 2(id: %u)quit.\n",pthread_self());
    pthread_exit((void *)0);
}

void test_pthread(pthread_t tid)
{
    int pthread_kill_err;

    pthread_kill_err=pthread_kill(tid,0);

    if(pthread_kill_err==ESRCH)
        printf("ID 为%u 的线程不存在或者已经退出。\n",tid);
    else if(pthread_kill_err==EINVAL)
        printf("发送信号非法。\n");
    else
        printf("ID 为%u 的线程目前仍然存活。\n",tid);
}

int main(void)
{
    int ret;
```

```
    pthread_t tid1,tid2;

    pthread_create(&tid1,NULL,func1,NULL);
    pthread_create(&tid2,NULL,func2,NULL);

    sleep(3);
    //测试线程是否存在
    test_pthread(tid1);
    test_pthread(tid2);

    return 0;
}
```

编译后运行,得到程序的运行结果如下:

```
root@ubuntu:~#./exp_cond
thread 1(id: 1674028800)quit.
ID 为 1674028800 的线程不存在或者已经退出。
ID 为 1665636096 的线程目前仍然存活。
```

从程序运行结果可以看出,id 为 210556672 的线程因为退出,根据 pthread_kill 函数的返回值判断线程死亡,id 为 202163968 的线程仍在运行,根据返回值判断线程存活。

示例程序 9.5 在线程中发送信号和屏蔽信号。

[示例程序 9.5 exp_signal.c]
```c
#include<pthread.h>
#include<stdio.h>
#include<stdlib.h>
#include<signal.h>

void sigusr_handle(int arg)
{
    printf("thread(id=%u) catch signal %d\n", pthread_self(), arg);
}

void * th1_handle(void * arg)
{
    int i;

    sigset_t set;
    sigfillset(&set);
    sigdelset(&set, SIGUSR2);
    pthread_sigmask(SIG_SETMASK, &set, 0);

    signal(SIGUSR1, sigusr_handle);
```

```c
    for (i=0; i<5; i++)
    {
        printf("this is in thread 1(id=%u)\n", pthread_self());
        pause();
    }
}

void * th2_handle(void * arg)
{
    int i;
    signal(SIGUSR2, sigusr_handle);
    for (i=0; i<5; i++)
    {
        printf("this is in thread 2(id=%u)\n", pthread_self());
        pause();
    }
}

int main(void)
{
    pthread_t mythread1, mythread2;
    int ret;

    ret=pthread_create(&mythread1, NULL, th1_handle, NULL);
    if (ret!=0)
    {
        printf("create thread failed!\n");
    }

    ret=pthread_create(&mythread2, NULL, th2_handle, NULL);
    if (ret!=0)
    {
        printf("create thread failed!\n");
    }

    sleep(1);

    ret=pthread_kill(mythread1, SIGUSR1);
    if (ret!=0)
    {
        printf("pthread_kill SIGUSR1 failed!\n");
        exit(1);
    }
```

```c
        ret=pthread_kill(mythread1, SIGUSR2);
        if (ret!=0)
        {
            printf("pthread_kill SIGUSR2 failed!\n");
            exit(1);
        }

        ret=pthread_kill(mythread2, SIGUSR1);
        if (ret!=0)
        {
            printf("pthread_kill SIGUSR1 failed!\n");
            exit(1);
        }

        sleep(1);

        ret=pthread_kill(mythread2, SIGUSR2);
        if (ret!=0)
        {
            printf("pthread_kill SIGUSR2 failed!\n");
            exit(1);
        }

        ret=pthread_kill(mythread1, SIGKILL);
        if (ret!=0)
        {
            printf("pthread_kill SIGKILL failed!\n");
            exit(1);
        }

        pthread_join(mythread1, NULL);
        pthread_join(mythread2, NULL);
        return 0;
}
```

在示例程序 9.5 中，主线程分别创建两个线程，在线程 1 中，屏蔽 SIGUSR2 之外的所有信号同时设置 SIGUSR1 的信号处理函数；在线程 2 中，设置 SIGUSR2 的信号处理函数；在主线程中，分别向线程 1 发送 SIGUSR1、SIGUSR2 信号，分别向线程 2 发送 SIGUSR1、SIGUSR2 信号。最后，向线程 1 发送 SIGKILL 信号。

编译后运行，得到程序的运行结果如下：

```
root@ubuntu:~#./exp_cond
this is in thread 2(id=1181099776)
this is in thread 1(id=1189492480)
```

```
thread(id=1181099776) catch signal 10
this is in thread 2(id=1181099776)
thread(id=1189492480) catch signal 12
this is in thread 1(id=1189492480)
Killed
```

程序运行结果表明：线程捕获到自定义信号并执行相应的操作，而当信号为 SIGKILL 时整个进程全部终止。

9.5 小　　结

如果变量是只读的，多个线程同时读取该变量不会有一致性问题。但是，当一个线程可以修改变量，其他线程也可以读取或者修改的时候，就需要对这些线程进行同步，确保它们在访问变量的存储内容时不会访问到无效的值。本章介绍了 Linux 中常用的解决线程同步方式的互斥锁、条件变量、读写锁和信号的基本原理和基本操作，针对每种同步机制给出了具体实例。通过本章学习，读者需要对线程间常用的同步机制熟练掌握。

习　　题

一、填空题

1. 按照 POSIX 标准，线程同步机制有_____、_____和_____。
2. _____函数用来初始化一个互斥锁。
3. 使用互斥锁同步多个线程对临界资源访问的操作流程为_____、_____、访问临界资源、_____、_____。

二、简答题

1. 简述条件变量实现同步的原理。
2. 简述如何使用读写锁来同步多个线程对互斥资源的访问。

三、编程题

1. 编写一个多线程程序，在主线程中创建 3 个子线程，3 个子线程在执行时都修改一个它们共享的变量，观察共享变量的值，看看可以得出什么结论。
2. 编写一个包含 2 个线程的程序，在主线程中接收键盘输入，并将输入的字符放入缓冲区中，缓冲区满后，由另一个线程输出缓冲区的内容，用互斥锁实现二者之间的同步。
3. 编写一个包含 2 个线程的程序，在主线程中创建一个全局变量并初始化为 0，在另一个线程中对这个全局变量进行递减运算，并在线程结束时将运算结果返回给主线程，由主线程打印输出。

第 10 章 网络程序设计

Linux 操作系统本身是一个网络的产物,它在网络上可以供人们自由下载,并得到修改和完善。同时,Linux 也提供了强大的通信和联网功能,并且由于 Linux 操作系统的网络连接在内核中完成,因此十分稳定可靠。Linux 操作系支持多种网络协议,它的 Shell 还提供了强大的联网命令,这使得 Linux 为许多中小型的应用提供了完全的解决方案,并充分显示了其优于 Windows 操作系统的网络功能。

10.1 网络知识基础

10.1.1 TCP/IP 参考模型

TCP/IP 协议最初是由美国政府资助的美国高等研究计划署的网络 ARPANET 上发展起来的,该网络用于支持美国军事和计算机科学研究。在 ARPANET 的研究中首次提出了诸如报文交换、协议分层等网络概念。1988 年以后,ARPANET 由其继任者——美国国家科学基金会 NSFNET 所取代,而 NSFNET 和全世界数以万计的局域网和城域网共同连接成了一个巨大的联合体(Internet),众所周知的万维网(World Wide Web)就是利用 TCP/IP 协议在 ARPANET 上发展起来的。UNIX 被广泛应用于 ARPANET 中,它的第一个网络版是 4.3BSD(Berkeley Software Distribution),该版本支持 BSD 的套接字和全部 TCP/IP 协议,Linux 的网络功能就是基于这个版本实现的。

TCP/IP 模型是当前互联网实际遵守的协议模型,TCP/IP 协议是由七层模型(OSI 模型)简化而来。七层模型自底向上分别是:物理层、数据链路层、网络层、传输层、会话层、表示层、应用层。简化后的四层分别是:主机到网络层(比特)、网络层(数据帧)、传输层(数据包)、应用层(数据段)。每一层对于上一层来讲是透明的,上层只需要使用下层提供的接口,并不关心下层是如何实现的。TCP/IP 参考模型和 OSI 参考模型对比如图 10.1 所示。

相比较 OSI 参考模型,TCP/IP 参考模型将 OSI 参考模型中的应用层、表示层以及会话层统一合并为应用层,并且将 OSI 参考模型中的数据链路层和物理层统一合并为主机到网络层。

10.1.2 Linux 中 TCP/IP 网络的层结构

TCP/IP 参考模型各层的功能如下:

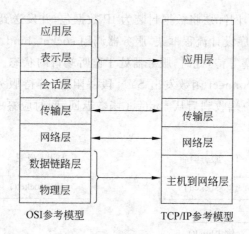

图 10.1　TCP/IP 参考模型和 OSI 参考模型对比

（1）主机到网络层：又称为网络接口层，是整个模型的基层，该层在 TCP/IP 参考模型中并没有描述具体的实现，仅规定了其需要为网络互联层提供访问接口，具体实现由具体的网络类型而定。

（2）网络层：该层将数据包进行分组并发送至目标网络或主机。由于一个数据包的不同分组可能会经过不同的路径进行传送，造成了接收方收到的分组乱序，所以需要该层对数据包进行排序。这里有 4 种网络互连协议。

- 网际协议 IP：负责在主机和网络之间的路径寻址和数据包路由。
- 地址解析协议 ARP：获得同一物理网络中的主机硬件地址。
- 网际控制消息协议 ICMP：发送消息，并报告有关数据包的传送错误。
- 互联组管理协议 IGMP：用来实现本地多路广播路由器报告。

（3）传输层：该层向它上面的应用层提供通信服务，并提供源主机和目标主机上对等层之间进行会话的机制。在传输层定义了传输控制协议（Transmission Control Protocol，TCP）和用户数据报协议（User Datagram Protocol，UDP）。TCP 协议是面向连接的、可靠的协议，而 UDP 协议是不可靠的、无连接协议。

（4）应用层：该层直接为应用程序提供接口和常见的网络应用服务。在传输层的 TCP 和 UDP 基础上，该层实现了很多应用层协议，如 FTP、HTTP、DNS 等。

- FPT：提供应用级的文件传输服务。
- TELNET：提供远程登录服务。
- SMTP：电子邮件协议。
- SNMP：简单网络管理协议。
- DNS：域名解析服务。
- HTTP：超文本传输协议。

10.1.3　TCP 协议

TCP 是 Transmission Control Protocol（传输控制协议）的缩写，该协议是面向连接的通信协议，提供可靠的数据传送。TCP 协议将源主机应用层的数据分成多个分段，将每个分段传输到网际层,网际层将数据封装为 IP 数据包,并发送到目的主机。

图 10.2 是 TCP 程序设计流程框架,服务器调用 socket、bind、listen 函数完成初始化后,调用 accept 函数阻塞等待,此时,服务器处于监听端口的状态。客户端调用 socket 函数初始化后,接着调用 connect 函数发出 SYN 段并阻塞,等待服务器应答。服务器应答一个 SYN-ACK 段,客户端收到后从 connect 函数返回,同时应答一个 ACK 段,服务器收到后从 accept 函数返回。

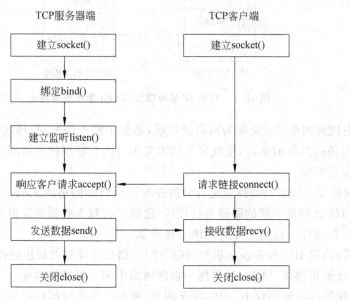

图 10.2 TCP 程序设计流程

数据传输的过程为:建立连接后,TCP 协议提供全双工的通信服务,但是一般的客户端/服务器程序流程是由客户端主动发起请求,服务器被动处理请求,一问一答的方式。因此,服务器从 accept 函数返回后立刻调用 read 函数进行读操作,如果没有数据到达就阻塞等待。这时客户端调用 write 函数发送请求给服务器,服务器收到后从 read 函数返回,对客户端的请求进行处理。在此期间客户端调用 read 函数阻塞等待服务器的应答,服务器调用 write 函数将处理结果发回给客户端,再次调用 read 函数阻塞等待下一条请求,客户端收到后从 read 函数返回,发送下一条请求,如此循环下去。如果客户端没有更多的请求了,就调用 close 函数 关闭连接,服务器的 read 函数返回 0,这样服务器就知道客户端关闭了连接,也调用 close 函数关闭连接。

10.1.4 UDP 协议

UDP 是 User Datagram Protocol(用户数据报协议)的缩写,该协议是面向无连接的通信协议,不能提供可靠的数据传送,而且 UDP 不进行差错校验,必须由应用层的应用程序实现可靠性机制和差错控制,以保证端到端数据的正确性。UDP 编程分为客户端和服务器两部分,服务器编写的流程包括建立套接字、套接字与地址结构进行绑定、读写数据以及关闭套接字,客户端编写的流程包括建立套接字、读写数据以及关闭套接字,相比较服务器程序,客户端程序在编写时可以不将地址和端口进行绑定。

图 10.3 是 UDP 程序设计流程框架,服务器首先通过 socket 函数建立套接字,然后进行地址结构与套接字文件描述符的绑定,绑定完成后就可通过 recvfrom 函数从建立的套接字中接收数据,也可以通过 sendto 函数向套接字发送数据。客户端相比较服务器流程缺少调用 bind 函数进行绑定的部分,因为客户端程序的端口和地址在使用时由系统进行指定。

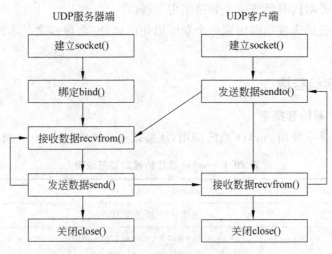

图 10.3　UDP 程序设计流程

10.2　套　接　字

在前面的章节中,介绍了几种常见的进程间通信方式:管道、共享内存、消息队列等,但是这些方式都是依靠一台计算机系统的共享资源实现,这些资源可以是文件系统空间、共享的物理内存或消息队列等,但只有运行在同一台及其上的进程才能使用它们。如果想要跨机器通信,在网络上传递数据,就要通过套接字(socket)来实现。

10.2.1　套接字概述

套接字是一种通信机制,凭借这种机制,客户端/服务器系统的开发工作既可以在本地单机上进行,也可以跨机器进行。Linux 所提供的连接数据库、Web 页面、用于远程登录的 rlogin 等通常都是通过套接字进行通信的。

常用的套接字有三种类型:

(1) 流式套接字(SOCK_STREAM):提供了一个可靠的、面向连接的数据传输服务,数据无差错、无重复的发送且按发送顺序接收。

(2) 数据报套接字(SOCK_DGRAM):提供了一种无连接的服务,数据通过相互独立的报文进行传输,是无序的,并且不保证可靠,无差错。

(3) 原始套接字(SOCK_RAW):主要用于一些协议的开发,可以进行比较底层的操作。

套接字用于描述 IP 地址和端口,是一种特殊的 I/O,应用程序通常通过套接字向网络发出请求或接受应答,套接字完美地屏蔽了网络底层的细节,用户只需要使用不同的参数就可以实现在不同的网络协议上收发数据。一个典型的客户端/服务器场景中,应用程序使用套接字进行通信的方式如下:

客户端和服务器同时创建一个套接字用于通信。

服务器将自己的套接字绑定到一个众所周知的地址(名称),之后客户端连接它完成通信。

10.2.2 套接字编程接口

1. 创建一个新的套接字

创建新的套接字使用 socket 系统调用,该接口规范说明如表 10.1 所示。

表 10.1 socket 函数的接口规范说明

函数名称	socket
函数功能	创建一个新的套接字
头文件	#include <sys/types.h> #include <sys/socket.h>
函数原型	int socket(int domain, int type, int protocol);
参数	domain:套接字的通信域 type:指定套接字的类型 protocol:与该套接字一起使用的特定协议
返回值	0:成功 -1:失败

domain:又称为协议族(family)。常用的协议族有 AF_INET、AF_INET6、AF_LOCAL(或称 AF_UNIX,UNIX 域套接字)、AF_ROUTE 等。协议族决定了套接字的地址类型,在通信中必须采用对应的地址,如 AF_INET 决定了要用 IPv4 地址(32 位)与端口号(16 位)的组合、AF_UNIX 决定了要用一个绝对路径名作为地址。

type:指定套接字类型。常用的套接字类型有 SOCK_STREAM、SOCK_DGRAM、SOCK_RAW、SOCK_PACKET、SOCK_SEQPACKET 等。

protocol:用于指定协议。常用的协议有 IPPROTO_TCP、IPPTOTO_UDP、IPPROTO_SCTP、IPPROTO_TIPC 等,它们分别对应 TCP 传输协议、UDP 传输协议、STCP 传输协议、TIPC 传输协议。

2. 绑定地址

使用 bind 系统调用将一个套接字绑定到本地客户端的一个地址上,使得客户端可以连接,该接口规范说明如表 10.2 所示。

表 10.2 bind 函数的接口规范说明

函数名称	bind
函数功能	将一个套接字绑定到一个地址上,使得客户端可以连接
头文件	#include <sys/socket.h>
函数原型	int bind(int sockfd, const struct sockaddr * addr, socklen_t addrlen);
参数	sockfd：上一个 socket() 系统调用中获得的文件描述符 addr：指向包含绑定地址的结构的指针 addrlen：地址结构的大小
返回值	0：成功 —1：失败

bind 系统调用成功时返回 0,否则返回 —1,并将 error 变量设置为表 10.3 中的值。

表 10.3 bind 系统调用返回的错误代码

代 码	说 明
EBADF	文件描述符无效
ENOTSOCK	文件描述符代表的不是一个套接字
EINVAL	文件描述符是一个已经命名的套接字
EADDRNOTAVAIL	地址不可用
EADDRINUSE	地址已经绑定了一个套接字

3. 监听请求

listen 系统调用监听来自客户端的套接字的连接请求,该接口规范说明如表 10.4 所示。

表 10.4 listen 函数的接口规范说明

函数名称	listen
函数功能	在一个监听 socket 上接受一个连接,并返回对等的 socket 地址
头文件	#include <sys/socket.h>
函数原型	int listen(int sockfd, int backlog);
参数	sockfd：套接字系统调用中获得的文件描述符 backlog：sockfd 挂起的已连接队列可以增长的最大长度
返回值	0：成功 —1：失败

listen 系统调用成功时返回 0,否则返回 —1,它的错误代码包括 EBADF、ENOTSOCK、EINVAL,它们的含义和 bind 系统调用的错误代码相同。

4. 接受连接

服务器上的应用程序创建好命名套接字之后,就可以使用 accept 系统调用来建立客户端程序对该套接字的连接,该接口规范说明如表 10.5 所示。

表 10.5 accept 函数的接口规范说明

函数名称	accept
函数功能	允许一个套接字接收来自其他套接字的接入连接
头文件	#include <sys/socket.h>
函数原型	int accept(int sockfd, struct sockaddr * addr, socklen_t * addrlen);
参数	sockfd:socket()系统调用中获得的文件描述符 addr:指向保存连接对端的地址,即客户端的地址 addrlen:指定地址结构的大小
返回值	0:成功 -1:失败

accept 系统调用等待有客户程序试图连接由套接字参数指定的套接字时才返回,该客户程序就是套接字队列排在第一位的连接。

5. 建立客户端连接

当客户想要连接到服务器上时,它会尝试在一个未命名套接字和服务器的监听套接字之间建立一个连接,connect 系统调用用于客户端建立连接,发起三次握手过程,该接口规范说明如表 10.6 所示。

表 10.6 connect 函数的接口规范说明

函数名称	connect
函数功能	建立与另一个套接字之间的连接
头文件	#include <sys/socket.h>
函数原型	int connect(int sockfd, const struct sockaddr * addr, socklen_t addrlen);
参数	sockfd:socket 系统调用中获得的文件描述符 addr:指向的是服务器的地址 addrlen:指定地址结构的大小
返回值	0:成功 -1:失败

connect 系统调用成功时返回 0,否则返回-1,并将 error 变量设置为表 10.7 中的值。

表 10.7 connect 系统调用返回的错误代码

代码	说明
EBADF	文件描述符无效
EALREADY	套接字上已经有了一个正在使用的连接
ETIMEDOUT	连接超时
ECONNREFUSED	连接请求被服务器拒绝

如果连接不能立刻建立起来，connect 系统调用会阻塞一段不确定的倒计时时间，这段倒计时时间结束后这次连接就会失败。如果 connect 系统调用时被一个信号中断，而这个信号又得到了处理，connect 还是会失败，但这次连接尝试是成功的，它会以异步方式继续尝试。

10.2.3 套接字通信流程

在 10.2.2 节中，描述了套接字编程的系统调用接口，本节以这些接口为例，描述套接字的通信流程，也就是如何利用这些系统调用完成一个跨机器通信的程序。

利用套接字进行通信的进程使用的是客户端/服务器模式。服务器用来提供服务，客户端可以使用服务器提供的服务，就好像一个提供 Web 页服务的服务器和一个读取并浏览 Web 页的浏览器。

使用套接字进行通信时，首先建立服务器连接，一个典型的服务端程序建立流程如下：

(1) 使用 socket 系统调用创建一个套接字用于通信。
(2) 使用 bind 系统调用将上一步已经创建的套接字绑定到一个众所周知的地址上。
(3) 使用 listen 系统调用允许套接字开始接收其他套接字的连接。
(4) 使用 accept 系统调用接收一个套接字连接，并返回本地一个文件描述符，该描述符后续用于和客户端套接字进行通信。
(5) 使用 read 和 write 系统调用和客户端交换数据。
(6) 通信结束之后使用 close 系统调用关闭套接字。

接着是客户端的流程，和服务端相比，客户端的流程相对简单，获取服务端的地址之后，主动连接即可：

(1) 使用 socket 系统调用创建一个套接字用于通信。
(2) 使用 connect 系统调用连接已经启动的服务端，connect 系统调用使用的地址填写服务端的地址。
(3) 使用 read 和 write 系统调用和客户端交换数据。
(4) 通信结束之后使用 close 系统调用关闭套接字。

套接字通信流程如图 10.4 所示。

示例程序 10.1 是上述过程的示例代码，一个关于"hello world"的程序，客户端连接服务器之后发送"hello world"，服务端收到之后显示，然后再次将"hello world"返回给客户端，客户端收到之后显示，之后调用 close 系统调用关闭套接字。

```
[示例 10.1-1 exp_socket_server.c]
#include<stdlib.h>
#include<stdio.h>
#include<string.h>
#include<unistd.h>
#include<sys/types.h>
#include<sys/socket.h>
```

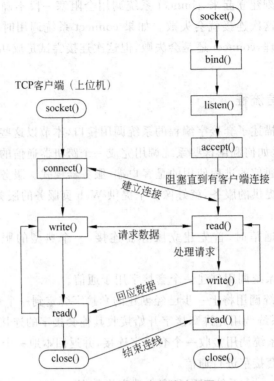

图 10.4 套接字通信流程图

```
#include<netinet/in.h>
#include<arpa/inet.h>

#define BACKLOG 1
#define MAXRECVLEN 1024

int main(int argc, char * argv[])
{
    char buf[MAXRECVLEN];
    int listenfd, connectfd;                    //套接字
    struct sockaddr_in server;                  //服务端地址信息
    struct sockaddr_in client;                  //客户端地址信息
    socklen_t addrlen;

    //将 IP 和 PORT 保存
    char * ip=argv[1];
    int port=atoi(argv[2]);
    if (argc!=3)
    {
        printf("argument error, please input ip and port\n");
        exit(1);
```

```c
    }
    //创建套接字
    if ((listenfd=socket(AF_INET, SOCK_STREAM, 0))==-1)
    {
        perror("socket() error. Failed to initiate a socket");
        exit(1);
    }
    bzero(&server, sizeof(server));
    server.sin_family=AF_INET;
    server.sin_port=htons(port);
    inet_pton(AF_INET, ip, &server.sin_addr);
    //将地址和套接字绑定
    if (bind(listenfd, (struct sockaddr *) &server, sizeof(server))==-1)
    {
        perror("Bind() error.");
        exit(1);
    }
    //开始监听连接
    if (listen(listenfd, BACKLOG)==-1)
    {
        perror("listen() error. \n");
        exit(1);
    }
    //接收连接
    addrlen=sizeof(client);
    if ((connectfd=accept(listenfd, (struct sockaddr *) &client,
            &addrlen))==-1)
    {
        perror("accept() error. \n");
        exit(1);
    }
    bzero(buf, MAXRECVLEN);
    int ret=recv(connectfd, buf, MAXRECVLEN, 0);
    if (ret>0)
        printf("%s", buf);
    else
        close(connectfd);
    send(connectfd, buf, ret, 0);              //回复客户端消息
    close(listenfd);                            //关闭套接字
    return 0;
}
```

[示例 10.1-2 exp_socket_client.c]
```c
#include<stdio.h>
#include<stdlib.h>
```

```c
#include<unistd.h>
#include<string.h>
#include<strings.h>
#include<sys/types.h>
#include<sys/socket.h>
#include<netinet/in.h>
#include<arpa/inet.h>

#define MAXDATASIZE 100

int main(int argc, char * argv[])
{
    int sockfd;                                 //套接字
    int num;                                    //接受发送数据的大小
    char buf[MAXDATASIZE];                      //缓冲区
    struct sockaddr_in server;                  //存储 ip 和端口的结构体

    char * ip=argv[1];
    int port=atoi(argv[2]);

    if (argc!=3)
    {
        printf("argument error, please input ip and port\n");
        exit(1);
    }

    //创建 socket
    if ((sockfd=socket(AF_INET, SOCK_STREAM, 0)) ==-1)
    {
        printf("socket() error\n");
        exit(1);
    }

    bzero(&server, sizeof(server));
    server.sin_family=AF_INET;
    server.sin_port=htons(port);
    inet_pton(AF_INET, ip, &server.sin_addr);

    //连接服务器地址
    if (connect(sockfd, (struct sockaddr * ) &server, sizeof(server))==-1)
    {
        printf("connect() error\n");
        exit(1);
    }
```

```
char * str="hello world\n";
//发送数据
if ((num=send(sockfd, str, strlen(str), 0))==-1)
{
    printf("send() error\n");
    exit(1);
}
if ((num=recv(sockfd, buf, MAXDATASIZE, 0))==-1)
{
    printf("recv() error\n");
    exit(1);
}
buf[num -1] = '\0';
printf("recv message: %s\n", buf);
close(sockfd);
return 0;
}
```

编译程序程序后运行,结果如下:

```
root@ubuntu:~# gcc exp_socket_server.c -o server    //编译服务端程序
root@ubuntu:~# gcc exp_socket_client.c -o client    //编译客户端程序
root@ubuntu:~# ./server 127.0.0.1 8888              //运行服务端程序
root@ubuntu:~# ./client 127.0.0.1 8888              //运行客户端程序
```

服务端的输出结果如下:

>hello world

客户端的输出结果如下:

>recv message: hello world

从运行结果可以看出,示例程序 10.1 中服务端和客户端均输出了"hello world",程序运行正确。

10.3 套接字基础

10.3.1 套接字地址结构

大多数套接字函数都需要一个指向套接字地址结构的指针作为参数,例如系统调用 bind 的第二个参数,指向一个名为 sockaddr 的结构体。在介绍 sockaddr 之前,首先来看 sockaddr_in 结构体,可以看到前面的示例程序中使用的也是 sockaddr_in 结构体,它们的关系本节最后解释。sockaddr_in 结构体如下所示(展示的是 IP 套接字地址,可以执行 Shell 命令,使用 man 7 ip 命令查看):

```
struct sockaddr_in
{
    sa_family_t    sin_family;                //地址协议
    in_port_t      sin_port;                  //网络字节序的端口
    struct in_addr sin_addr;                  //网络地址
};
```

- sin_family 表示使用的网络协议，IP 套接字中必须设置为 AF_INET，sa_family_t 类型是任意无符号整数类型。
- sin_port 表示端口号，需要注意的是网络字节序，为大端字节序。in_port_t 是一个至少为 16 位的无符号整数。
- sin_addr 表示网络地址，它是一个名为 in_addr 的结构体类型，实际上地址被转换成了 uint32_t 类型存储。

```
struct in_addr
{
    uint32_t       s_addr;                    //网络字节序的地址
};
```

当作为一个参数传递进任意一个套接字函数时，套接字地址结构总是以指针形式来传递，然而以这样的指针作为参数之一的所有套接字函数都必须处理来自所支持的任何协议族的套接字地址结构。为了表示兼容，就定义了 sockaddr 结构体来表示一个通用结构，它的结构如下所示：

```
struct sockaddr
{
    uint8_t sa_len;
    sa_family_t sa_family;
    char sa_data[14];                         //将 ip 和 port 表示在一起
}
```

使用时需要将 sockaddr_in 强制类型转换成 sockaddr 类型，例如可以使用下面的方式调用 bind 函数：

```
bind(listenfd, (struct sockaddr *) & 服务器, sizeof(服务器));
```

因此，sockaddr 和 sockaddr_in 的关系是：sockaddr 是通用的标准定义，而 sockaddr_in 是 IP 协议实现的，通常需要将 sockaddr_in 转换成 sockaddr 传递给某些网络编程的函数。

使用这个地址结构要注意：
- 结构 sockaddr_in 中的 TCP 或 UDP 端口号都是以网络字节顺序存储的。
- 32 位的 IP 地址可以用两种不同的方法引用。例如，假设定义变量 server addr 为 Internet 套接字地址结构，那么可以用 server addr. sin_addr 或 server addr. sin_addr. s_addr 来引用这个 IP 地址，需要注意的是前一种引用是结构类型（struct in_addr）的数据，而后一种引用是整数类型（unsigned long）的数据。

- 当将 IP 地址作为函数参数使用时,需要明确使用哪种类型的数据,因为编译器对结构类型参数和整数类型参数的处理方式不一样。
- in_zero 成员未被使用,它是为了和通用套接字地址(struct sockaddr)保持一致而引入的。在编程时,一般将它设置为 0。通常的做法是在填充结构 sockaddr_in 的内容之前将整个结构变量清零。
- 套接字地址结构仅供本机 TCP 协议记录套接字信息而用,这个结构变量本身是不在网络上传输的。但是它的某些内容,如 IP 址和端口号是在网络上传输的,这也是为什么这两部分数据需要转换成网络字节顺序的原因。

10.3.2 字节顺序

在 10.3.1 节中,sockaddr_in 结构体中对于端口号的定义采用的是网络字节序,那么什么是字节序,以及它在套接字编程中起什么作用?

例如,有一个 2 字节整数 0x1234,内存中存储这两个字节有两种方法:一种是将低序字节存储在起始地址,称为小端(little-endian)字节序,另一种是将高序字节存储在起始地址,称为大端(big-endian)字节序。字节序如图 10.5 所示。

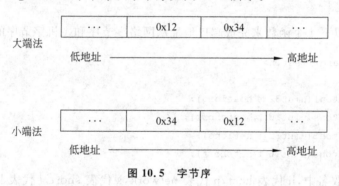

图 10.5 字节序

在图 10.5 中,标明内存地址增长方向从左向右。对于 0x1234 来说,0x34 是低字节,0x12 是高字节,也就是大端模式下,高字节存储在低位地址,即起始地址,而小端模式下,高字节存储在高位地址。

示例程序 10.2 演示了如何判断自己的主机是大端字节序还是小端字节序。

[示例程序 10.2 exp_order.c]
```c
#include<stdio.h>

int main(int argc, char * argv[])
{
    short a=0x1234;
    char * b=(char *)&a;           //将 a 的首地址强制类型转换为 char *
    if(*b==0x12)
        printf("Big Endian\n");
    else
        printf("Little Endian\n");
```

```
        return 0;
}
```

编译后运行，得到程序的运行结果如下：

```
root@ubuntu:~# ./exp_order
Little Endian
```

从程序运行结果可以得知，测试主机的字节序为小端字节序。

10.3.3 字节处理函数

不同 CPU 保存和解析数据的方式不同（主流的 Intel 系列 CPU 为小端字节序）。显然小端字节序系统和大端字节序系统通信时会发生数据解析错误，因此在网络编程中，发送数据前要将数据转换为统一的格式——网络字节序（Network Byte Order），网络字节序统一为大端字节序。

例如，在一个 TCP 分节中，有一个 16 位端口号和一个 32 位的 IPv4 地址，发送协议栈和接收协议栈必须对此多字节字段的传送字节序进行协调，以达成一致，否则路由可能出现问题。

通常使用以下 4 个函数来完成端口地址从网络字节序和主机字节序的互相转化：

```
#include<arpa/inet.h>

uint32_t htonl(uint32_t hostlong);
uint16_t htons(uint16_t hostshort);
uint32_t ntohl(uint32_t netlong);
uint16_t ntohs(uint16_t netshort);
```

在这些函数名中，h 代表 host，n 代表 network，s 代表 short，l 代表 long。使用这些函数时，不需要关心主机字节序和网络字节序的真实值（大端字节序或者小端字节序），只需调用适当的函数在主机和网络字节序之间转换某个给定值。

除以上转换端口的函数外，还需要将字符串转换成网络字节序，完成点分十进制 IP 地址与二进制 IP 地址之间的相互转换，这时需要使用以下函数：

```
#include<sys/socket.h>
#include<netinet/in.h>
#include<arpa/inet.h>

int inet_aton(const char * cp, struct in_addr * inp);
char * inet_ntoa(struct in_addr in);
```

inet_aton 函数将第一个参数 cp 指向的字符串转换成一个 32 位的网络字节序二进制值，并且通过第二个参数指针 inp 来保存。

inet_ntoa 函数将一个 32 位的网络字节序二进制 IPv4 地址转换成相应的十进制数串。由该函数的返回值所指向的字符串驻留在静态内存中。

10.4 套接字编程

10.4.1 基于TCP协议的网络通信

send 和 recv 这两个函数用于在面向连接的套接字上进行传输。

1. 发送数据

面向连接的 TCP 发送数据时使用 send 函数,该函数接口规范说明如表 10.8 所示。

表 10.8 send 函数的接口规范说明

函数名称	send
函数功能	向 TCP 连接的另一端发送数据
头文件	#include <sys/types.h> #include <sys/socket.h>
函数原型	int send(int sockfd, const void * buf, size_t len, int flags);
参数	sockfd:指定发送端套接字描述符 buf:指向发送数据的指针 len:数据的长度 flags:一般置 0
返回值	实际发送的字节数:成功 -1:失败

注意:在 UNIX 系统下,如果 send 函数在等待协议传送数据时网络断开的话,调用 send 的进程会接收到一个 SIGPIPE 信号,进程对该信号的默认处理是进程终止。

2. 接收数据

面向连接的 TCP 接收数据时使用 recv 函数,该函数的接口规范说明如表 10.9 所示。

表 10.9 recv 函数的接口规范说明

函数名称	recv
函数功能	从 TCP 连接的另一端接收数据
头文件	#include <sys/types.h> #include <sys/socket.h>
函数原型	int recv(int sockfd, void * buf, size_t len, int flags);
参数	sockfd:指定发送端套接字描述符 buf:要读取信息的缓冲 len:缓冲的最大长度 flags:一般置 0
返回值	实际读入缓冲区的字节数:成功 -1:失败

示例程序 10.3 基于 TCP 网络通信实现,程序分为服务端和客户端两部分,客户端连接服务器后从标准输入读取输入的字符,发送给服务器,服务器接收到字符串后,又重新

发送给客户端,客户端将消息打印到标准输出。

[示例程序 10.3-1 exp_tcp_server.c]

```c
#include<sys/types.h>
#include<sys/socket.h>
#include<netinet/in.h>
#include<arpa/inet.h>
#include<unistd.h>
#include<stdlib.h>
#include<stdio.h>
#include<string.h>
#include<netdb.h>
#include<errno.h>

#define PORT   2345
#define MAXSIZE 1024

int main(int argc, char * argv[])
{
    int sockfd, newsockfd;

    struct sockaddr_in server_addr;          //定义服务端套接口数据结构
    struct sockaddr_in client_addr;          //定义客户端套接口数据结构
    int sin_zise, portnumber;
    char buf[MAXSIZE];                        //发送数据缓冲区

    int addr_len=sizeof(struct sockaddr_in);
    if ((sockfd=socket(AF_INET, SOCK_STREAM, 0)) < 0)
    {
        fprintf(stderr, "create socket failed\n");
        exit(EXIT_FAILURE);
    }
    puts("create socket success");
printf("sockfd is %d\n", sockfd);

    //清空表示地址的结构体变量
    bzero(&server_addr,  sizeof(struct sockaddr_in));
    //设置 addr 的成员变量信息
    server_addr.sin_family=AF_INET;
    server_addr.sin_port=htons(PORT);
    //设置 ip 为本机 IP
    server_addr.sin_addr.s_addr=htonl(INADDR_ANY);
```

```c
    if (bind(sockfd, (struct sockaddr *)(&server_addr),
            sizeof(struct sockaddr)) < 0)
    {
        fprintf(stderr, "bind failed \n");
        exit(EXIT_FAILURE);
    }

    puts("bind success\n");

    if (listen(sockfd, 10) < 0)
    {
        perror("listen fail\n");
        exit(EXIT_FAILURE);
    }

    puts("listen success\n");

    int  sin_size=sizeof(struct sockaddr_in);
    printf("sin_size is %d\n", sin_size);
    if ((newsockfd=accept(sockfd, (struct sockaddr *)(&client_addr),
            &sin_size)) < 0)
    {
        perror("accept error");
        exit(EXIT_FAILURE);
    }

    printf("accepted a new connection\n");
    printf("new socket id is %d\n", newsockfd);
    printf("Accept client ip is %s\n", inet_ntoa(client_addr.sin_addr));
    printf("Connect successful please input message\n");

    char sendbuf[1024];
    char mybuf[1024];

    while (1)
    {
        int len=recv(newsockfd, buf, sizeof(buf), 0);
        if (strcmp(buf, "exit\n")==0)
            break;
        fputs(buf, stdout);
        send(newsockfd, buf, len, 0);
        memset(sendbuf, 0 ,sizeof(sendbuf));
        memset(buf, 0, sizeof(buf));
```

```c
    }
    close(newsockfd);
    close(sockfd);
    puts("exit success");
    exit(EXIT_SUCCESS);
    return 0;
}
```

[示例程序 10.3-2 exp_tcp_client.c]

```c
#include<stdio.h>
#include<unistd.h>
#include<stdlib.h>
#include<sys/types.h>
#include<sys/socket.h>
#include<netinet/in.h>
#include<netdb.h>
#include<string.h>
#include<errno.h>

#define PORT 2345

int count=1;

int main()
{
    int sockfd;
    char buffer[2014];
    struct sockaddr_in server_addr;
    struct hostent *host;
    int nbytes;
    if ((sockfd=socket(AF_INET, SOCK_STREAM, 0))==-1)
    {
        fprintf(stderr, "Socket Error is %s\n", strerror(errno));
        exit(EXIT_FAILURE);
    }
    bzero(&server_addr, sizeof(server_addr));
    server_addr.sin_family =AF_INET;
    server_addr.sin_port =htons(PORT);
    server_addr.sin_addr.s_addr =htonl(INADDR_ANY);
    //客户端发出请求

    if (connect(sockfd, (struct sockaddr *)(&server_addr),
```

```c
            sizeof(struct sockaddr)) ==-1)
    {
        fprintf(stderr, "Connect failed\n");
        exit(EXIT_FAILURE);
    }

    char sendbuf[1024];
    char recvbuf[2014];

    while (1)
    {
        fgets(sendbuf, sizeof(sendbuf), stdin);
        send(sockfd, sendbuf, strlen(sendbuf), 0);
        if (strcmp(sendbuf, "exit\n") ==0)
            break;
        recv(sockfd, recvbuf, sizeof(recvbuf), 0);
        fputs(recvbuf, stdout);
        memset(sendbuf, 0, sizeof(sendbuf));
        memset(recvbuf, 0, sizeof(recvbuf));
    }

    close(sockfd);
    exit(EXIT_SUCCESS);
    return 0;
}
```

编译后运行，得到程序的运行结果如下：

客户端：
root@ubuntu:~#gcc exp_tcp_client.c -o client   //编译客户端程序
root@ubuntu:~#./client
Hello,Linux!(输入)
Hello,Linux!
服务端：
root@ubuntu:~#gcc exp_tcp_server.c -o server   //编译服务器端程序
root@ubuntu:~#./server
create socket success
sockfd is 3
bind success
listen success
sin_size is 16
accepted a new connection
new socket id is 4
Accept client ip is 127.0.0.1
Hello,Linux!

10.4.2 基于 UDP 协议的网络通信

sendto 和 recvfrom 函数用于在无连接的数据包套接字方式下进行数据的传输。由于本地套接字没有与远程机器建立连接,因此在发送数据时应指明目的地址。

1. 发送数据

面向无连接的 UDP 发送数据时使用 sendto 函数,该函数的接口规范说明如表 10.10 所示。

表 10.10 sendto 函数的接口规范说明

函数名称	sendto
函数功能	向 UDP 连接的另一端发送数据
头文件	#include <sys/types.h> #include <sys/socket.h>
函数原型	int sendto(int sockfd, const void * buf, int len, int flags, const struct sockaddr * dest_addr, socklen_t addrlen);
参数	sockfd:指定发送端套接字描述符 buf:指向发送数据的指针 len:数据的长度 flags:一般置 0 dest_addr:struct sockaddr 类型变量目的机的 IP 地址和端口号信息 addrlen:内存区的地址长度,一般为 sizeof(struct sockaddr_in)
返回值	实际发送的字节数:成功 —1:失败

2. 接收数据

面向无连接的 UDP 接收数据时使用 recvfrom() 函数,该函数的接口规范说明如表 10.11 所示。

表 10.11 recvfrom 函数的接口规范说明

函数名称	recvfrom
函数功能	从 UDP 连接的另一端接收数据
头文件	#include <sys/types.h> #include <sys/socket.h>
函数原型	int recvfrom(int sockfd, void * buf, int len, int flags, struct sockaddr * src_addr, socklen_t * addrlen);
参数	sockfd:指定接收端套接字描述符 buf:要读取信息的缓冲 len:缓冲的最大长度 flags:一般置 0 src_addr:struct sockaddr 类型的变量,保存源机的 IP 地址和端口号 addrlen:实际存取 src_addr 的数据字节数
返回值	实际发送的字节数:成功 —1:失败

示例程序 10.4 基于 UDP 网络通信实现，程序分为服务端和客户端。客户端连接从标准输入读取输入的字符，发送给服务器，服务器接收到字符串后，又重新发送给客户端，客户端将消息打印到标准输出。

[示例程序 10.4-1 exp_udp_server.c]

```c
#include<sys/types.h>
#include<sys/socket.h>
#include<netinet/in.h>
#include<arpa/inet.h>
#include<unistd.h>
#include<stdlib.h>
#include<stdio.h>
#include<string.h>
#include<netdb.h>
#include<errno.h>

#define PORT 8888
#define MAX_MSG_SIZE 1024

int main(void)
{
    int sockfd, addrlen, n;
    struct sockaddr_in addr;
    char msg[MAX_MSG_SIZE];
    sockfd=socket(AF_INET, SOCK_DGRAM, 0);
    if (sockfd <0)
    {
        fprintf(stderr, "socket failed\n");
        exit(EXIT_FAILURE);
    }
    addrlen=sizeof(struct sockaddr_in);
    bzero(&addr, addrlen);
    addr.sin_family=AF_INET;
    addr.sin_addr.s_addr=htonl(INADDR_ANY);
    addr.sin_port=htons(PORT);
    if (bind(sockfd, (struct sockaddr *)(&addr), addrlen) <0)
    {
        fprintf(stderr, "bind fail\n");
        exit(EXIT_FAILURE);
    }
    puts("bind success");
    while (1)
    {
        bzero(msg, MAX_MSG_SIZE);
```

```c
            n=recvfrom(sockfd, msg, sizeof(msg), 0, (struct sockaddr *)(&addr),
                    &addrlen);
        fprintf(stdout, "Recevie message from client is %s\n", msg);
        sendto(sockfd, msg, n, 0,(struct sockaddr *)(&addr), addrlen);
    }
    close(sockfd);
    exit(EXIT_SUCCESS);
}
```

[示例程序 10.4-2 exp_udp_client.c]

```c
#include<stdio.h>
#include<unistd.h>
#include<stdlib.h>
#include<sys/types.h>
#include<sys/socket.h>
#include<netinet/in.h>
#include<string.h>

#define MAX_BUF_SIZE 1024
#define PORT 8888

int main()
{
    int sockfd, addrlen, n;
    char buffer[MAX_BUF_SIZE];
    struct sockaddr_in addr;
    sockfd=socket(AF_INET, SOCK_DGRAM, 0);

    if (sockfd <0)
    {
        fprintf(stderr, "socket falied\n");
        exit(EXIT_FAILURE);
    }

    addrlen=sizeof(struct sockaddr_in);
    bzero(&addr, addrlen);
    addr.sin_family=AF_INET;
    addr.sin_port=htons(PORT);
    addr.sin_addr.s_addr=htonl(INADDR_ANY);

    puts("socket success");
    while(1)
    {
        bzero(buffer, MAX_BUF_SIZE);
```

```
            fgets(buffer, MAX_BUF_SIZE, stdin);
            sendto(sockfd, buffer, strlen(buffer), 0, (struct sockaddr *)(&addr),
                   addrlen);
            printf("client send msg is %s\n", buffer);
            n=recvfrom(sockfd, buffer, strlen(buffer), 0,
                       (struct sockaddr *)(&addr), &addrlen);
            fprintf(stdout, "client Receive message from server is %s\n", buffer);
        }
        close(sockfd);
        exit(0);
        return 0;
}
```

编译后运行,得到程序的运行结果如下:

客户端:
root@ubuntu:~#gcc exp_udp_client.c -o client   //编译客户端程序
root@ubuntu:~#./client
socket success
Hello,Linux!
client send msg is wxy@linux
client Receive message from server is   Hello,Linux!

服务端:
root@ubuntu:~#gcc exp_tcp_server.c -o server   //编译服务器端程序
root@ubuntu:~#./server
Bind success
Receive message from client is   Hello,Linux!

10.5 小　　结

Linux 操作系统之所以能广泛应用的一个主要原因是其卓越的网络应用,网络编程是 Linux 应用一个很重要的方面。本章介绍了 TCP、UDP 网络编程的基础知识,首先对 TCP/IP 参考模型各层的功能进行了阐述,接着对 socket、bind、listen、accept、connect 等系统调用以及字节序处理等其他套接字操作函数一一进行了详细介绍,其中服务器的程序设计需要依次调用 socket、bind、listen、accept、close 函数,客户端程序设计依次调用 socket、connect、close 函数。最后通过两个示例对 TCP、UDP 网络编程的流程进行了验证,向读者展示了简单的网络编程应用。

习　　题

一、填空题

1. 整数 0x3721 在小端字节序方式下,按地址从低到高,内存中存放的是＿＿＿＿＿＿。

2. TCP/IP 协议参考模型共分为四层，分别是_____、_____、_____、_____。

3. _____套接字定义了一中可靠的面向连接的服务，实现了无差错无重复的顺序数据传输。_____套接字顶一个一种无连接的服务，数据通过相互独立的报文进行传输。

4. FTP 属于_____层协议，TCP 属于_____层协议。

5. 要在数据报套接字上发送和接收数据，需要使用_____和_____函数。

二、编程题

1. 编写一个客户端程序，使它能够连接到一个 Web 服务器，请求一个文档，然后显示结果。

2. 编写一个套接字程序，要求服务器等待客户的连接请求，一旦有客户连接，服务器打印出客户端的 IP 地址和端口，并向服务器发送欢迎信息。

3. 编写一个基于 TCP 协议的网络通信程序，要求服务器通过套接字连接后，要求输入用户名，判断用户名正确后，向客户端发送连接正确的字符串，在服务器显示客户端的 IP 地址和端口。

附录

实　验

实验 1　Linux 基础知识

Linux 为用户提供了丰富的字符接口，即 Shell 命令。对普通用户来讲，熟悉常用的 Shell 命令可以更为方便地使用 Linux 系统；对程序员来说，经常会使用 Shell 命令所提供的工具以及性能检测工具辅助程序的编写和运行，Linux Shell 命令是编程的基础。

一、实验目的

1. 熟悉 Linux 环境。
2. 掌握 Linux Shell 的常用命令。

二、实验内容

1. 通过 Shell 命令查看 Linux 系统的商业版本和内核版本，列出"/"目录下第一级目录及文件的名称并大致说明这些目录和文件的作用。

2. 通过 Shell 命令查看网络的当前配置信息，并写出网址、掩码、网关、DNS 的配置信息，以及当前网络接收数据包和发送数据包的情况。

3. 通过 Shell 命令检测网络当前是否连通，并写出检测结果。

4. 通过 Shell 命令显示当前用户的工作目录。

5. 通过 Shell 命令从当前目录跳转到指定目录"/usr/include"下，并查看目录下所有文件及目录的详细信息。描述 math.h 文件的大小、创建日期、创建者及使用权限。

6. 查看/etc/passwd 文件的内容。

7. 通过 man 命令了解 top、iostat、sar、free、ps 命令的使用方法，并写出命令的功能、选项或参数含义。

8. 使用 top、iostat、sar、free、ps 命令查看系统性能，并写出运行结果及含义。

实验 2　C 程序开发工具

Linux 下的高级编程需要熟悉编辑、编译和调试程序的工具，vim、gcc 和 gdb 分别是 Linux 下使用非常广泛的编辑、编译和调试程序工具，掌握 vim、gcc 和 gdb 的使用是 Linux 下高级编程的基础。当编写的是一个项目，包含文件较多时，make 工具支持多文件的复杂编译，通过执行 Makefile 文件可以实现复杂项目的编译工作，并提高编译的效率。

一、实验目的

1. 掌握 vim 的使用。
2. 掌握 gcc 的使用。
3. 掌握 gdb 中设置断点以及观察程序中变量值的方法。
4. 掌握基本的 Makefile 文件编写规则,使用 make 工具实现多文件的编译。

二、实验内容

1. vim 的练习。

(1) 请在"/tmp"这个目录下新建一个名为 vimtest 的目录。
(2) 进入 vimtest 这个目录当中。
(3) 将"/etc/passwd"复制到当前目录下。
(4) 使用 vim 打开当前目录下的"/etc/passwd"文件。
(5) 在 vim 中设置行号。
(6) 移动到第 10 行,向右移动 5 个字符,请问你看到的内容是什么?
(7) 移动到第 1 行,并且向下查找"sys"字符串,请问它在第几行?
(8) 接下来,将 1 到 5 行间的":"改为"#",并且逐个挑选是否需要修改,如何执行命令?如果在挑选过程中一直按"y",结果会在最后一行出现改变几个":"呢?
(9) 修改完之后,要全部复原,有哪些办法?
(10) 复制 5~10 这 6 行的内容,并且粘贴到最后一行之后。
(11) 将这个文件另存为 passwdtest。
(12) 删除第 8 行的前 15 个字符,结果出现的第一个字符是什么?
(13) 在第 1 行新增一行,该行内容为"I am a student。"
(14) 保存后退出。

2. 编写一求 n 阶乘的 C 语言文件,使用 gcc 工具编译该源程序并运行。

3. 对第 2 题中求 n 阶乘文件设置断点,使用 gdb 工具观察该程序的递归调用过程,并观察 n 的值。

4. 编写一个 C 语言项目,其源代码中包含有两个头文件和三个 C 语言源文件,要求用户编写 Makefile 脚本,将这些文件共同编译为可执行程序。

实验 3 文件 I/O 操作

信息对大多数操作系统来讲,是以文件形式存放的,绝大多数用户接触系统,首先也是从访问文件开始,因此熟悉 Linux 中对文件的常用操作方法是 Linux 高级编程的一个重要内容。

一、实验目的

1. 熟悉常用的文件操作函数 open、close、read、write 和 lseek 等的使用。
2. 熟悉对文件各种属性值的访问及文件目录的遍历的方法。

二、实验内容

1. 编写一个复制文件的程序,可以将 Linux 系统中任意路径下的指定文件或目录复制到目的路径下。

2. 参考 3.6 节完成一个简化版的 Linux Shell 命令 ls，ls 支持-a、-l、-R 选项。-a 功能表示列出全部文件，连同隐藏文件(开头为.的文件)；-l 功能表示列出文件的长格式信息，包括文件的类型和访问权限、文件的链接数、文件所有者、文件所有者所属的组、文件大小、文件创建时间等；-R 功能表递归地列出目录中所有的文件包含子目录中的文件。

实验 4　进程管理及守护进程

进程是操作系统中最重要的概念，程序是指令、数据及其组织形式的描述，进程是程序的实例。掌握进程的控制是 Linux 环境下编程不可或缺的基本要求。

一、实验目的
1. 掌握常用的进程控制命令，如 ps、pstree、top 等。
2. 掌握进程管理过程中的常用系统调用，包括 fork、eXec 族、exit、wait 等函数。
3. 熟悉 kill 命令、system 函数等与进程相关的命令或函数。
4. 掌握僵尸进程和孤儿进程产生的原因，能画出程序所产生的进程结构树。
5. 掌握守护进程的编写要点，能够仿写出守护进程。

二、实验内容
1. 在 Shell 环境下使用进程常用命令：ps、pstree、top、at、kill 等，记录命令的运行结果。

2. 编写一个程序，在主进程中创建一个子进程，子进程输出"This is the child process!"，主进程输出进程号及子进程号。

3. 编写一个程序，在主进程中分别创建两个子进程，其中一个为僵尸进程，另一个为孤儿进程。

4. 编写一个程序，在主进程中创建一个子进程，主进程接收子进程的结束状态，并输出子进程的结束状态。

5. 编写一个程序，调用 eXec 族函数打开所使用系统中的网络浏览器。

6. 仿照第 4 章中守护进程的示例程序，编写一个守护进程，将进程的 pid、时间等信息写入"/home/daemon.sys"中。

7. 使用第 4 章所学的系统调用，编程实现一个简单的 Shell 程序(分别使用 system 和 eXec 来实现)。

实验 5　重定向和管道编程

重定向和管道是 Linux 系统中 Shell 环境下编程和灵活使用命令的有力支持。重定向是通过修改与标准 I/O 文件描述符相关联的文件，使进程的输入、输出或错误信息与指定的文件相联系。管道是指用于连接一个读进程和一个写进程，以实现它们之间通信的共享文件，管道分为匿名管道和命名管道两种，都可以实现进程间的通信。

一、实验目的

1. 掌握 Shell 环境下使用重定向命令和管道命令。
2. 掌握实现重定向的三种方法。
3. 掌握使用匿名管道实现进程间通信的方法。
4. 掌握使用命名管道实现进程间通信的方法。

二、实验内容

1. 在 Shell 环境中练习重定向命令,掌握输入重定向、输出重定向和错误重定向的实现方法。
2. 在 Shell 环境中练习使用管道命令,能分辨管道命令符号前后两条命令的读写角色。
3. 编写一个程序,实现 ls -l>>list.txt 命令。
4. 编写一个程序,在主进程中创建一个子进程,使用匿名管道实现主进程发送消息给子进程。
5. 编写一个程序,在主进程中创建一个子进程,使用命名管道实现主进程发送消息给子进程。
6. 编写一个程序,使两个无亲缘关系的进程可以实现简单的聊天功能。
7. 在实验 4 中第 7 题的基础上,为简单 Shell 程序添加重定向功能和管道功能。

实验 6　信号安装及处理方式

信号是 Linux 系统之中一种重要的通信机制,是唯一一种异步通信机制。Linux 系统中的信号机制在 UNIX 系统信号机制的基础上做出了扩充,因此信号分为可靠信号和不可靠信号。

一、实验目的

1. 牢记常用的几种信号,如 SIGINT、SIGQUIT、SIGCHLD 等。
2. 掌握 kill 命令的使用方法。
3. 掌握信号的三种处理策略。
4. 掌握 signal 函数和 sigaction 函数的使用方法。
5. 掌握 kill、raise、alarm 和 pause 函数的使用方法。

二、实验内容

1. 在 Shell 环境下分别以前台和后台方式运行一个可执行程序,输入 Ctrl+c 和 Ctrl+/,观察两者的运行结果。
2. 编写程序,使用 signal 函数分别实现对信号 SIGINT 的三种处理策略。
3. 编写一个程序,使用 sigaction 函数分别实现对信号 SIGINT 的三种处理策略,并尝试输出产生信号的原因。
4. 编写一个程序,使用 alarm 函数实现计时器的功能,每秒显示出当前剩余的时间。
5. 编写一个程序,在主进程中创建一个子进程,随后主进程中使用 kill 函数向子进程发送一个 SIGINT 信号，子进程接收到信号后，执行 sl 命令（如果没有 sl 命令，可在 Shell 环境下输入 sudo apt-get install sl 进行安装）。

6. 编写一个程序，使用 alarm 和 pause 函数，实现 sleep 函数的功能。

实验 7　System V IPC 进程通信

System V IPC 是贝尔实验室对 UNIX 操作系统早期的进程间通信手段进行了系统的改进和扩充后形成的，包括消息队列、共享内存和信号量三种机制，使用这三种 IPC 的通信进程局限在单台计算机内。消息队列是在内核空间中的消息链队列；共享内存使得多个进程可以访问同一块内存空间，是最快的可用 IPC 形式，适合传输大量的数据。信号量往往作为其他通信机制的辅助手段，来达到进程间的同步及互斥。

一、实验目的

1. 掌握 Shell 环境下 IPC 相关的常用命令，如 ipcs、ipcmk、ipcrm 等。
2. 掌握消息队列、共享内存和信号量使用的场合。
3. 掌握使用消息队列实现进程间通信的方法。
4. 掌握使用共享内存实现进程间通信的方法。
5. 掌握使用信号量辅助其他通信机制的方法。
6. 掌握 IPC 资源键的生成方法。

二、实验内容

1. 编写一个程序，使用消息队列实现聊天室的功能。
2. 编写一个程序，使父子进程通过共享内存实现数据共享。
3. 在第 7 章中使用文件实现进程间通信的示例程序基础上，增加信号量来协调服务器/客户端进程的互斥。
4. 以当前目录和数字 126~128 为参数，使用 ftok 函数生成三个键值，并用该键值创建消息队列、共享内存、信号量集合各一个，随后使用 system 函数或在 Shell 环境下使用命令 ipcs 观察三个 IPC 资源的属性。

实验 8　线 程 管 理

一、实验目的

1. 掌握 Linux 下线程程序编译的过程。
2. 掌握 Linux 中创建线程的方法。
3. 掌握 Linux 中线程基本操作和系统调用的使用。
4. 掌握多线程编程的基本方法。

二、实验内容

1. 编程实现，创建一个线程，子线程循环 10 次，接着主线程循环 100 次；子线程再循环 10 次，接主线程又循环 100 次；如此反复循环 50 次。
2. 创建两个子线程：一个子线程（生产者线程）依次向缓冲区写入整数 0，1，2，…，

19;另一个子线程(消费者线程)暂停 3s 后,从缓冲区读数,每次读一个,并将读出的数字从缓冲区删除,然后将数字显示出来;父线程等待子线程 2(消费者线程)的退出信息,待收集到该信息后,父线程就返回。

3. 编写一个程序,创建 3 个线程,假设这 3 个线程的 ID 分别为 A、B、C,每个线程将自己的 ID 在屏幕上打印 10 遍,要求输出结果必须按 ABC 的顺序显示,如 ABCABC……依次递推。

实验 9 线程间通信

一、实验目的

1. 理解线程同步机制。
2. 掌握使用互斥锁实现线程间的同步的方法。
3. 掌握使用条件变量实现线程间的同步的方法。
4. 掌握使用读写锁实现线程间的同步的方法。
5. 掌握使用信号实现线程间的同步的方法。

二、实验内容

1. 将一个文件中的内容写入到另一个空白文件中(读与写的操作分别在两个线程中完成传送数据使用共享内存实现),要求文件内容的大小要远大于所用共享内存的大小。

2. 在主线程中接受键盘输入,并把输入字符放入缓冲区中,在缓冲区满后,由另一个线程输出缓冲区的内容,用互斥锁实现线程间的同步。

3. 编写一个包含 2 个线程的程序,在主线程中创建一个全局变量并初始化为 0,在另一个线程中对这个全局变量进行累加运算,并在结束时向主线程返回一个结果,在主线程中打印输出。

4. 编写两个线程,其中一个线程接收用户输入,一个线程输出用户输入的数据,使用线程同步方法进行处理,不采用类似 sleep(x) 的等待语句。

实验 10 套接字编程

一、实验目的

1. 理解 TCP/IP 协议基本原理。
2. 掌握 Linux 下套接字编程的基本方法。
3. 掌握基于 TCP 的网络通信方法。
4. 掌握基于 UDP 的网络通信方法。
5. 掌握 Linux 中字节处理函数的使用方法。

二、实验内容

1. 使用套接字通信方式实现:从客户端发送一条消息后,服务端接收这条消息,并在服务端显示(recv msg from 客户端:****)。

2. 编写基于 TCP 协议网络聊天程序,要求发送程序和接收程序能够接收键盘输入并彼此之间相互发送数据。

3. 编写基于 UDP 协议网络聊天程序,要求发送程序和接收程序能够接收键盘输入并彼此之间相互发送数据。

4. 编写一个以客户机/服务器模式工作的程序,要求在客户端读取系统文件/etd/passwd 的内容,传送到服务器,服务器接收字符串,并在显示器显示出来。